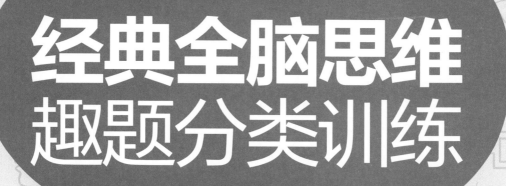

经典全脑思维
趣题分类训练

周建武　著

U0313890

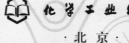

化学工业出版社

·北京·

内 容 简 介

　　思维是人们认识客观世界的高级能力，是智力的核心。为提供系统、有趣及有效的思维训练方式，本书根据清华大学教育研究院素质教育研究中心青少年逻辑思维能力训练研究课题的项目成果，按照想象力、反应力、理解力、计算力、判断力、创意力、推理力、分析力及审辩力这九大关键的思维能力，精选思维训练题，目的在于通过多元思维能力训练来提升智力、开发脑力。

图书在版编目（CIP）数据

　　经典全脑思维趣题分类训练 / 周建武著. —北京：
化学工业出版社，2022.9
　　ISBN 978-7-122-41932-3

　　Ⅰ．①经… Ⅱ．①周… Ⅲ．①思维训练 – 青少年读物
Ⅳ．①B80-49

　　中国版本图书馆 CIP 数据核字（2022）第 139387 号

责任编辑：廉　静　　　　　　　　　　　　装帧设计：水长流文化
责任校对：田睿涵

出版发行：化学工业出版社（北京市东城区青年湖南街 13 号　邮政编码 100011）
印　　装：大厂聚鑫印刷有限责任公司
710mm×1000mm　1/16　印张 19　字数 328 千字　2022 年 9 月北京第 1 版第 1 次印刷

购书咨询：010-64518888　　　　　　　　　售后服务：010-64518899
网　　址：http://www.cip.com.cn
凡购买本书，如有缺损质量问题，本社销售中心负责调换。

定　　价：69.80 元　　　　　　　　　　　　　　版权所有　违者必究

前言

在国外，思维训练一直被作为一种面向全体受教育者的素质教育。欧美一些国家以及亚洲一些国家（如印度），在基础教育及学前教育中都十分重视思维训练，认为思维训练对于提高受教育者的科学素质、思维素质、文化素质、思想素质等，都有不可缺少的重要作用。

 一、思维能力与智力开发

（一）智力概述

智力是成功地解决某种问题（或完成任务）所表现的良好适应性的个性心理特征，具有两大特点：一为成功地解决问题；二为具有良好的适应性。人类智力活动根本目的是为了适应和认识环境。

一项研究（Snyderman & Rothman，1997）通过调查1020名专家对智力的看法，结果发现，专家对智力的认识有许多一致之处，专家普遍认为智力最重要的五个要素是：抽象逻辑思维推理、问题解决能力、获得知识的能力、记忆力、适应环境。

（二）思维的概念

思维是人们认识客观世界的高级能力，是人们运用感知、表象和概念进行推理判断、解决问题的过程，也可以称为人们思考的过程。信息和意识是思维活动的主要对象，思维活动的产物是意识，意识则以信息的形式存储于人脑中，并通过行动表现出来，意识是思维主体进行思维的基础。

如果说思维的基本过程是信息加工的过程，那么思维的材料（内容）就是信息，即外部事物或外部事物属性的内部表征。外部信息的内在表征有多种类型或形式，但归根结底可以分为两类：感性的材料，包括感觉、知觉、表象；理性的材料，主要指概念，即用语言对数和形等各种状态、各种组合和各种特征的概括。

（三）思维与智力的关系

作为智力核心成分的思维是"地球上最美的花朵"。人类所创造的一切精神的财富，都是人类在实践活动中通过思维，即智力活动而形成和累积的。思维品质是思维活动中智力特点在个体身上的表现，具体体现在思维的深刻性、灵活性、独创性、批判性、敏捷性这五个方面。

知识、技能与智力、思维有密切的关系。知识、技能的掌握，并不意味着一个人智力或思维能力的高低，但知识、技能与智力、思维是相辅相成的。智力、思维的发展是在掌握和运用知识、技能的过程中完成的；教育的关键就是在不断地提高基本知识和基本技能的基础上发展青少年的智力、思维的。

（四）思维的分类

按照反映对象的性质来分，思维可以分为感性思维和理性思维两大类。

感性思维又分为直觉思维和形象思维两种，直觉思维是人的一种心理现象，是人类生命活动的保证，包括感知运动思维、感悟思维及感应思维（也称灵感思维）；形象思维是以具体表象为材料进行的思维活动，它借助于鲜明、生动的表象和语言，在文艺创作中经常被运用。

理性思维又叫逻辑思维，是以抽象概念为形式的思维，是人类思维的核心形态，它主要是人通过概念、判断、推理和论证来理解和区分客观世界的思维过程。在实践活动和感性经验的基础上，以抽象概念为形式的思维就是抽象逻辑思维。这是一切正常人的思维，是人类思维的核心形态。抽象逻辑思维尽管也依靠于实际动作和表象，但它主要是以概念、判断和推理的形式表现出来，是一种通过假设的、形式的、反省的思维。

（五）逻辑思维是思维的高级阶段

思维的逻辑性，就是指思维过程中有一定形式、方法，是按照一定规律进行的。思维的逻辑，来自客观现实变化的规律性。它反映出思维是一种抽象的理论认识。在实践中，人脑要对感性的材料进行加工制作，从而在人脑里就产生了一个认识过程的突变，产生了概念，抓住了事物的本质、事物的全体、事物的内部联系，认识了事物的规律性。有了概念，人们可以进一步运用概念构成判断，又运用判断进行推理。这个运用概念构成判断和进行推理的阶段，就是认识的理性阶段，亦即思维阶段。概念、判断、推理，就是思维的形式。但如何形成概念、判断、推理呢？这就有一个思维方法问题，有一个具体地、全面地、深入地认识事物的本质和内在规律性关系的方法问题。思维的方法有许多，诸如归纳和演绎的统一，特殊和一般的统一，具体和抽象的统一，等等。

 ## 二、智力与思维能力的主要理论

（一）加德纳"多元智能理论"

美国发展心理学家霍华德·加德纳（Howard Gardner）在1983年提出多元智能理论，认为人类的智能至少可以分成语言智能、逻辑数学智能、空间智能、肢体运作智能、音乐智能、人际智能、内省智能、自然探索智能等八个范畴。

多元智能理论在美国和世界其他国家和地区引起了教学改革的热潮。从20世纪的80年代中期以来，全美许多学校开展了实验探索，范围覆盖了幼儿园、小学、中学，并取得了很好的效果。

我国台湾地区也于1998～2000年实施了中小学补救教学示范学校实施计划——"多元智能研究"三期课题，针对台湾地区7～9所中小学进行大规模的多元智能实施计划。从各示范学校教师的成长团体与行动研究做起，在普通班与实验班中进行教学改革，开发师生多元智能。我国大陆最初于2000年8月在上海地区开展多元智能理论实践研究，并在取得实质性进展的基础上结合新一轮的课程改革在全国大力推行。从某种意义上来说，课程改革或多或少存在着多元智能理论的成分。新课程带来的新理念、新视野、新教法、新学法对教学提出了更高层次的要求，而多元智能的运用是与之相辅相成的。

（二）吉尔福特的"智力因子刺激法"理论

美国著名心理学家吉尔福特（P. Guilford，1897—1987）于1959年提出了新的智力三维结构模式，认为智力是由操作、内容、结果所构成的三维空间结构。

吉尔福特在南加州大学指导进行了多年的名为"能力倾向研究方案"的研究工作。在这项研究中，他们所假设的许多能力因素被因素分析实验所证实。在这个背景下，吉尔福特提出了著名的"智力结构说"。他认为，人们操作信息内容的方式有五种，即认知、记忆、发散性加工等；加工的信息内容有五种，即视觉、听觉（听觉内容是他1982年补充上的）、符号、语义和行为；它们则会导致六种产品，即单位、门类、关系、系统、转化和含义，因此人的基本能力便有6×5×5种之多。

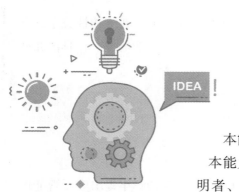

吉尔福特在能力倾向研究中发现，许多能力因素可能与创造性表现有关。这样，他给智力和创造性才能作了如下区分："智力是用各种形式对不同种类的信息进行加工的能力或功能的系统组合"，而"创意力是指种种基本能力的组织方式"。在形成创造性才能是由许多基本能力组成的思想的同时，吉尔福特还发现，尽管发明者、作家、艺术家等的创造性活动表现方式不尽相同，但他们都具有一些共同的创造性因素。因此，他在《论创意力》一文里，假定创造性才能具有思维的灵活性、对问题的敏感性、观念的流畅性与首创性以及分析综合等特征。在后来的验证阶段，经过因素分析实验研究，除分析与综合之外，他确认了上述假定中的有关创造性才能的其它所有基本特征。

（三）皮亚杰儿童心理学和建构主义思想

瑞士心理学家让·皮亚杰（Jean Piaget，1896—1980）的智力观在一定意义上把心理、思维、智力、认知视为同义语。

皮亚杰的认知（智力）发展理论，认为是单维发展途径：感知动作（或直观思维）智力阶段→具体形象思维（或前运算思维）→抽象逻辑思维，当然，抽象逻辑思维又可以包括初步抽象逻辑思维（或具体运算思维）、经验型的抽象逻辑思维、理论型的抽象逻辑思维（后两种或叫做形式运算思维）。

1. 直观行动思维与动作逻辑思维

直观行动思维是指直接与物质活动（感知和行动）相联系的思维，所以皮亚杰叫它为感知运动（动作）思维。人们通过思维解决眼前活动中所面临的问题，此时思维还未从行动中区分开来，只是后来随着实践活动的发展才从其中划分出相对独立的理论思维活动。在个体发展的进程中，最初的思维是这种直观行动思维。直观逻辑思维，在个体发展中向两个方向转化，一是它在思维中的成分逐渐减少，让位于具体形象思维；二是向高水平的动作思维（又叫操作思维或实践思维）发展。动作逻辑思维，它是以动作或行动为思维的重要材料，借助于与动作相联系的语言作物质外壳，在认识中以操作为手段，来理解事物的内在本质和规律性。对成人来说，动作逻辑思维中有形象思维和抽象逻辑思维成分。

2. 具体形象思维是以具体表象为材料（成分）的思维

它是一般的形象思维初级形态，皮亚杰的"前运算思维"实际上是具体形象思维。思维的发展都要经历具体形象思维的阶段。这时候在主体身上虽然也保持着思维与实际动作的联系，但这种联系并不像以前那样密切、那样直接了。个体思维发展到这个阶段，儿童可以脱离面前的直接刺激和动作，借助于表象进行思考。具体形象思维是抽象逻辑思维的直接基础，通过表象概括，发挥言语的作用，逐渐发展为抽象逻辑思维。具体形象思维又是一般的形象思维或言语形象思维的基础，通过抽象逻辑成分的渗透和个体言语的发展，形象思维本身也在发展，并产生新的质变。

3. 抽象逻辑思维是在实践活动和感性经验的基础上的思维

皮亚杰的"具体运算"和"形式运算"两种思维都属抽象逻辑思维。抽象逻辑思维是一切正常人的思维，是人类思维的核心形态。概念抽象逻辑思维尽管也靠实际动作和表象，但它主要是以概念、判断和推理的形式表现出来，所以又叫理论思维。抽象逻辑思维，就其形式来说，就是形式逻辑思维和辩证逻辑思维。两者既有区别又有联系，它们是相辅相成的。形式逻辑的概念有确定性和抽象性，辩证逻辑的概念具有灵活性和具体性，辩证逻辑强调思维反映事物的内在矛盾。这是由事物的相对稳定性与事物的可变性辩证关系决定的。然而，形式逻辑和辩证逻辑之间没有一条绝对不可逾越的鸿沟，这两种逻辑思维是相互融合的。

皮亚杰关于青少年心理发展的阶段：

1. 感觉动作阶段（从出生到约2岁）

这个阶段思维主要是协调感知动作，在直接接触外界事物时产生直观行动的初步概括。

2. 前运算阶段（约从2岁到7岁）

语言的出现和发展，促使儿童日益频繁地用表象符号来代替外界重现外部活动，这就是表象思维。这一阶段儿童认识活动的特点是：① 相对的具体性。借助于表象进行思维活动，还不能进行运算思维。② 不可逆性。表现为：第一，关系是单向的，不可逆的，不能进行可逆运算；第二，还没有守恒结构。③ 自我中心性。儿童站在他的经验的中心，只有参照他自己才能理解事物，他也认识不到他的思维过程，缺乏一般性。他的谈话多半以自我为中心。④ 刻板性。表现为：一是在思考眼前问题时，其注意力还不能转移，还不善于分配；二是在概括事物性质时，还缺乏等级的观念。

3. 具体运算阶段（约从7岁到十一二岁）

这是由前一阶段很多表象图式融化、协调而形成的。在具体运算阶段，儿童思维出现了守恒和可逆性，因而可以进行群集运算。但这个阶段的运算一般还离不开具体事物的支持，还不能组成一个结构的整体、一个完整的系统，因而这种运算是"具体的"运算。

4. 形式运算阶段（从十一二岁到15岁）

形式运算，就是命题运算思维，这是和成人思维接近的、达到成熟的思维形式。这种思维形式，可以在头脑中把形式和内容分开，可以离开具体事物，根据假设来进行的逻辑推演的思维。儿童已经能运用这些形式运算来解决所面临的逻辑课题，例如组合、包含、比例、排除、概率、因素分析等，此时思维已经到达了逻辑思维的高级阶段。

皮亚杰认为，所谓建构，是主体与客体相互作用的结果，它有三个特点：一是强调主客体的相互作用，任何心理结构，都是这种相互作用的结果，主体和客体之间的界线绝不是先确定的，同时绝不是一成不变的；二是不仅强调系统的内在结构和关系，而且强调建构主义和一般结构主义的区别，他既重视"共时性"原则，又重视"历时性"原则，所以他着重研究了认知、思维的发生与发展；三是强调活动范畴时期理论的逻辑起点和中心范畴，他把活动（或动作）作为考察认识（思维和智力）发生发展的起点和动力。

三、 思维能力训练的关键期

人生在智力发展中，表现出几个明显的质变：

出生后的八九个月，是思维发展的第一个飞跃期，直观行动思维也自这个时期之后获得发展。

2岁至3岁（主要是2.5岁至3岁），是思维发展的第二个飞跃期，这是从直观行动思维向具体形象思维发展的一个转折点。

5.5岁至6岁，是思维发展的第三个飞跃期，形象抽象思维，即从具体形象思维向抽象逻辑思维过渡，正是从这个时期开始的。

小学四年级，是思维发展的第四个飞跃期，四年级以前以具体形象成分为主要形式，四年级以后则以抽象逻辑成分为主要形式。

初中二年级，是思维发展的第五个飞跃期。整个中学阶段（青少年期）的思维，抽象逻辑思维占主导地位。我们要重视中小学四年级和初中二三年级学生的智力变化，创造一系列条件，让他们的智力更好地发展，为他们整个心理进一步健康成长奠定智力的基础。

16岁至17岁（高中一年级第二学期至高中二年级第一学期）是智力活动的成熟期。高二以后的学生，他们的智力日趋稳定和成熟。

遗传是青少年心理发生与发展的自然前提；遗传素质是智力发展的一个必要条件或重要条件，但不是决定条件。实践活动是青少年心理发展的直接源泉和基础条件。5～6岁、9～10岁（小学四年级）、13～14岁（初中二年级）正好是儿童与青少年智力发展、逻辑思维发展的关键年龄。

教育是青少年心理发展中的主导性条件。由于教育具有明确的目的性和计划性，因而它在青少年的心理发展中（包括智力）具有特殊的意义，即主导作用。青少年智力发展的潜力是很大的，要是教育得法，这个潜力就能获得很大的发展；相反地，如果不因势利导，这个潜力就发展不出来。要通过教育与思维训练，按照量变质变的规律，来促进青少年智力的量变过程逐渐内化，最后达到智力的质变过程。

四、本书编写的指导思想

思维作为智力、智慧的核心，对于知识的提高、智力的形成、智慧的发展及人才的培养起着关键性的作用。国际教育界公认，优秀人才的标准不在于知识掌握的程度，而主要体现在思维能力是否突出。也即一个人的竞争优势取决于一个人的素质，一个人的素质主要体现在提出问题和解决问题的能力，而这种能力的提升关键在于培养一个人的思维能力。

智力是可以提升的，其有效方法就是进行思维训练。思维过程是分析和综合活动，包括抽象、概括、归类、比较、系统化和具体化的过程；思维活动的框架为：确定目标→接受信息→加工编码→概括抽象→操作运用→获得成功。

中国教育有很多成功之处，但在实际教学中，思维训练没有受到足够的重视。思维能力不是与生俱来的，需要通过学习锻炼才能形成和提高。如果从小就接受有效的思维训练，人的能力素质就会有很大提升。青少年正是人一生中思维能力发展的关键期，抓好思维能力培养和训练对提升国民素质意义重大。

在编写过程中，本书突出以下三个特色：

第一，注重逻辑性。逻辑思维是思维的高级阶段，逻辑思考能力是智力的核心，对于人的智力提升来说，起着关键性作用。著名心理学家皮亚杰认为，教育的最高目标就是培养具有逻辑思维能力和掌握抽象复杂概念能力的人。为此，本书编写的首要原则是以理性思维训练为主，其重点是抽象逻辑思维。

第二，注重趣味性。兴趣在学习中是最活跃的因素，兴趣和爱好犹如催化剂，它不断促进人们去实践，去探索，去对某个问题加以思考。要激发青少年的学习动机，必须要以兴趣作为内在的"激素"，这就要启发他们的好奇心，发展他们的求知欲，培养他们的兴趣、爱好。基于以上认识，本书结合了青少年年龄段的心理特点，提供了大量的趣味性多元智力训练题，用思维游戏的趣味方式，来训练思维能力。

第三，注重系统性。思维能力的培养，可以激发青少年的潜能，因此制定系统、科学的思维训练方法至关重要。本书提出基于多元智力的思维训练方案，按照语义概念、数字符号、图形三个领域，系统训练思维能力。

为加强系统训练的效果，本书的思维训练按照想象力、反应力、理解力、计算力、判断力、创意力、推理力、分析力以及审辩力这9种关键的思维能力进行分类训练，目的是促进青少年的思维结构均衡发展，学会思维技巧，从而全面刺激和提升大脑潜能。

周建武
2022年8月

目录

理解力

计算力

推理力

创意力

分析力

审辩力

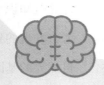

想象力

所谓想象，指在人的头脑中把过去感知过的表象进行加工改造，形成新形象的过程。想象的类别，以想象内容的形成方式不同，可分为再造想象和创造想象两种类型。再造想象是根据模型、图片、符号或语言表述，在大脑中产生相应的事物形象的过程。创造想象则是在创造活动中根据一定的目的和任务，充分利用原有表象进行艺术加工，在人脑中独立创造出新形象的过程。以想象方式的不同，又可分为联想、幻想、顿悟想象、泛想、否定式想象等。以想象目的的不同，还可分为有意想象和无意想象。无论把想象的类型划分得多么细致，不可否认的一点是，在目前我国基础教育实践中，想象力的培养显得相对薄弱。

许多伟大的科学家在运用逻辑思维进行发明创造的过程中，发挥其丰富的想象力，提高了自身对客观事物敏锐的洞察力，结合科学的世界观和方法论，最终实现了其对事物先前的想象内容的正确解释，取得了伟大的成就。

想象力的训练可以使孩子对客观世界充满无限的想象，激发人们去探索心中憧憬的内容，为实现自己的目标而开动脑筋，运用所知内容对事物进行合理推理，在得出结论的过程中去伪存真，想象力的训练提升了逻辑思维的材料和空间。

很多哲学家、心理学家和思想家一直把想象力的研究作为研究的焦点，想象力在青少年学习的过程中起着至关重要的作用。许多人认为想象力是人与生俱来的能力，但是事实上通过对想象力的训练，可以提高人们对事物各方面更多的了解，使人们生动地感知世界。

一项涉及全球21个国家的调查显示：中国孩子的计算能力排名第一，想象力倒数第一。因此，重视想象力训练对我国孩子的成长迫在眉睫。

想象力训练活动是智力活动的内容，可以提高青少年的智力发育，想象力的培育使创造成为可能。想象要在已有知觉材料的基础上敢于进行独特的粘合、大胆的夸张，从而创造出不同一般的新形象；想象要适度，则是因为，想象中的形象，不管新奇到什么程度，其实质仍然是客观实际的反映。

刘关张结拜

相传阳春三月，刘备、关羽、张飞三人在桃园饮酒赏春。刘备提议说："我们兄弟，志同道合，真是相见恨晚，何不趁今日良辰美景，结为异姓兄弟，生死与共，患难相托，也不枉了英雄相会的机缘。"关羽、张飞听了拍手赞同。

可是，三人年龄相仿，无法决定排列次序。张飞趁着酒兴，指着园中的枣树说："以我之见，莫如我们三人爬这棵树，以决先后。"刘备、关羽都表示赞同。

于是，三人立马行动。张飞力大，又性急莽撞，早爬在了头里，关羽居中，刘备远落在后。张飞满以为自己必当大哥无疑了，没想到刘备却不同意。更奇怪的是在听了刘备的一席话后，张飞竟心服口服地叫刘备为大哥，关羽为二哥，自己甘当小弟。

你能猜到刘备说的是什么话吗？

答案

刘备说："树是先生根，后长干，最后才长出树梢的。树既是从下往上长的，岂不是越在下面排行越大，越在上面排行越小吗？"按照刘备的话，张飞自然是只能当小弟了。

看眼睛的人

一位男士因胃不好而骨瘦如柴。可是，他需要每个星期都去眼科诊所两次，这是为什么？

答案

这位男士是眼科医生，每周必须至眼科诊所坐诊两次。

切西瓜

一个人拿刀将一个西瓜切了4刀，西瓜被切成了9块，可是，当西瓜被吃完后，发现西瓜皮多了一块，于是他又查了一遍，还是10块西瓜皮。

请问这个人是怎么切西瓜的？

答案

这个人以"井"字形将西瓜切了4刀。

有关报时的小秘密

在古老的城镇上有一个奇怪的小孩，每一次有过路人问他时间时，他就用两只手抱住自己家中树下的一只硕大的葫芦晃动一下，便能将准确的时间告诉大家。这些过路人都很奇怪，也学着他的样子晃动葫芦，但却都没有办法知道现在的准确时间。他们追问小孩为什么他能知道时间时，小孩都会神秘地笑笑说："这是我的小秘密！"这只葫芦和别的葫芦一样，除了长得比较大以外，并没有什么特别之处，但为什么小孩一晃动它就能知道正确的时间呢？

答案

因为这只大葫芦本身是没有报时功能的，只是它挡住了远处钟塔上的大钟，小孩只要把大葫芦晃动一下，便可以清楚地看到大钟上的时间，自然也就能报出准确的时间了！只不过问时间的过路人都不是本地人，所以才不知道小孩的这个秘密而已。

枪手打帽子

王强，不是一个神枪手，只不过是一个手持猎枪的猎人。另一个人将一顶帽子挂起来，然后将王强的眼睛蒙上，让他向后走15步，再右转走15步，最后让他转身对帽子射击，结果他一枪打中了帽子，为什么呢？

答案

另一个人将帽子挂在了王强的枪口上。

讨价还价

罗先生第一次乘坐直升机旅行，他正在跟飞行员就搭乘费讨价还价。飞行员坚持不打折，但当罗先生说："你这次打折的话，下次我再搭乘就付双倍的钱。"飞行员毫不犹豫地打了对折，还面带微笑地带着罗先生起飞了，为什么？

答案

因为罗先生去旅游的地方是个无人岛，四周都是断崖绝壁，根本没有船只会靠近，更不可能游泳回去。所以罗先生下次一定还得叫直升机送他回去。

从西边出来的太阳

中国人往往喜欢用"太阳从西边出来"比喻不可能发生的事情。据说有一位亿万富翁为此一直耿耿于怀，他对自己的儿孙们说："我虽有家财万贯，却没看见过一次从西边出来的太阳，真是太遗憾了。你们谁有本事满足我的这一愿望，我就将财产全留给他。不过我要亲眼看见这一奇景，不能是镜子或电视反映太阳的图像。"他的最小的孙子出了一个好主意使他看到了从西边出来的太阳。他是怎么做的呢？

答案

他们可以乘坐飞机，以高于地球自转的速度向西飞行，最后终究能看见从西边出来的太阳。

钢琴家让座

钢琴演奏家正在进行全国性的大型巡演。在一次登台之前，一位非常没有礼貌的女人跑进了钢琴家的休息室中。她大声地叫道："天啊，我可以看到您简直太让我惊喜了，我是如此喜爱您的演出，但是由于门票太贵了，请您帮帮忙，为我找一个座位吧！"

钢琴家既惊讶又非常奇怪："我虽然非常想帮助您，但是我并没有这种权力啊，因为这里的工作人员只给了我一个座位而已……"

女人立即说道："那就把它给我吧！就当您行好了！我可是从很远的地方跑过来的啊！"

钢琴家笑了："好的，如果您不介意的话，我非常乐意。说实话，坐在那里还真是累人呢！不过您最好不要拒绝啊！"

"怎么可能！我可是很想坐在这么宽敞的地方听音乐会的！"

接着，钢琴家带着女人去了那个座位。结果，那个女人在看到了座位之后却羞愧得满脸通红。

请问，她为什么会脸红？

答案

因为钢琴家的唯一座位就是在演奏席上的钢琴边上，女人又不会演奏钢琴，当然会为自己的出丑而脸红！

巧排队列

一个班级有24个人，有一次，为了安排一个节目，必须把全班学生排成6列，要求每5个人为一列，那么该怎么排呢？

答案

排成六边形。提到排列，人们总是想到横排或者竖排，但5人为一列，排成6列，24个人是不够的。所以排列时必须要考虑有的人要兼任两个队列的数目，这样排列时，那就要考虑六边形了。

巧答皇帝

南齐王僧虔是晋代王羲之的四世族孙，是当时最著名的书法家。当时，南齐太祖萧道成也擅长书法，一天提出要与他比试高下。两人各写一幅楷书，写毕，齐太祖傲然地问王僧虔："你说谁第一？谁第二？"周围大臣都替王僧虔捏一把汗。

王僧虔该怎样回答最好呢？

答案

王僧虔虽不敢得罪皇帝，但又绝不愿抑低自己，便从容答道："臣的书法人臣中第一，陛下的书法皇帝中第一。"君臣皆大笑。

委屈的人

在第二次世界大战的时候，德国占领了法国。在法国，有一天，四个人坐在同一辆火车上。四个人中，一个是身穿军装的纳粹军官，一个是法国人，一个是漂亮的姑娘，一个是老妇人。

这时，火车上的灯坏了，在火车过山洞的时候，火车上漆黑一片。正在这时火车上发出了亲吻的声音，紧接着就是一掌打在脸上的声音。火车从山洞里出来了，这时，人们看到，纳粹军官的脸上出现了一块猩红的手掌印。这时，老妇人心想："他真活该，这姑娘就应该这么对待坏人。"而姑娘则想："这个纳粹军官真奇怪，他并没有吻我，难道是他吻了那个老妇人或者那个法国人？"纳粹军官则感到很委屈，心想："我什么都没有做啊！"

请问，根据以上所述，你能推测出事情的真相吗？

答案

那位法国人吻了他自己的手，然后狠狠地打了纳粹军官一记耳光。

创造倒影

众所周知，在北大的校园中有一池湖水名为"未名湖"，在未名湖旁边有一座水塔，被叫做"博雅塔"。白塔倒映在水中，漂亮极了，这被人称为湖光塔影。

下图是用10根火柴棒摆的白塔，可惜没有倒影。你能够想办法仅仅只移动其中的3根火柴棒，便使一个美丽的倒立着的"湖光塔影"呈现在面前吗？你该怎么做？

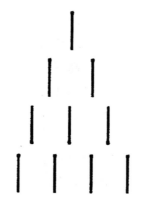

答案

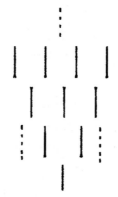

奇怪的数字

侦探被一连串的铃声吵醒了，电话中说发生了凶杀案，要他马上过去。侦探赶到现场，死者是被人掐死的，从现场凌乱的梳妆台看，被害人曾和凶手进行过搏斗。

突然，窗台下的一支口红吸引了侦探的目光，只见口红的顶部被什么东西磨损过，几乎都平了。他吩咐警员四处找找有没有什么字迹留下来，不一会儿，一个警员在被窗帘蒙着的墙壁上找到了一串奇怪的数字"6801"。

"这个数字一定和凶手有联系。"侦探想了想，转身叫来饭店副经理，让他马上去查一查在6801号房间住的是什么人。但是，6801房间没有人住。

"哦，那你查一下1089号房间的客人是谁。"侦探忽然想到了什么。

侦探敲开1089的房门，只见里面的人正打点行装准备离开。

"我是警察。"侦探大声地说，"先生，希望您老实交代杀害阿丽小姐的犯罪过程。"

侦探是怎样判断出凶手住在1089号房间呢？

答案

这4个数字是阿丽小姐被凶手勒住脖子后，绝望地利用手中的口红在身后的墙壁上写的。由于她的手是背着写的1089，在这种情况下写的数字从正面看恰好是上下颠倒的，结果就变成了6801。这是阿丽小姐没有想到的，她写这串数字的目的当然是为警察留下线索。

剪断绳子

用一根一米长的绳子把一个有柄的水杯吊起来挂在天花板上，如果让你用剪刀剪断绳子的中央。你能不能保证不让杯子落地？条件是你不能举着杯子，杯子也不能放在别的物品上。在剪断绳子的时候，你也不可以接触绳子。

答案

在绳子的中间打一个有圈的结，然后按题目要求剪断那个圆圈。

深山藏古寺

很久以前，有一位老先生给四位画家出题作画，画题是"深山藏古寺"。姓李的画家画了深山又画古寺，结果画成了"深山和古寺"；姓吴的画家只画了深山，没有画古寺，结果画成了"深山无古寺"；姓孙的画家画了深山，并画了古寺的一角，这叫"深山露古寺"；只有姓钱的画家通过认真审题，经过冥思苦想，终于画了一幅符合题意的画。你知道他是怎么画的吗？

答案

山脚下有一条小溪，小溪边有一个和尚在挑水，一条石阶路由溪边通往深山……

赏花归来马蹄香

宋朝，有一次画院招考。考试是命题作画，题目是一句古诗："踏花归去马蹄香"。

考场上安静极了，应考者都在认真思索。有的认为诗句的重点在"踏花"二字。于是就画了一些花瓣，让一青年骑着马在花瓣上行走。他想这不正是踏花么？表现了那春游之后的愉快心情。

有的在分析之后，觉得重点是在"马"上。踏花也好，归去也好，马蹄也好，都离不开"马"。于是就精心地画了一匹骏马，一青年骑在马上从花丛中疾驰，显得很

有气势。

也有的人琢磨"马蹄"应是重点，因此在画纸上突出那腾空的马蹄，并在"马蹄"旁画着纷飞的花瓣。他想花瓣都被扬了起来，马蹄还不会"香"么！

众多的应考者中，只有一位画得很特别。他的画卷上根本没画花瓣。他画的是：夕阳西下之时，一位英俊少年骑在一匹骏马上。马在奔腾着，马蹄高高扬起，一些蝴蝶紧紧地追逐着，在马蹄的周围飞舞。

考生交卷后，考官一张张评选。当他看到那张蝴蝶纷飞的画卷时，就会心地笑了。这张画被评为最佳。为什么是这张画最佳呢？

答案

这考生的成功，关键在于他仔细地分析了题目，全面领会了诗句的含义，并找到了体现题意的巧妙的方法。画题中的"踏花、归去、马蹄"都是具体的事物，容易用图形表现，所以一般人都在这表面上下功夫。而题中的重点在"香"字上。这"香"是一种感觉，凭嗅觉所得，而绘画是让人从视觉上感受。如何在画面上体现出"马蹄香"来就很不容易了。让马踏花瓣太表面，也太直接了，难以突出"香"味。用蝴蝶来烘托真是想法新颖。蝴蝶为什么追逐马蹄呢？不正是体现"马蹄"的香么。这"香"不是直接画出来的，而是观画者很自然能想到的，所感受到的。

没用的名犬

一位居住在伦敦的名流A夫人，她曾特地从美国买回来一只长毛幼犬——牧羊犬，这位夫人为了让这只牧羊犬变成世界第一名犬，于是，她便把它送到了德国哈根别克大学，这是一所以训练动物而闻名的大学。过了一年，长毛牧羊犬学成后返回这位夫人身边，让这位夫人没想到的是它连坐、举手等最基本动作都没有学会。可是，根据训练师信中所写，这只狗是能够做出主人所下达的命令和动作。这位夫人为此百思不得其解，请问这到底是怎么回事？

答案

因为这只狗听不懂夫人所说的英语，它受的是德语教育。

真实容貌

当你照镜子时，映出的常常不见得都是你的真实容貌。不相信吗？一人站在两块相对排放着的立镜中间，就会照出一连串很多的影像。

假设有一间小屋，屋内上下、左右、前后都铺满了无缝隙的镜子，请问：当有个舞蹈演员走进这间小屋时，她能看到什么样的影像呢？

答案

什么也看不见。因为各个方向都铺满了镜片，又无缝隙，进不了光线。

愚蠢的小偷

老陈家养的波斯猫一天夜里被盗了，老陈又气又急，第二天不由地来到动物市场准备再买一只。

老陈在一片猫的海洋里一眼就认出自己丢失的那只波斯猫，他惊喜交加，大步走过去抱起就走，卖猫人当然不依不饶，老陈忽然心生一计，他赶忙双手捂住猫的双眼，让卖猫人猜哪只是瞎的，卖猫人自然只好瞎蒙了，他一会儿说是左眼，老陈高兴地叫起来："错啦。左眼是好的！"他慌忙又改口说："啊，我刚才是想说右眼来着，一时蒙了。"老陈当着众人的面说："这猫明明是你偷的，你还耍赖！"卖猫人只得硬着头皮说："我记得清清楚楚，这只猫是右眼瞎了，上个月还到动物医院看过。"

老陈放开双手，对看热闹的人说："请大家评个理，这猫是不是他偷的？"

卖猫人目瞪口呆，闹了个大红脸。这是为什么？

答案

猫的两只眼睛都是好的。

新春元宵会

新春元宵会上，主持人请大家用封好口的一封信猜哑谜，并要求猜谜的人不准说话，做两个动作，猜一个成语和中国的一个地名。大家思考了一会儿，站在后排的小吴分开人群，走到桌子前面，拿起信并撕开封口，主持人看了说："小吴猜对了。"于是给小吴发了奖品。

小吴猜出的成语和地名是什么？

答案

成语是"信手拈来"，
地名是"开封"。

机灵的猴子

有一个商人向国王兜售猴子。这只猴子很会模仿，国王看了十分喜欢。国王向旁边看下再转过头来时，对面的猴子也做出相同的动作。照理说猴子转向旁边时应该看

不到国王，但是它却能在同样的时间内回过头来。

国王怀疑是旁边的商人在打暗号，于是把猴子放进旁边的一个大箱子里，并表示如果猴子还是能够模仿他的动作，就答应买下这只猴子。最后，国王买下了这只猴子。您知道是为什么吗？

答案

国王在箱子上开了一个洞往里瞧时，眼睛刚好与猴子的眼睛对个正着。猴子看到箱子上出现一个洞，当然想从洞口看看外面的情形，但是国王却以为它是在模仿他的动作，所以就依约买下这只猴子。

真假话

皇帝对解缙说："我叫左丞相说一句真话，右丞相说一句假话，只准你加一个字把两句话连成另一句假话，行吗？"解缙连称"遵旨"。

左丞相真话是"皇上坐在龙庭上"。

右丞相说了句假话"老鼠捉猫"。

这是两句风马牛不相及的话，大臣们都担心解缙难以联成一句假话。谁知解缙却应声答道："皇上坐在龙庭上看老鼠捉猫"。这当然是天大的假话了。

皇帝改口道："还是那两句话，你用一字把它连成真话。"

解缙该怎样回答皇帝呢？

答案

解缙随即答道"皇上坐在龙庭上讲老鼠捉猫"。这是地地道道的真话。

种树

植树节到了，老师组织学生们去种树，总共有10棵树，老师对树所种的位置也有一定的要求，规定树要排5排。而且要每排4棵。你知道要怎么排吗？

答案

将树排成一个五角星形状，五个角的顶点加上五角星内部5个交点，一共10个点，就是种10棵树的位置。

为何拉不开门

有一个人被关在了一个黑暗的房间里，房间并没有上锁，可是这个人却怎么拉也拉不开，他使出了全力的力气还是无济于事，这是为什么呢？

答案

门是用推而非拉开的。

孙膑的智谋

孙膑告别鬼谷先生，来到魏王的宫廷。

魏王早已听说孙膑学识渊博，但却不知孙膑和军师庞涓的本事谁高谁低，于是决定当殿考试，以分上下。

魏王对孙、庞二人说："我坐在这大殿之上，你们可有办法让我走下来吗？"

庞涓傲慢地说："陛下，这有何难，只要在后殿放上一把火，您自然就得走下来了。"

魏王觉得庞涓的话固然不错，却并不解释，便转向孙膑道："孙爱卿，依你之见呢？"

孙膑只说了两句话，便立即使魏王离开了座椅，走下大殿来。你知道孙膑说的是什么吗？

答案

孙膑说："要让大王走下来，我办不到。但是大王如果在下面，我却可以使大王走上去。"魏王想："既然不能让我走下殿来，谅他也不能让我走上殿去。"于是放心地走下来。但事实上，他既走下殿来，孙膑的目的也就达到了。

虫子的旅程

小青一个人在家玩，她看到一个2厘米×2厘米×3厘米的盒子里有一条虫子，而且虫子正沿着盒子的边缘缓慢地爬行。如果虫子不能走已经走过的路，你知道这条虫子最长能爬多少厘米吗？

答案

虫子可以爬行22厘米，
如图粗线所示。

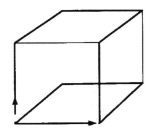

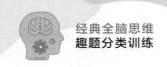

🧠 马安之死

马安是退休的铁路局长，他每天都有早晨运动的习惯，这天早上，他在公园晨练时，遭人突然袭击而死。警方的调查显示，这是一宗劫杀案，马安是被凶手用硬物击中后脑，受重伤而致死亡的。凶手还掠去了他身上所有的财物。警方的调查又显示，凶手只有一个人。在一连串的详细侦查之后，警方发现了三个有可能是凶犯的人：

甲：叶升，他当日曾在公园遛狗；

乙：玛丽夫人，她当日曾在公园织毛衣；

丙：画家大松，他当天正在公园写生。

警方认为，凶手就是利用自己身边的工具袭击马安的。现在，你能否精确推理出谁是杀害马安的凶手呢？

答案

犯人就是叶升，他当日曾牵着狗在公园出现，而且他的狗链是金属的，缠绕到手上就是坚硬的凶器。

🧠 增加4个正方形

下图是一个由20根火柴棒摆成的正方形，其中共包含5个小正方形。若请你只移动其中的3根火柴棒，你能让其中的正方形的数量增加至9个吗？试一试吧。

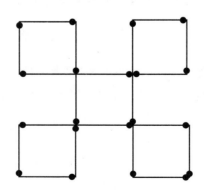

答案

你只需要将右上角那个小正方形的外侧3条边取下，分别移至原图的上中下3个空缺处便可以实现了，如下图所示：

（解析：下图中除了7个小正方形外，还有两个稍大些的正方形呢，你发现了吗？所以，一共有9个正方形，比原来增加了4个。）

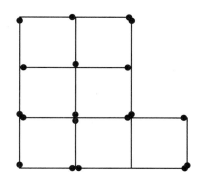

预言家与国王

古时候，波斯有位精通医学的预言家预言国王的一个宠妃快要死了，不久果如其言。国王很不痛快，决心处死这个预言家，把他召进宫问道："你会预言，说说你的死期吧。"

预言家该怎样回答国王呢？

预言家对曰："大王，我看了天象，知道我比您早死一天。"

于是国王只得把他放掉了。

野牛皮圈地

在很久以前，欧洲某个王国被另一个国家灭亡了。国王和王后、王子都被侵略者杀死了，相传，只有小公主蒂多带领一些骑士突出包围，逃到了非洲的海岸。

蒂多公主带了一些金币登上海岸，拜访了酋长，说："我们都是失去祖国的逃难人，请允许我们在您神圣的领土上买一块土地生活吧。"

酋长见蒂多公主只有几枚金币，便轻蔑地说："才这么一点金币就想买我们的土地？那你只能买下用一张牛皮所圈出的土地。"

大家听了都很沮丧，可是蒂多公主却说："大家不必丧气，我有办法用牛皮圈出一块面积很大的土地。"

蒂多公主真的做到了。你知道她是怎么办到的吗？

蒂多和大家上岸后，向酋长买来一张野牛皮，用小刀把它割成细细的牛皮条，然后把这些牛皮条一个个都连接起来。接着，在平直的海岸上选好一个点作圆心，以海岸线作直径，在陆上用牛皮绳圈起了一个半圆来。酋长一看，大吃一惊，自己部落的

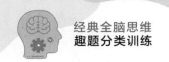

一半领土都被蒂多圈起来了。他只得表示同意。

谜中物

有一天，苏东坡正闲着，他的好朋友王安石来拜访，两人聊了一会儿，又有一位好朋友陈季常也来了。苏东坡可高兴啦，连忙叫人摆开酒席，三个好朋友一边喝酒一边聊天。

三个好朋友都有个爱好，就是猜谜。所以，聊了一会儿，话题就转到了猜谜上面。

苏东坡说："我昨天刚造了一个谜，你们猜猜看。脸儿亮光光，放在桌子上。你俩跑过来，请它留个像。"

陈季常听了，也开口念道："你对我笑，我对你笑，我也寻你，你不见了。"

王安石紧接着吟起来："我哭你也哭，我笑你也笑，要问它是谁，咱们都知道。"

话音刚落，三人都哈哈大笑起来。

"咱仨都知道"的它，到底是什么东西呢？

答案

谜底是镜子。

12的一半是7

你知道在什么情况下12的一半可以得7吗？

注：算错的情况不算。

答案

罗马数字12的写法是XII，将其拦腰切成两半，就成了两个VII，这就是罗马数字7。

让硬币反面朝上

在桌子上放了7枚硬币，都是正面朝上的。现在请问如何将这些硬币全部翻成反面朝上，条件是，每翻一次必须同时翻5个硬币。

根据这条规则，你最终能把它们都翻成反面朝上吗？需要翻几次呢？

答案

最优解为：

第一轮：1、2、3、4、5

第二轮：2、3、4、5、6

第三轮：2、3、4、5、7

做什么买卖

当年，英国的黛安娜小姐和查尔斯王子结婚时，仪式声势浩大，英国举国欢腾，许多人都赶来一睹黛安娜王妃的芳容和皇家古老、盛大、高雅的婚礼。

这也是生意人发财的良机，因为预期将有一百万人到大婚现场。于是，有些生意人准备了大量喜庆字样的 T 恤衫，有些生意人准备了各式各样的印章、纪念品，还有些人准备了大量的饮料和食品。

婚礼结束后，发了大财的既不是卖纪念品的，也不是卖食品饮料的，而是另一个生意人。

想想看，这位生意人卖的是什么呢？

答案

他卖的是潜望镜和望远镜。人们在人潮中为了把仪式看个明白，纷纷踊跃购买，使他大赚了一笔。这个人成功的关键在于：他懂得顾客在想什么，他们需要什么。

画信

从前有这样一个女人，尽管她从来没上过学，也不识字，但是她对画却奇有灵性。于是，每当丈夫出远门回信的时候，从来都不写字，而是在信上画画。这个秘密外人都不知道。

眼看这次丈夫外出半年都没回来了，正当女人着急的时候，突然一个人拿着一封信来找女人，还说是丈夫的朋友。女人拿过信，刚要看，突然发现似乎有人动过信，但也没有顾虑太多，打开信，看了起来。只见信上画了四幅图画：第一幅，画了7只正在戏水的鸭子；第二幅，画了一头躺倒的大象和一只鹅在拉；第三幅，画了一把勺子舀出十个汤圆；第四幅，画了嫩柳夹道的路上走来一个男人。

女人看后，看着那个是丈夫朋友的人，说道："我丈夫就捎了这封信，其他的没有了吗？"

那人一脸嘲笑地说道："你丈夫在外做生意赔了本，什么也没给你捎回来。"

女人瞪了一眼那人，并且胸有成竹地说道："别开玩笑了，快把10两银子给我吧。"

带信的人还想解释什么，但是又觉得不可思议，于是问女人："你怎么知道我还带回10两银子？"

你是否能猜到女人是怎么知道丈夫还给自己捎回10两银子的？

答案

对于丈夫捎回的这四幅画，女人的分析是这样的："第一幅上面画了7只鸭，就是在喊：'妻呀'；第二幅画是个大象死了，一只鹅在拉，意思是说'想死我啦'；第三幅是一把勺子舀出十个汤圆，意思是说"他给我捎回了10两银子"；第四幅的意思是说'等柳树发芽的时候，我就要回家了'。"

无法模仿的动作

在一个闻名世界的动物园里，有一只猴子Frank专爱模仿人的动作。游客逗它，它的姿势、手势简直像一面镜子，立刻模仿得无半点差别。其中一个游客走到Frank面前，用右手抚摸着自己的下巴，Frank立刻就用右手抚摸着自己的下巴；游客闭上左眼，Frank也立刻闭上左眼。

饲养员马顿却说："Frank再有本事，有时一个简单的动作它却永远也不会模仿，这不仅是猴子办不到，人恐怕也不能办到。"众游客皆疑惑地看着马顿，不明白究竟是什么动作Frank办不到？

答案

从题意中所提的，游客闭上左眼，Frank也立刻闭上左眼。但是它右眼始终能够看到它跟前所有人的一举一动。可是，人只要紧闭两眼，Frank也两眼紧闭。但人什么时候睁开眼睛，猴子是永远不知道的。所以Frank就没办法模仿成功了。

反应力

反应力是指人们跟随变化及时作出恰当有效的反应能力，也就是遇到情况，能迅速合理地反应，并能解决突发问题的能力。

现在的社会新鲜事物层出不穷，很多事情是我们没遇到过的，每天都有成倍的信息和消息涌现到我们身边。反应力是自身的能力，遇到新的情况如何解决，是所必须面对的问题。

良好的反应力需要快速的逻辑思维能力，反应力可以通过训练不断提高，从而面对突然出现的问题，做到随机应变。这就要从平时起培养遇事不慌，面对突然的事情，考虑好前因后果，通过事情的缘由，积极思考想办法，快速地解决问题。

货车过桥洞

有一辆装满货物的大货车要过一个桥洞，可是货车上的物品装得太多了，顶部高出了桥洞1cm，怎么也过不去。有什么办法能让这个货车顺利地通过桥洞呢？

答案

把货车四个轮胎的气放掉一部分，车的高度就会下降，就能通过桥洞。

喝救命水

你去沙漠旅行，事先准备的水喝光了，你口渴难忍，这时你看到有个瓶子，拿起来一看，里面还有多半瓶水。可是瓶口用软木塞塞住了，这个时候在不敲碎瓶子、不拔木塞、不在塞子上钻孔的情况下，你怎样才能喝到瓶子里的水呢？

答案

把软木塞按进去。

哪里出错了?

甲是一个专门研究机器程序操控的专家,前不久,他刚发明了一个可以在简单程序操控下穿过马路(不是单行线)的机器人Exruel。一日,他命令Exruel去马路对面,并给他输入了"25m内是否有车辆"以让Exruel能安全过马路。可谁知,Exruel在穿越马路过程中竟花了将近6个小时,这时,甲才意识到他在给Exruel输入程序时犯了一个严重的错误。

请问:甲究竟是哪里出错了呢?

答案

因为甲在给Exruel输入程序时,把"25m内是否有车辆"弄错了,若是车辆没有行驶却在Exruel前方停放,这就会使Exruel望而却步了。所以甲应该把程序改为"25m内是否有正在行驶的车辆"。

钱为什么会少?

一个人由于下午要出差,就给他的儿子打电话,要求儿子买一些出差需要的东西。他告诉儿子,桌子上的信封里放有钱。儿子找到了装钱的信封,上面写着98。于是儿子就拿着这些钱到超市买了90元钱的东西,当他准备付钱时发现,不仅信封里没剩下8块钱,反而不够90块,这是怎么回事呢?钱为什么会少?

答案

儿子把信封上数字看反了,其实信封上写的是86元,因此,儿子去买东西时钱不够,还少了4元。

刻字单价

有一个先生以刻字为生,有一次,一位顾客来问他刻字的价格,他说道:"刻'隶书'4角;刻'新宋体'6角;刻'你的名字'8角;刻'你爱人的名字'1.2元。"这位顾客听罢,笑了笑。

你能猜到这个刻字先生刻字的单价吗?

答案

2角/字。

🧠 吃包子

一次鬼谷子对徒弟孙膑、庞涓说："今日你们俩比赛吃包子，谁吃到的包子最多就算谁赢。"并规定，每人每次最多只能拿两个包子，吃完了才准再拿。师父刚揭开蒸笼盖，庞涓就抢先抓起两个包子大口吃起来。孙膑见笼内还剩三个包子，就先拿了一个吃起来。庞涓暗笑孙膑准输。可是，比赛结果却是孙膑赢了。

聪明的读者，请你想一想，孙膑怎么会赢的呢？

答案

当庞涓吃手中的第二个包子时，孙膑手中的那一个已经吃完了，他可以抓起笼内剩下的两个包子慢慢吃。这样。按照师父的规定，自然是孙膑赢了。

🧠 黑球与白球

铁柱家有一个粗细均匀的长管子，管子的两端是开口的，铁柱往管子里面放了4个白球和4个黑球，球的直径、两端开口的直径就是管子的内径，白球和黑球的排列顺序是lllbbbb，请问在不取出任何一个球的情况下，如何使得这些球的排列变为llbbbbll（"b"表示白球，"l"表示黑球）。

答案

切下管子的ll端，装到另一端，就变成了llbbbbll；

也可以将管子弯曲同样可以达到这个效果。

🧠 有趣的吵嘴

甲跟乙一起看球赛时吵了起来，两人由球赛吵到一些无关的事，甲说："你信不信，我可以咬到自己的右眼。"乙说："我才不信呢！"于是，甲把假的右眼拿下来放在嘴里咬了几下。甲又说："我还可以咬到自己的左眼。"乙想：他右眼都是假的了，左眼如果假还怎么能看见东西呢？于是他仍然坚定地说不信，结果，甲又赢了，请问他是怎么做到的？

答案

甲用自己的假牙去咬左眼。

🧠 你爸爸和我爸爸

有一个警察非常喜欢下棋，一天在公园里和别人下棋，突然从远处跑来一个小男

孩，气喘吁吁地说："你爸爸和我爸爸正在吵架呢。"这时，和警察下棋的人有些纳闷，就问这个警察说："这是你的什么人啊？"警察回答说："这是我的儿子。"

请问：正在吵架的两个人和这个警察之间有什么关系呢？

答案

由于线索有些缠绕，因此感觉事物关系复杂。对此问题，可以利用画图法将形象思维与逻辑思维综合使用，从中梳理出所需要的信息。下面我们试着用画图法分析本题。

这个孩子是警察的儿子，但警察却不是孩子的父亲。既然不是父亲，那就是母亲了。我们可用线条法来表示：

设警察为a，小男孩为b，警察的父亲是c，小男孩的父亲是d。

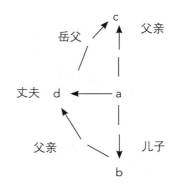

线索之所以刚开始时有些缠绕，原因在于：人们习惯在心理上把在公园下棋的人认定为男性，而且"警察"一般来讲也是男性，这就更加强了这种心理认定。如果情景设定与心理认定有矛盾时，就应该及时转换思路，从这种心理认定中跳出来，事物之间的关系也就简单了。吵架的两个人分别是警察的父亲和丈夫。

🧠 玩具世界

多多最喜欢玩具，她的玩具都快成一个玩具世界了。在她的玩具中扔掉两只之后都是狗；扔掉两只之后都是熊猫；扔掉两只之后都是洋娃娃。你知道多多都有一些什么玩具么？

答案

一只狗、一只熊猫、一只洋娃娃。

🧠 测高楼的高度

某天，天气非常晴朗，一个人对另一个人说："这里有一盒卷尺，看到对面这幢大楼了吧，它的四周是宽广的平地。如果在不登高的情况下，怎样才能量出对面这幢大楼的高度？"另一个人听罢问题后，想了一会儿，又拿卷尺量了一番，最后得出了大楼的高度，聪明的你想到是怎么测的吗？

答案

仔细观察可以发现，在晴朗的天气，太阳可以照出影子，可以用卷尺将一个人的身高和身影量出，高层楼影也可以量出。然后用：人高／人影＝楼高／楼影这个式子计算出楼的高度。

🧠 分辨硬币

现在桌子上面放了25枚硬币，其中有10枚硬币是正面朝上。如果别人蒙住你的眼睛，而且你的手也摸不出硬币的反正面。你用什么方法能将硬币分成两堆，而且这两堆硬币正面朝上的个数相同。

答案

任选15个硬币放在一堆，再把剩下的10个硬币放在一堆。然后将10个硬币全部翻面就行了（其实就是取补数），那么这两堆硬币正面朝上的个数就相同了。

🧠 牛奶有多少

有一个不规则的牛奶瓶，上面为不规则形状，占瓶总高度的1/4，下面是圆柱形占瓶总高度的3/4。现在瓶中的牛奶其高度占瓶总高度的一半，现在只有一把尺子，如何测出牛奶占瓶总容量的多少？

答案

用直尺测出奶瓶高度为H，首先把奶瓶倒置处理掉多余的奶，使奶正好充满不规则形状内，然后把奶瓶正过来，用直尺测量出奶的高度a，这样如果把不规则形状变为圆柱形后奶瓶的高度为b＝（3/4）H＋a，所以牛奶占瓶总容量为：（1/2）H/b。

🧠 巧分西瓜

有100块西瓜，要求分放在12个盘子里，并且每个盘子里的数字中必须有个"3"。请问如何分放？

答案

方法是这样的：在第1、第2、第3个盘子中分别放入13块西瓜，第4至第11个盘子中放入3块西瓜，在第12个盘子中放余下的37块西瓜。

🧠 酒的分配法

小倩、小欣、小月是好朋友，她们共同出资，合伙开了一家酒吧，可是后来因为某种原因无法继续经营下去了。现在，所剩下来的资金、利润和器皿类等，均可等分为3份。剩下来的茅台酒有21瓶，其中有7瓶是满的，7瓶剩一半的，还有7瓶则是空瓶子。她们三个人便想把瓶子和茅台酒等分为三，可是无论怎么样她们也没想出一个合理的分配法。

你知道在一人不得取4瓶以上相同酒瓶的情况下，应该如何分配吗？

（提示：两个半瓶可以合为一个满瓶）

答案

把剩下7个半瓶的酒中的2个半瓶倒入另外2个半瓶中。这样就是9个满的，3个半满的，9个空的。那么就一人3个满的，1个半瓶的，3个空瓶。

🧠 为何不收她的钱

小乐在乘公共汽车时发现了这样一个奇怪的情况：公共汽车到站后，第一个上去的是一位穿长裙的小姐，她投了4元，司机让她上车了；第二位是一个穿迷你裙的时尚少女，她只投了2元司机就让她上车了；然后又上了一位小姐，她没给钱司机也照样让她上车了，这是为什么？

答案

因为她是售票员。

🧠 园艺讲座

园艺讲座的讲师说："桃子、栗子要3年成熟，大红柑要8年，银杏要15年才能结出果实，因此，如果各位现在开始在家里培育种子的话，第15年开始，每一年都可以同时吃到四种果实了。"

听完讲师的话，观众中有人忍不住笑了起来。这是为什么呢？

答案

事实上从第15年开始，的确每种果实都可以开花结果，可是因为各种果实生长季节的不同，所以不可能在同一时间吃到四种果实。

奇怪的肚子

甜甜今年当妈妈了。但是在孩子出生前和出生后，她的肚子大小几乎没有什么改变。这究竟是为什么呢？

答案

甜甜是产卵动物。产下卵后，接着要等孩子孵化出来。母亲的肚子在孩子孵出前和孵化后，当然几乎没有什么改变。

拴风铃

小紫是一个喜欢动手的好孩子，她最喜欢做的就是风铃。这一天，她折了6朵风铃花，用一根1米长的绳子每隔0.2米拴1个正好。现在她不小心用剪刀剪坏了一个风铃花，重新折的话又没有多余的塑料膜了。现在还要求用这根1米长的绳子每隔0.2米拴1个，绳子不能剩。请问：小紫该怎么拴？

答案

因为并没有要求绳子是直的，所以可以用5个风铃花连成一个圈。

零用钱

两个妈妈分别给自己的女儿零用钱。其中一个妈妈给了女儿200元，另一个妈妈给了女儿100元。但是，这两个女儿把钱放在一起的时候，却发现一共只有200元钱。请问这是为什么？

答案

因为这三个人是外婆、妈妈和女儿。妈妈把外婆给的200元钱中的100元给了女儿。总数没有改变，依然是200元。

水有一半吗？

有一个很规则的立方体器皿，器皿里面装了一些水，一个人说："器皿里的水超过一半。"另一个人说："器皿里面的水不到一半。"如果不把水倒出来，你怎么做才能知道水有没有一半呢？

答案

把这个立方体器皿倾斜一下，使水面刚好到达边缘，看盒子底下的边缘在水面之

上还是之下。

反身开枪

有一个士兵，刚学会开枪。现在用眼罩把他的眼睛蒙上，手中握一支步枪，连长让他把帽子挂起来后，让这个士兵向前走了40米。然后反身开枪。要求子弹必须击中那顶帽子：你知道那个士兵怎样做才能一定击中那顶帽子吗？

答案

题目只是说把帽子挂起来，并没有说挂在哪里，当然可以把帽子挂在枪口上，这样就能轻松做到了。

铁链连接

生产中需要一段铁链，库房中只有5截铁链，每截有3个铁环，这5截铁链连接起来的长度正好是所需要的。

请问：在只切断3个铁环的情况下，怎样将这5截铁链连起来？

答案

把其中1截铁链的3个铁环切断，得到3个断的铁环，然后用这3个断的铁环把其余的4截铁链连起来。

填数字

请从逻辑的角度在后面的空格中填入字母或数字。

1）A，D，G，J，_____

2）1，3，6，10，_____

3）1，1，2，3，5，_____

4）21，20，18，15，11，_____

5）8，6，7，5，6，4，_____

6）65536，256，16，_____

7）1，0，−1，0，_____

8）968，63，8，3，_____

答案

1）M。每相邻字母之间，间隔为2。

2）15。相邻两个数字的差依次为2，3，4，5…。

3）8。前两个数字相加之和等于第三个数。

4）6。相邻两个数字的差依次为1，2，3，4，5…。

5）5。奇数项和偶数项呈等差数列。

6）4。算术平方根。

7）1。奇数项1和－1交替，偶数项为0。

8）2。第一个数加1开方等于第二个数。

究竟谁是凶手？

小甜和小蜜幸福地生活在一所豪宅里。她们既不参加社交活动，也没有与人结怨。有一天，女仆安卡歇斯底里地跑来告诉李管家，说她们倒在卧室的地板上死了。李管家迅速与安卡来到卧室，发现正如安卡所描述的那样，两具尸体一动不动地躺在地板上。

李管家发现房间里没有任何暴力的迹象，尸体上也没有留下任何印记。凶手似乎也不是破门而入的，因为除了地板上有一些破碎的玻璃外，没有其他迹象可以证明这一点。李管家排除了自杀的可能；中毒也是不可能的，因为晚餐是他亲自准备、亲自伺候的。李管家再次仔细地弯身检查了一下尸体，但仍是没有发现死因，但注意到地毯湿了。

请问：小甜和小蜜是怎么死的呢！究竟谁杀了她们？

答案

从题意中可以很明显地发现小甜和小蜜并不是主人，而是水缸里养的两条金鱼，所以李管家并没有报警。因为没有其他人在房间，而水缸是不会自己翻倒的。安卡一日后被解雇了，因为她在工作中太不小心，打碎了水缸，致使两条金鱼意外死亡。

所以，李管家把安卡解雇了。

兔宝宝

兔妈妈生了许多兔宝宝。一天，猪妈妈来串门，问兔兄弟和兔姐妹各有几个。兔弟弟回答说：我的姐妹的数量和我的兄弟的数量是一样的；而兔妹妹却回答说：我的姐妹数只有兄弟数的一半。

你知道兔妈妈一共生了几个兔宝宝吗？其中兔兄弟和兔姐妹各有几个？

答案

一共有7个兔宝宝，兔兄弟4个，兔姐妹3个。因为每个兔宝宝在说兄弟姐妹数

时，都不会算自己。

运动服号码

卢俊参加学校的运动会，他的运动服上的号码是个四位数。一次，同桌倒立着看卢俊的号码时，发现变成了另外一个四位数，这个数比原来的号码要多"7875"。你知道卢俊运动服上的号码是多少吗？

答案

倒立时看仍然是数字的数字只有0、1、6、8、9。因此，通过找规律，进行尝试，很容易就可以推出，他运动服上的号码是1986。

纠正错账

陈铭在一个商店里做收银员。有一天，她在晚上下班前查账的时候，发现现金比账面少162元。她知道实际收的钱是不会错的，只能是记账时有一个数点错了小数点。那么，她怎么才能在几百笔账中找到这个错数呢？

答案

那个数是180。如果是小数点的错，账上多出钱数是实收的9倍。所以162÷9＝18，那么错账应该是18的10倍。找到180元改成18元就行了。

奇怪的算法

（1）你有办法用三个6得到一个7吗？

（2）你能想到在什么情况下，7加上10可以等于5吗？

答案

（1）因为6＋1＝7，关键1怎么替换。易知，6＋6÷6＝7，解之。

（2）在时间上就可以，7点再加10个小时就是5点。

观察字母

观察B、C、D、P、X这几个字母，你觉得哪一个字母与其它字母不同？

答案

X，因为X没有弧形。

分钥匙

甲、乙、丙三个人搬了新办公室，新办公室里有三个公用的柜子，里面放着大家可能用到的资料。假设每个柜子上都有一把锁和两个钥匙，他们三个人，都可能随时在别人不在场的情况下打开柜子取资料。

请问：如何在不重新配置钥匙的情况下，让每个人都能打开这三个柜子？

答案

首先将一号柜子的钥匙放在二号柜子里一把，然后将二号柜子的钥匙放在三号柜子里一把，再将三号柜子的钥匙放在一号柜子里一把。最后的三把钥匙每人一把。

是怎么回事

小明的爸爸想考一下刚上五年级的儿子，于是就出了一道题，题目是这样的：5比0强，2又比5强，但0却又比2强。这是为什么？

答案

这是一个游戏，关于"石头、剪刀、布"的猜拳游戏。石头是0，剪刀是2，布是5。

鸡与蛋哪个在先

小海和小伟在为先有鸡还是先有蛋这个问题争论不休，作为公证人的你，该如何为他们解答这一难题？

答案

这道题目并没有指明这个蛋一定是鸡蛋不可，爬行动物在地球上出现的时间比鸡早得多，而且爬行动物也会下蛋，所以地球上是先有蛋。

下令者

有一次佛罗达太太在和她的记者朋友聊天时说了这样一件事。那天，佛罗达太太坐在房间里给丈夫缝衣裳，当她的儿子杰吉走进来时，听到一声命令："退出去，我的儿子，不要妨碍我！"杰吉答道："我的确是你的儿子，但你不是我的母亲，直到你向我解释清楚这是怎么回事以前，我不会出去。"这一席话，令在场的记者朋友全陷入了迷惑中。

答案

从题意中可知，那天佛罗达太太和她的丈夫刚好在同一个房间里，而下命令的是她丈夫。

脑筋急转弯

（1）为什么大部分佛教徒都住在北半球？

（2）小张走路从来脚不沾地，这是为什么？

（3）为什么老王家的马能吃掉老张家的象？

（4）农夫养10头牛，只有19只角，为什么？

（5）一只鸡，一只鹅，放进冰库里，鸡冻死了，鹅却活着，为什么？

（6）小李因工作需要常应酬交际，虽然每天都很早回家，可老婆还是抱怨不断，为什么？

（7）有两个小孩长得一模一样，生日也完全相同，问她们是姐妹吗，她们说是，问她们是双胞胎吗，她们又说不是，为什么？

（8）小王与父母头一次出国旅行，由于语言不通，他的父母显得不知所措，小王也不懂外语，却像在自己家里一样，没有感到丝毫不便，为什么？

（9）黑人和白人生下的婴儿，牙齿是什么颜色？

（10）一个圆孔的直径只有1厘米，而有体积达100立方米的物体能顺利通过这个孔，那它是什么物体？

（11）哪位古人跑得最快？

（12）什么比赛，赢的得不到奖品，输的却有奖品？

（13）123456789哪个数字最勤劳，哪个数字最懒惰？

（14）新买的袜子怎么会有一个洞？

（15）一个眼睛瞎了的人，走到山崖边上，突然停住了，然后往回走，为什么？

（16）什么人每天靠运气赚钱？

（17）"只"字加一笔，是什么字？

答案

（1）南无阿弥陀佛

（2）因为小张穿着鞋子

（3）他们在下象棋

（4）有一只犀牛

（5）是企鹅

（6）因为小李是每天凌晨回到家的

（7）她们是多胞胎

（8）小王是婴儿

（9）没牙齿的

（10）水

（11）曹操（说曹操曹操就到）

（12）划拳喝酒

（13）2最勤劳1最懒惰（一不做二不休）

（14）没洞怎么穿？

（15）他只瞎了一只眼。

（16）送煤气罐的人。

（17）冲

赛车手

史密斯虽然是一名技艺高超的赛车手，但是在日常生活的驾驶中他一直遵守交通规则，从不显示自己高超的赛车技术。可是，今天他刚出了门，不巧迎面过来一辆车向他冲了过来，他情急之下把车往右狠狠一拐，冲上了人行道，交通警察就在旁边维持秩序，他却一点也不在意，一路直行下去。更奇怪的是，警察也对他的行为视若无睹，任由他通行无阻。

请问，你知道这是怎么回事吗？

答案

因为史密斯骑的是自行车。

两只钟

一只钟两年只准一次，另一只钟一天准两次，哪一只更好些？

答案

"后者"，你一定会不假思索地这样说。

现在换一种问法，有这样两只钟：一只根本不走，另一只一天慢1分。你宁要哪一只？"慢的一只。"你会这样选择。现在注意：一天慢1分的那只钟每两年才准一次，而另一只每24小时就准了两次。因此，选择每两年才准一次的钟才是正确答案。

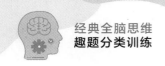

把手放进裤袋

在日常生活中，我们总是按照常规，把左手放在左裤袋里，把右手放在右裤袋里。请问用什么方法可以让你把左手放进右裤袋里，右手放进左裤袋里。

答案

把裤子反过来穿就可以了。

赴宴

小巧对小红说："后天的大前天的后天，也就是昨天的昨天的大后天是我的生日，请来参加我的生日会。"小红应该什么时候赴约呢？

答案

明天。

如何知道空气的重量

空气是有重量的，但又是无形的，如何使用简洁的方法才能知道空气的重量？

答案

把装有空气的气球和砝码同时放在天平的两端，使天平平衡。然后放掉空气，减去砝码，重新使天平平衡。减去的砝码的重量就是气球中的空气的质量。

怎么得来的

小红和小明在做数学题，碰到了两道这样的题目，可难坏了俩孩子，你能想出下面两道题的答案吗？

这两道题的题目是这样的：

（1）5个5怎样计算才能得到24，要求想出两种方法。

（2）8个8怎样计算才能得到100？

答案

（1）第一种计算法：$(5 \times 5 \times 5 - 5) \div 5 = 24$；

第二种计算法：$5 \times (5 - 5 \div 5 \div 5) = 24$。

（2）$88 + [(8 + 8 + 8) \times 8/(8 + 8)] = 100$。

分开杯子

小强的妈妈是学校里的化学老师。一天，小强来实验室等妈妈一起回家。等小强做完作业想出去玩时，妈妈马上将他喊住，给小强出了这样一道题目："你看看桌子上现在放了6只做实验用的玻璃杯，前面的3只盛满了水，而后面的3只却是空的。你只移动其中的1只玻璃杯，就把盛满水的杯子和空杯子间隔起来吗？"小强在班上是出了名的"小机灵鬼"，他只想了一会儿，就做到了。

请您想一想：小强是怎样做到的？

答案

●●●○○○解释：●代表盛满水的杯子；而○则代表空杯子。

将中间的●中的水倒入中间的○杯子中就可以了！

即把第二个盛满水的杯子拿起来，把水倒入第五个，即中间的那个空杯子里，然后再把手里的杯子放回原处。

洞中的铁球

一个沙丘旁生长着一棵有洞的大树，不巧一颗铁球刚好滚入深洞。问：在手头只有一根长木棍的条件下，如何把这颗铁球取出来？

答案

很显然，一根长木棍肯定不能"夹"上铁球来，于是我们想起古人文彦博"灌水浮球"的故事。但万事流变，皮球变成了铁球，灌水的方法行不通了。不过我们还是可以想象一下文彦博"灌水浮球"的场景，发现灌水的目的是使皮球始终浮在水的表层不断上升。那么我们是否可以通过其他东西来取代，从而也使铁球始终浮在这种东西的表层不断上升？周围有什么？沙子行不行？只会埋住铁球。这时，我们就要好好利用手中的那根长木棍了，它虽然不能"夹"，但能不能勾、捞、拨？这样不仅把木棍与沙子的联系建立了起来，同时把手段与目的的联系也建立了起来。

方法是：往洞里一点一点地灌沙子，同时用长木棍不断地拨动铁球，使铁球始终在沙子表层。这样，铁球就会一点一点地上升，直至升到洞口。

河上的桥

有一条河，它的上面有两座桥，一座高的，一座低的，而且这里河水泛滥，在一段时间里，接连不断地发生了三次洪水都淹没了这两座桥，可是却有人说"高桥被淹

了三次，而低桥却只被淹没了一次"，这事令人感觉很奇怪。

答案

其实很简单，我们可以想象有这么一种情况发生时，高桥就是被淹没了三次，低桥只被淹没了一次：第一次洪水过后，退潮时，水平面降到了高桥之下，但是仍然淹没低桥；第二次和第一次一样，第三次，也是如此。

巧妙的算式

如果给出已知示范等式300（米）＋700（米）＝1（千米）的话，你可以在下面等式中的括号里填上合适的计量单位，使得两个等式可以成立吗？

5（　　）＋7（　　）＝1（　　）

240（　　）－24（　　）＝9（　　）

答案

5（月）＋7（月）＝1（年）

240（小时）－24（小时）＝9（天）

一分钟答题

（1）如果有一个人正在从西向东行走，走了不久他向左转270°，接着向后转走，然后，他又向左转90°走，到了最后又向后转走。请猜一猜，这个人最终是朝哪一个方向行走的？

（2）在20世纪有这样一个年份，如果把这个年份写成阿拉伯数字时，无论是正着看还是倒过来看都是这一年。那么，这是指哪一个年份？

（3）在不让火柴折断或弯曲的情况下，把3根火柴摆成一个最小的数，这个数是多少？

（4）在一个又高又狭窄的玻璃筒里放着一只鲜鸡蛋。在玻璃筒不允许倾斜的前提下，也不能用任何夹具把鲜鸡蛋夹起，请问，用什么办法可以取出鲜鸡蛋？

（5）有一个采购员杰夫他在英国伦敦某公司工作，工作中他经常出差去法国巴黎，他每次都是乘坐火车去的。一次，杰夫又要去法国巴黎出差，可这一次他前一半路程是坐的飞机，坐飞机比他平常坐火车去的速度快了8倍；但是，他后一半路程却是坐火车和汽车到达法国巴黎的，这样速度比他平常坐火车要慢一半。那么，他这一次出差去法国巴黎，是否比他平常坐火车去节省时间？为什么？

（6）有一只走着的挂钟，它在24小时里，分针和时针要重合多少次？

（7）有一根铁线，如果用钳子把它剪断后，它仍然是一根与原来长度相等的铁线。那么，这是一根什么形状的铁线？

（8）当宇航员卡特在乘宇宙飞船进入太空前，他正在用他所带的自来水笔为来访者签名留念。当他进入太空以后，他正忙着用这支笔写日记。这有可能吗？

（9）如果有12个人要过河去，而河边只有一条能够一次载3个人的小船。那么，这12个人都过河，需要渡几次？

答案

（1）应该还是向东。

（2）这个年份应该是1961。

（3）答案是－11。

（4）可以往里面加醋和水让鸡蛋浮起来。

（5）他并没有比平常全路程都坐火车省时间，根据在后来一半路程的时候，速度比火车慢一半，因此，后面路程所用的时间就是以前总路程的时间。所以，在这次出差比以前多出来的时间就是坐飞机的那段时间。

（6）分针和时针要重合22次。

（7）是环形。

（8）不可能，因为在太空中没有重力，自来水笔无法写出字。

（9）6次。相当于一个船夫和11个顾客。

蒙混过关

在某城市的使馆区，一天晚上，一位卷曲着头发的黑皮肤的人来到一个使馆门口，哨兵要求其出示证件。那人向哨兵摊了摊手，表示他听不懂哨兵的话。

于是哨兵从自己的上衣兜里取出个证件，又用英语说了一遍。那个人用英语说："我的工作证落在办公室了，而现在必须赶快去参加一个会晤，必须马上进入S国使馆。"

哨兵冷静地打量了对方，略加思索说："是这样，那请你进去吧。"

来人高兴地给哨兵鞠了一个躬，便迈步准备进入使馆。这时，哨兵突然大吼声："站住！"伸手在对方的脸上一抹，原来是一个想混进使馆的人。

你知道哨兵从哪儿看出破绽了吗？

答案

来人对哨兵的第一次说的话表示听不懂，而对第三次说的话却是立即做出了领会

的反应，表明他不懂中文是伪装的。

最多可喝几瓶

1元钱一瓶汽水，喝完后两个空瓶换一瓶汽水，问：你有20元钱，最多可以喝到几瓶汽水？

答案

20元买20瓶汽水，喝完后20个空瓶换10瓶汽水，10个空瓶再换5瓶汽水，喝完后先用4个空瓶子换2瓶汽水（还剩下一个空瓶），喝完后用2个空瓶子换1瓶汽水，喝完后用这个空瓶加上刚才剩下的那个空瓶又可换得一瓶汽水，所以最多可以喝到20 + 10 + 5 + 2 + 1 + 1 = 39瓶汽水。

爬楼梯

A、B两人比赛爬楼梯，A的速度是乙的2倍，当A跑到第9层时，B跑到第几层？

答案

第5层。

同时从1楼开始，A到第9层时实际是跑了8层，而B是跑了4层，恰好到第5层。

日历问题

今天是星期二，青奥会开幕式的倒计时牌上显示是201天。

请问：青奥会开幕式那天应该是星期几？

答案

我们知道一周是7天，那么201天中有28周零5天。今天是星期二，那么196（28×7）天后应该也是星期二，再往后5天，就是星期天。

如何过桥

两个村子之间只有一座桥可以通过，但是由于两个村子之间有世仇，所以村长禁止两个村子的村民互相来往。于是，他们在桥的中间设了一个关卡，由一名村民负责看守。通过整座桥至少需要十分钟，而看守大部分时间在屋子里，只是每隔5分钟会出来看一次，如果发现有人想通过桥到对岸去，就把他叫回来，禁止他通过。可是有一天，一名村民要去另一个村子办事，他需要怎样才能过得去这座桥呢？

答案

他在看守刚进小屋的时候开始过桥，大约5分钟的时候，他大约走到了桥中心，然后他转个身往回走。这个时候，看守的人正好出来巡视，发现他以后，会叫他回去，也就是返回到他想去的那个村子，这样就可以顺利地过去了。

苦恼的鲨鱼

鲨鱼抓住了双胞胎姐妹中的妹妹。

然后，找到姐姐对她说：你说我会不会吃掉你妹妹啊？答对了，我就把你妹妹放走。

姐姐说了一句话，鲨鱼回了一句话并不得不把妹妹放走了。

请问：

1. 姐姐说了什么？

2. 鲨鱼又说了什么？

答案

姐姐说："你是要吃掉我妹妹的。"

听了姐姐的话，鲨鱼傻眼了，因为如果姐姐说的是对的，它就应该在吃掉妹妹的同时，再把妹妹放走。

所以，鲨鱼说："真讨厌！要是你说我要放回妹妹，我就可以美餐一顿了！"

巧付工资

有一家工厂付工资的方法很是独特，当工人工作7天时可以赚得一条金链，而且在每天工作结束后结算一次工资。但这条金链是由7个相同的金环连成的长链，每弄断一次就会有些损失。

请问，怎样才能在切割次数最少的情况之下，将金链按每天发一次工资的量分给这些工人呢？

答案

只需割开第3个环就可以了，这样7个金环就分成了三部分：

（1）单独一个的1个环；（2）连在一起的2个环；（3）连在一起的4个环。

第一天，拿第一个（1）付工钱，工人得到1个金环；

第二天，拿第二个（2）换回第一个（1），工人得到2个金环；

第三天，拿第一个（1）付工钱，工人得到1＋2＝3个金环；

第四天，拿第三个（4）换回前两个，工人得到4个金环；

第五天，拿第一个（1）付工钱，工人得到4＋1＝5个金环；

第六天，拿第二个（2）换回第一个（1），工人得到4＋2＝6个金环；

第七天，拿第一个（1）付工钱，工人得到6＋1＝7个金环。

倒水的技巧

小丽和小芳每人要取100mL的水去做试验，但是现在只有1个盛有900mL水的水壶和两个空杯子，没有其他的容器，也不能在杯子上做记号。可不巧的是，这两个杯子既不是100mL的，也不是50mL的，而是一个能装500mL，另一个能装300mL。那么，现在怎样倒水，她们才能一人拿到一个盛有100mL水的杯子？

答案

先将2个空杯子倒满水，将水壶里剩余的水倒掉。再将300mL杯内的水倒回水壶中，大杯的水再倒满小杯，把这300mL水倒回水壶，然后把大杯中的200mL水倒入300mL的小杯，用壶里的水注满大杯，壶里剩100mL。再把大杯水注满小杯，把小杯水倒掉，再从大杯往小杯倒300mL，大杯里剩100mL。现在倒掉300mL的小杯中的水，把水壶里的100mL水倒入小杯。

没有撒谎

前天，小花和小明一起玩的时候，小花给小明出了一道题，题目是这样的：有一对孪生姐妹，姐姐出生在2001年，而妹妹出生在2000年。小明想了好几天，怎么想不出头绪来。于是他问爸爸，小花是不是在撒谎。爸爸听后，笑了起来，说："小花没有撒谎。"于是爸爸对小明说明原因，小明一下子全明白了。

请问：这原因是什么呢？

答案

这里因为姐姐是在2001年1月1日出生在一艘由西向东将过日界线的客轮上；而妹妹则是在客轮过了日界线之后才出生的，那时的时间还是处在2000年12月31日。所以，如果按照出生的日期来讲的话，妹妹要比姐姐早一天出生。

生死抉择

玉帝为了惩罚一位犯天条的仙子，让天兵把她押到一个仙道口，并告诉她这个仙道有两扇门，一扇通向人间，一扇通向地狱，两扇门旁各有一个看守，一个只说真话，一个只说假话。这位仙子只能问一个问题就要能判断出该走哪扇门，她应该如何问才不至于死呢？

答案

她应该指着其中一人，去问另一个人：他会告诉我哪道门是生门，你会吗？那人没有指的门就是生门！

如果那人说的是真话，那么他指的那道门就是通向死的（说假话当然给他指死门了），如果是说假话的话，那么这位仙子就该走另一扇门啊。

驯马师之死

清晨，海尔丁探长正在看骑手们跑马练习，突然从马棚里冲出一个金发女郎，大叫着："快来人啊！杀人啦！"海尔丁急忙奔了过去。

只见马棚里一个驯马师打扮的人俯卧在干草堆上，后腰上有一大片血迹，一根锐利的冰锥就扎在他腰上。

"死了大约有8小时了，"海尔丁自语道："也就是说谋杀发生在半夜。"

他转过身，看了一眼正捂着脸的那位金发女郎，说："噢，对不起，你袖子上沾的是血迹吗？"

那位金发女郎把她那骑装的袖口转过来，只见上面是一长道血印。

"噢，"她脸色煞白，"一定是刚才在他身上蹭到的。我叫盖尔·德伏尔，他，他是彼特·墨菲。他为我驯马。"

海尔丁问道："你知道有谁可能杀他吗？"

"不，"她答道："除了……也许是鲍勃·福特，彼特欠了他一大笔钱……"

第二天，警官告诉海尔丁说："彼特欠福特确切的数字是15000美元。"可是经营渔行的福特发誓说，他已有两天没见过彼特了。另外，盖尔小姐袖口上的血迹经化验是死者的。

"我想你一定下手了吧？"海尔丁问。

"罪犯已经在押。"警官答道。

谁是罪犯呢？

答案

罪犯是金发女郎。她自称血迹是"刚才在他身上蹭到的"，实际上那时彼特已经死了8个小时。地上的血已经结成冰，不可能会蹭到她袖子上去。

理解力

理解力是体现在个人对自我、他人、客观事物的认知程度。

人与人之间的交流与沟通有许多种途径，其中言语活动是非常重要的交际手段。言语理解是在感知言语的基础上理解语义的。言语理解水平有不同的层次。字词是语言材料中最小的单位，对字词的理解是言语理解的初级水平。在不同的语境中，同样一句话有不同的意义。因此，对句子的理解是言语理解的较高水平。言语理解的最高水平是理解一段语言文字所要表达的目的或意图，这不仅反映了一个人语言能力的高低，而且还反映了一个人的思维水平。

知识需要两种途径来获得：一种是通过自身实践来得到大量的感性知识，然后通过逻辑思维上升为理性知识；另外一种是直接把人类在长期实践中积累的知识继承下来，为我所用，把社会知识变为自己的知识，而社会知识的来源是需要教育者们来传授的。人们通过逻辑思维可以很好地继承、运用知识，逻辑思维能力与理解力互相推动。要想快速地理解一个事物，就需要花时间和精力去思考、去分析，不断思考和分析的过程实际是一个提高逻辑思维能力的过程。

提高理解力有助于巩固记忆力和提高知识积累。理解了才能记住，这是我们常说的一句话，在学习时经常因为理解能力差导致学习效果下降，提高理解力训练将更有利于知识积累。理解力强了，对事物的认知程度就深，是智慧的表现。

通过理解力训练，力求能够理解事物的中心思想和基本原理，做到思路清晰，能够明确提出问题，根据自己的知识积累，发现问题，解决问题，并能准确地表达自己的要求。理解力训练的主要办法就是提高语言的敏感度，增加自身的阅历和知识，文字理解、智力游戏等形式是训练理解力的有效方法。

擅长唱歌

调查组针对学校某一年级进行了一次调查，结果如下："甲班的学生全部都擅长唱歌，乙班的学生里也有擅长唱歌的人。"

以下哪一个叙述是正确的呢？

（1）擅长唱歌而不属于甲班的学生，是乙班的。

（2）擅长唱歌而不属于乙班的学生，是甲班的。

（3）有擅长唱歌但不属于甲班的学生。

（4）擅长唱歌的学生，是甲班或乙班其中一班的。

答案

有擅长唱歌但不属于甲班的学生。

食言的问题

约翰的女朋友让他第二天来接自己。约翰说："如果明天天气好，我要出去买东西。"第二天，天气不好，而且还下了小雨，女朋友以为约翰不会出去买东西了，便去他的家里找他。谁知约翰还是去买东西了。女朋友等他回来，责怪他食言：既然天气不好，为什么还去买东西。而约翰却说自己并没有食言，是女朋友自己没有领会意思。

对于这件事情，下面的哪项论断是合适的？

A. 约翰与女朋友为这种小事吵架非常不值得。

B. 女朋友的推论很不合逻辑。

C. 两人对那天下的是否算小雨理解不同。

D. 由于约翰不讲信用，使得两人吵了起来。

E. 由于约翰没有表达清楚自己的意思，使得两人吵了起来。

答案

选B。因为约翰只说了明天天气好便出去买东西，而没有说天气不好或者下雨的时候不去买东西，所以他并没有食言，而是女朋友的推论太武断了而已。

爱迪生实验

爱迪生做过一个有趣的实验，他让新来的年轻职员去巡查各个商店，然后写出各自的建议和批评报告。其中一个职员是化学工程师，说他的兴趣和专长是化学，而他的报告却几乎没有谈到化学方面的问题，详述的是怎样出货和陈设商品的事情。爱迪生认为这位员工的兴趣和专长是销售管理，于是分派他做销售管理，结果他的工作非常出色。

爱迪生的实验最有力地支持以下哪一项结论？

A. 人们会很自然地被他感兴趣的事物所吸引，他自己却未必能觉察到。

B. 人们自己所认定的兴趣和专长，不一定是他的真正兴趣和专长。

C. 人们首先对自己感兴趣，其次对与自己有关的人或事感兴趣。

D. 只有对某类事物感兴趣，该类事物才能吸引你的注意力。

答案

选B。

爱迪生的实验：一个自称兴趣和专长是化学的职员，写的报告都是涉及销售方面的事，于是分派他做销售管理，结果他的工作非常出色。

这一实验显然有利于说明：人们自己所认定的兴趣和专长，不一定是他的真正兴趣和专长。即B项正确。

A、D项也得到了题干支持，但不是题干所强调的。C项超出了题干断定的范围。

男婴和女婴

正常情况下，在医院出生的男婴和女婴的数量大体相同。在某大城市的一家大医院，每周有许多婴儿出生；而在某乡镇的一所小医院，每周只有少量婴儿出生。如果一个医院一周出生的婴儿中有45%～55%是女婴，则属于正常周；如果一周出生的婴儿中超过55%是女婴或者超过55%是男婴，则属于非正常周。

如果以上陈述为真，以下哪一个选项最有可能为真？

A. 非正常周出现的次数在乡镇小医院比在城市大医院更多。

B. 非正常周出现的次数在城市大医院比在乡镇小医院更多。

C. 在城市大医院和乡镇小医院，非正常周出现的次数完全相同。

D. 在城市大医院和乡镇小医院，非正常周出现的次数大体相同。

答案

选A。

概率基本常识是，当次数足够时，随机事件发生的频率与它们的概率将无限接近，而次数越少，随机事件发生的频率越有可能偏离其概率。由于乡镇小医院每周只有少量婴儿出生，而城市大医院每周有许多婴儿出生。因此，一周出生的婴儿中女婴或男婴的比率，乡镇小医院比城市大医院偏离正常概率的可能性要高得多，即非正常周出现的次数在乡镇小医院比在城市大医院更多。因此，A项正确。

极地的冰

地球两极地区所有的冰都是由降雪形成的。特别冷的空气不能保持很多的湿气，所以不能产生大量降雪。近年来，两极地区的空气无一例外地特别冷。

以上信息最有力地支持以下哪一个结论？

A. 如果出现两极地区的冰有任何增加和扩张，它的速度也是非常缓慢的。

B. 如果两极地区的空气不断变暖，大量的极地冰将会融化。

C. 在两极地区，为了使雪转化为冰，空气必须特别冷。

D. 两极地区较厚的冰层与较冷的空气是相互冲突的。

答案

选A。

题干断定：第一，极地冰都是由降雪形成；第二，如果空气特别冷，则不能产生大量降雪；第三，近年极地空气特别冷。

由此可知：既然空气特别冷，那么，就不能产生大量降雪，从而，不大可能增加极地冰。由此可知：近几年极地的冰即使增加也是非常缓慢的，因此，A项正确。

其余选项都推不出。比如，B的论述也许符合事实，但是与题干无关。C项超出题干断定范围，且与题干关系不大。D为明显无关选项。

无害通过

无害通过的定义：外国船只在不损害其沿海国和平安宁和正常秩序的条件下，无须事先通知或征得沿海国许可而可以连续不断地通过其领海的权利。

以下属于"无害通过"的是：

A. 意大利一船只除航行外不作任何事情而连续不断地从中国长江口驶向朝鲜，事先未经中国同意。

B. 日本一船只在从孟买驶出的过程中，向印度民众播放广播，引起印度人反感。

C. 日本一船只在从横滨驶出时，为方便船员观看日本近海景色，而停泊下锚，之后才继续航行。

D. 中国的某船连续不断驶过琼州海峡时，未经政府同意，也未作任何不利于沿岸地之事。

答案

选A。

B项违反了"不损害沿海国和平安宁和正常秩序"，C、D两项不符合"外国船舶"，故选A。

"锤不破"的原因

从前，有一个铁匠看到家里的茅草屋在下雨时倒塌了，于是待雨过天晴后去修理它。谁知当他拿起铁锤钉木头时，不小心拿歪了，正好锤中旁边鸡窝中的鸡蛋。

请问为什么铁锤锤鸡蛋锤不破？

答案

破的是鸡蛋而不是锤。

露头指路

梁山伯去祝家庄拜访祝英台，他到了三岔路口，不知该往哪里走，看见一位老大爷坐在路口的大石头旁歇脚，就上前问道："老人家，请问去祝家庄怎么走？"老大爷听了，也不答话，却走到大石头背后，露出头看了他一会儿，然后朝着梁山伯来的那条路走了。

这个可把梁山伯给弄糊涂了：这老大爷一不指路，二不答话，走到大石头背后，露出头来的目的是什么？

聪明的读者，你知道，老大爷是什么意思吗？

答案

"石"字露头即"右"字啊。老大爷的意思是，梁山伯应该向右走。

吝啬鬼吃面条

有这样一个人，他特别喜欢占便宜，有一天他去一家饭店吃面条，他坐下后就花两元钱点了一份西红柿鸡蛋面。等面上来了，他又要求服务员换一碗四元钱的肉丝面。服务员对他说："你还没有付钱呢！"这个吝啬鬼就说："我刚才不是付过了吗？"服务员说："刚才你付的是两元钱，而你吃的这碗面是四元钱的啊，现在还差两元呢！"吝啬鬼又接着说："不错，我刚才付了两元钱，而现在呢，又把价值两元钱的面还给了你，这不是刚刚好吗？"

服务员有些委屈地说："那碗面本来就是我们店里的呀！"吝啬鬼说："是呀！我这不是还给你了吗？怎么这么简单的账就会弄得这么糊涂呢？"

请问，吝啬鬼需不需要再付钱了呢？

答案

在这笔糊涂账中，关键在于第一次的两元钱已经"变"成了面条，不能再算了。吝啬鬼还应该再付两元钱。

家庭的人数

小丽很喜欢去舅舅家玩，因为舅舅家人特别多，且大家都特别疼爱她。

有一天，小丽的同学问她："你舅舅家到底有多少人啊？"小丽告诉她："舅舅家有三代人，有一个人是祖父，有一个人是祖母，有两个人是爸爸，有两个人是儿子，有两个人是妈妈，有两个人是女儿，有一个人是哥哥，有两个人是妹妹，有四个人是孩子，有三个人是孙子或孙女。"

根据这些，你能判断出这家到底有多少人吗？

答案

有7个人，一对老年夫妻，他们的儿子和儿媳，他们的一个孙子和两个孙女。

翻牌游戏

一次，玩牌结束后，甲觉得无聊，于是从众多的牌中分别挑出了两张红桃K和两张黑桃K，把它们放在一起洗了很久。然后，任意翻出两张来，让乙猜其中相同的概率，乙思考了半天说道："它们相同的概率是2／3，因为有三种可能：两张都是红桃K；两张都是黑桃K；一张红桃K，一张黑桃K。"甲听后只是笑着摇了摇头，没有说什么，乙却有点不服气，硬是认为自己是正确的。请问大家，你觉得乙的说法正确吗，为什么？

答案

乙的说法是错误的，概率应该是1／3，因为甲所取出的两张牌中，第二张和第一张相同的概率是1／3。

再换一种理解方式：四张牌，随机抽取两张牌的组合一共有6种，在这6种组合中，两张牌相同的情况是2种，所以，概率是1／3。

正面与反面

有一座庙宇，据说里面的菩萨很灵验，所以每天都有很多人来这里祈福。每个来祈福的人都要向祈福箱里扔一枚硬币，如果正面朝上的话，就说明菩萨会帮助他达成这个愿望；但是如果硬币的背面朝上的话，就说明菩萨也帮不上忙。庙里的和尚为了让箱子里正面朝上的硬币多，就作了一个规定：只有扔进箱子的硬币是正面朝上的时候，人们才可以继续扔硬币；如果是背面朝上，则不可以再扔。这样下来，久而久之，箱子里正面朝上的硬币就会比背面朝上的硬币多。

这的确是一个好主意，但是出乎意料的是，过了一段时间之后，和尚们发现箱子里正面朝上的硬币竟然和背面朝上的硬币的数量差不多，这是为什么呢？

答案

原因是扔硬币的时候，出现正面朝上和背面朝上的概率是一样的，各占50%。当人们扔出正面朝上时，获得了再次扔硬币的机会，而这次扔硬币出现正面朝上的概率仍然是50%，所以不管怎样，箱子里的硬币正面朝上和背面朝上的数量总是差不多的。

失踪的鸭子

小洋家养了十几只鸭子，这一天小洋赶着鸭子到河边玩，黄昏的时候，小洋又把鸭子赶了回来，可是妈妈一数，少了两只，小洋说："它们肯定还在河边，我去看看。"

等小洋从河边回来后，正在厨房做饭的妈妈问道："两只鸭子找到了吗？"

"不，没有那么顺利……"

"那么，它们都走丢了？"

"不是……"

妈妈很是奇怪，不知道到底这两只鸭子是找到了还是没找到。

请问，小洋到底在河边找没找到鸭子呢？

答案

小洋只找到一只鸭子，另一只没有找到。因此，他没有找到两只鸭子，也不是两只鸭子都走丢了。

坐几路车

萌萌的爸爸每天都要坐公交车去他开的店里，从家到他的店门口有两趟公交车可以到达，分别是6路和10路。这两趟公交车走的路线是一样的，而且都是每隔10分钟一趟。只不过6路车首班车是6点，而10路车的首班车是6点01分。每个月下来，爸爸都会发现自己坐的6路车的次数比10路车多出很多次。

请问，这是为什么呢？

答案

因为只有6路车过后再等1分钟，10路车才到达，在10路车过后9分钟，6路车才会再次到达，如果萌萌的爸爸在6路车刚走的时间走到站牌，因为再有1分钟的时间10路车就会到达，如果是10路车刚走后到达站牌，那么他只有坐6路车，还有9分钟的时间，因此，他坐6路车比10路车的概率是9：1，因此，他坐6路车比10路车的次数要多很多。

哪一种推断更准确

在一个小村庄里，孩子们之间流行着一种弹玻璃球的游戏，游戏的规则是：每个人都向竖在地上的一根立柱弹球，玻璃球最接近立柱者胜。现在有两个孩子，其中一个女孩拿着两个玻璃球，一个男孩拿着一个玻璃球，假定男孩和女孩的技巧完全相同，测量也足够精确而不会引起纠纷。认为女孩赢的概率是：

甲的观点是这样的：女孩弹两个玻璃球，男孩只弹一个，因此女孩赢的概率是2／3。

乙的观点则是这样的：把女孩的玻璃球叫做A和B，把男孩的玻璃球叫做C，会出现四种可能的情况：

（1）A球和B球都比C球更接近立柱。

（2）仅A球比C球接近立柱。

（3）仅B球比C球接近立柱。

（4）C球比A球和B球都接近立柱。

这四种情况中三种都是女孩赢，所以女孩赢的概率是3／4。

这两种观点中各有各的说法，你是否能判断出哪种观点更准确？

答案

第一种观点最准确。其实，如果把女孩的玻璃球叫做A和B，把男孩的玻璃球叫做C，会出现六种可能的情况，而不是四种。

现在按照这三个球接近立柱的次序，使最近者在前：ABC；ACB；BAC；BCA；CAB；CBA。列出这六种情况后，我们可以看出，其中有四次都是女孩赢。这就证明了第一种观点是对的，所以女孩赢的机会是4／6＝2／3。

猜纸片的概率问题

李平平日里非常喜欢玩猜纸片游戏，这种游戏有着特定的规则：首先由他人拿出3张完全相同的纸片，然后再在每张纸片的正反两面分别画上√、√；×、×；√、×。之后，将这3张纸片交给另一位参加游戏的人，参与者可以自行选择一张，然后将纸片放在桌上。李平在玩这种游戏的时候，总是可以只看一眼朝上的那面，便能立即猜出朝下的一面上画的是什么样的标记。如果他猜对了的话，对方就会给他100元钱；如果他猜错了的话，他就要付给对方100元。但是李平总是在不停地赢钱，很少出现输的时候。

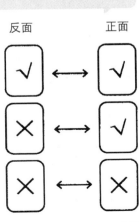

反面　　　正面

已知，在所有的纸片上√和×的数量各占到了总数的一半，而且纸片上也并没有其他的任何记号，这个游戏对于参与双方都是非常公平的。

请问，为什么李平总是可以赢呢？

答案

道理非常简单：假如朝上一面的是√，朝下的一面则是√或×的机会并非是1／2。因为朝下的一面是√的机会一共有两个：一个是当第一张卡片正面朝上时；另一个则是当第一张卡片的反面朝上时。

但是游戏中朝下的一面是×的机会只存在于当第二张卡片正面朝上的时候。也就是说，只要回答对了朝上那面的图案，李平便会有2／3的机会赢得游戏，而李平也正是想明白了这一概率问题，才能在游戏中连连取胜的。

文化与语言

法国语言学家梅耶说："有什么样的文化，就有什么样的语言。"所以，语言的工具性本身就有文化性。如果只重视听、说、读、写的训练或语言、词汇和语法规则的传授，以为这样就能理解英语和用英语进行交际，往往会因为不了解语言的文化背景，而频频出现语词歧义、语用失误等令人尴尬的现象。

这段文字主要说明：

A. 语言兼具工具性和文化性

B. 语言教学中文化教学的特点

C. 语言教学中文化教学应受到重视

D. 交际中出现各种语用错误的原因

答案

选C。

概括主旨题，此类题目不能只看一句话或从某句话中得出结论，应从整体上加以把握。

题目论述：若不了解语言的文化背景，只重视听、说、读、写的训练，往往会出现令人尴尬的情况，可见，这段文字强调的是在语言教学中文化教学应受到重视，故选C。

经济与科技

在新一轮没有硝烟的经济战场上，经济增长将主要依靠科技进步。而解剖中国科技创新结构，可以看出，在中国并不缺乏研究型大学、国家实验室，最缺乏的是企业参与的研究基地以及研究型企业资助、共建、独资创立的科研机构。像美国的贝尔实验室，就是这种研究基地。

这段文字的主旨是：

A. 要充分发挥企业在科技创新中的重要作用

B. 中国不缺乏研究型大学，缺乏的是研究型企业

C. 加强企业参与的研究基地建设是中国经济腾飞的必然之路

D. 企业资助、共建、独资创立的科研机构是提高企业效益的关键

答案

选A。

题目论述要点：一是，经济增长主要依靠科技进步；二是，在中国最缺乏的是企业参与的研究基地以及研究型企业资助、共建、独资创立的科研机构。

可见，题目强调了要使科技创新与企业活动结合起来，真正发挥企业在科技创新中的作用，故选A。

 鲛人

中国很早就有鲛（jiāo）人的传说。魏晋时代，有关鲛人的记述渐多渐细，在曹植、左思、张华的诗文中都有提到过鲛人，传说中的鲛人过着神秘的生活，干宝《搜神记》载："南海之外，有鲛人，水居，如鱼，不废织绩。其眼，泣，则能出珠。"虽然不断有学者做出鲛人为海洋动物或人鱼之类的考证，我个人还是认为他们是在海洋生活的人类，其生活习性对大陆人而言很陌生，为他们增添了神秘色彩。

作者接下来最有可能主要介绍的是：

A. 关于鲛人的考证

B. 鲛人的神秘传说

C. 有关鲛人的诗文

D. 鲛人的真正居处

答案

选A。

推断式言语题，解答此类题目要从所给的文字中推出作者接下来行文的意图。

题目首先提及从鲛人的传说，历代文献中有关鲛人的记载，接着是学者的观点和考证，然后提出作者本人对鲛人的看法，因此，作者接下来最有可能主要介绍关于鲛人的考证，从而印证本人的观点，故选A。

工作时间

在一天八个小时的工作时间里，真正有效的工作时间平均约六个小时。如果一个人工作不太用心，则很可能一天的有效工作时间只有四小时；但如果另一个人特别努力，绝大部分心思都投注在工作上，即便下班时间，脑子里还不断思考工作上的事情，产生新的创意，思索问题的解决方案等，同样一天下来，可能可以积累相当于十二个小时的工作经验，长期如此，则两个人同样工作十年之后，前者可能只积累相当于六七年的工作经验。但后者却已经拥有相当于二十年的工作经验。

这段文字主要强调的是：

A. 习惯　　　　　B. 方法　　　　　C. 态度　　　　　D. 经验

答案

选C。

题目论述：工作用心可产生更多的有效工作时间，积累更多的工作经验，可见这段文字讲的是一个人对工作的态度问题，故选C。

大师

现代社会似乎热衷谈论"大师"，越没有"大师"的时代越热衷于谈论"大师"，这也符合物以稀为贵的市场原则。但"大师"，尤其是人文类的"大师"，一定是通人，而不仅仅是"专家"。但人为的学科分割，根本不可能产生"大师"，只能产生各科"专家"。学术文化真正的全面继承与发展，靠的是"大师"而不是"专家"。"专家"只是掌握专门知识之人，而"大师"才是继往开来之人。缺乏"大师"，是学术危机的基本征象。

这段话支持的观点是：

A. 没有"大师"，社会就不可能进步。

B. 社会关注错位，并不存在所谓的"大师"。

C. 人为的学科分割导致了社会缺乏"专家"和"大师"。

D. "专家"不一定是"大师"，而"大师"必须是一个"专家"。

答案

选D。

根据题目中的叙述："大师"，一定是通人，而不仅仅是"专家"。但人为的学科分割，根本不可能产生"大师"，只能产生各科"专家"。可推出"专家"不一定是"大师"，而"大师"必须是一个"专家"。故正确答案为D。

🧠 鱼鹰捕食

当一只鱼鹰衔着一条鱼，如鲱鱼、鳕鱼或胡瓜鱼，由捕鱼地返回巢穴时，其他鱼鹰就会沿着它的行踪觅食，但是，如果这只鱼鹰衔的是鲽鱼，其他鱼鹰就很少有这种行为，虽然鱼鹰像吃其他鱼一样也吃鲽鱼。

以下哪一项最有助于解释上面所说的鱼鹰捕食的习惯？

A. 鱼鹰很少能够捕到鲱鱼、鳕鱼或胡瓜鱼。

B. 鲽鱼生活的水域比鲱鱼、鳕鱼或胡瓜于生活的水域要浅。

C. 鲱鱼、鳕鱼或胡瓜鱼是群体活动，而鲽鱼不是。

D. 鲽鱼和鳕鱼有保护色，而鲱鱼和胡瓜鱼没有保护色。

答案

选C。

选项C暗示鱼鹰捉到一条鲱鱼、鳕鱼或胡瓜鱼的地方可能有很多这样的鱼，导致鱼鹰聚集，而捉到鲽鱼的地方可能不再有其他的鲽鱼，所以鱼鹰不聚集，很好解释了题干描述的现象，正确。

A项所述的很少能够捕到，B项所述的水域要浅，D项所述的保护色，都是题干没有提到的新概念，均为无关项。

🧠 性别比例

美国2006年人口普查显示，男婴与女婴的比例是51∶49；等到这些孩子长到18岁时，性别比例却发生了相反的变化，男女比例是49∶51。而在25岁到34岁的单身族中，性别比例严重失调，男女比例是46∶54。美国越来越多的女性将面临找对象的压力。

如果以下陈述为真，哪一项最有助于解释上述性别比例的变化？

A. 在40～69岁的美国女人中，约有四分之一的人正在与比她们至少小10岁的男人约会。

B. 2005年，单身女子是美国的第二大购房群体，其购房量是单身男子购房量的两倍。

C. 在青春期，因车祸、溺水、犯罪等而死亡的美国男孩远远多于美国女孩。

D. 1970年，美国约有30万桩跨国婚姻；到2005年增加10倍，占所有婚姻的5.4%。

答案

选C。

题干论述，美国男婴与女婴的比例是51∶49，而在25岁到34岁的单身族中，男女比例却是46∶54。

如果C项为真，即在青春期，因车祸、溺水、犯罪等而死亡的美国男孩远远多于美国女孩，这显然有助于解释题干关于随着年龄的增加性别比例却发生了相反的变化的现象。因此，为正确答案。

其余选项均为无关项，无助于解释性别比例的变化。

地球上的水

大约20亿年前的太阳比现在的太阳要暗30％。如果现在的太阳像那时的太阳一样暗淡，地球上的海洋就会完全冻结成冰。然而，有化石证据表明；早在38亿年前，液态水和生命就在地球上存在了。

如果以下陈述为真，哪一项最有助于消除以上描述中明显的不一致？

A. 38亿年前地球大气层所能保持的热量明显地多于现在大气层所能保持的热量。

B. 38亿年前地球上出现的液态水后来又冻结了，大约在20亿年前才重新融化。

C. 大约20亿年前，一个强大的并非来自太阳的热源使得地球上大块的冰融化。

D. 有证据表明，海洋的某些区域一直冻结到比20亿年前更晚的时期。

答案

选A。

题干所述不一致为：一方面，20亿年前太阳较暗，如果现在的太阳也那么暗，地球上的海洋就会冻成冰。另一方面，那时的地球上有液态水存在。

要解决这一矛盾就需要说明那时还有其他原因使地球温度保持较高。A项说明虽然太阳光产生的热较少，但是保存得比较好，这就有力地解释了矛盾。

其余选项无助于解释矛盾。

毒鱼

最近，有几百只海豹因吃了受到化学物质污染的一种鱼而死亡，这种化学物质即使量很小，也能使哺乳动物中毒，然而一些人吃了这种鱼却没有中毒。

以下哪项如果正确，最有助于解释上面陈述中的矛盾？

A. 受到这种化学物质污染的鱼本身并没有受到化学物质的伤害。

B. 有毒的化学物质聚集在那些海豹吃而人不吃的鱼的部位。

C. 在某些既不吃鱼也不吃鱼制品人的身体内，也发现了微量的这种化学毒物。

D. 被这种化学物质污染的鱼只占海豹总进食量的很少一部分。

答案

选B。

题干分歧在于：毒鱼能够使海豹和人都中毒但是海豹吃毒鱼死亡，而人吃毒鱼不中毒。

如果B为真则意味着人实际上没有摄入毒素，有效解释了题干分歧，是一种"另有他因"的解释，正确。

A、C为明显无关选项，排除；海豹只吃了很少的毒鱼却死亡了，暗示可能不是因为吃毒鱼导致海豹死亡的，有一定的解释味道，但是题干已经确定海豹是吃毒鱼死亡的，D与题干条件矛盾，解释力度不足，排除。

🧠 出租车涨价

由于石油价格上涨，国家上调了汽油等成品油的销售价格，这导致出租车运营成本增加，司机收入减少。调查显示，某市95%以上的出租车司机反对出租车价上涨，因为涨价将导致乘客减少，但反对涨价并不意味着他们愿意降低收入。

以下哪项如果为真，能够解释某出租车司机的这种看似矛盾的态度？

A. 出租车司机希望减少向出租车公司交纳的月租金，由此消除油价上涨的影响。

B. 调查显示，所有的消费者都反对出租车涨价。

C. 某市公交车的月票价格上调了，但普通车票的价格保持不变。

D. 出租车涨价使得油价上升的成本全部由消费者承担。

答案

选A。

由于油价上涨，导致出租车运营成本增加，司机收入减少。这带来了出租车司机矛盾的态度，即：一方面，绝大多数出租车司机还是反对出租车价上涨（因为涨价将导致乘客减少）；另一方面，出租车司机并不愿意降低收入。

既然油价上涨导致出租车运营成本增加，出租车价不上涨，但不降低收入，怎么办呢？就得降低其他方面的运营成本。

A项所述司机希望减少向出租车公司交纳的月租金来消除油价上涨的影响，这是用一个存在他因的方式，解释了出租车司机看似矛盾的态度。

B项只能说明涨价将导致乘客减少，但不能解释出租车司机矛盾的态度；C所述的公交车与题干无关，D项是涨价的结果，无助于解释矛盾。

大学生保姆

大学生利用假期当保姆已不再是新鲜事。一项调查显示，63%的被调查者赞成大学生当保姆，但是，当问到自己家里是否会请大学生保姆时，却有近60%的人表示"不会"。

以下哪项陈述如果为真，能够合理地解释上述看似矛盾的现象？

A. 赞成大学生当保姆的人中，有69%的人认为做家政工作对大学生自身有益，只有31%的人认为大学生保姆能提供更好的家政服务。

B. 在不赞成大学生当保姆的人中，有40%的人认为，学生实践应该选择与自己专业相关的领域。

C. 在选择"会请大学生当保姆"的人中，有75%的人打算让大学生担任家教或秘书工作，只有25%的人想让大学生从事家务劳动。

D. 调查中有62%的人表示只愿意付给大学生保姆800元到1000元的月薪。

答案

选A。

题干的矛盾现象在于：一方面，大部分被调查者赞成大学生当保姆；另一方面，大部分被调查者却表示自己家里不会请大学生保姆。

如果A项为真，即在赞成大学生当保姆的人中，大部分人认为做家政工作对大学生自身有益，同时大部分人认为大学生保姆不能提供更好的家政服务。因此，从站在对方（大学生）的角度赞成大学生当保姆，而站在自己的角度，不会请大学生保姆。从不同的角度去考虑同一个问题，所持的看法就可能不同，这就很好地解释了题干矛盾的两个方面。

C项是干扰项，解释力度不如A项。其余选项与解释题干矛盾无关。

实验鼠

让所有的实验鼠奔跑1小时。第一组实验鼠跑前1小时喝西红柿汁。第二组跑后喝西红柿汁。第三组奔跑到30分钟后喝西红柿汁，休息1小时后再跑30分钟。对照组实验鼠只饮水。运动过后6小时测量实验鼠血液中标志动物疲劳的物质"TGF-b"的浓度，结果是：与只饮水的实验鼠相比，第一组和第三组实验鼠的这一指标减少50%至60%，而第二组实验鼠几乎没有差别。

以下哪一项最适合作为上述实验的结论？

A. 饮用西红柿计可以消除运动引起的疲劳。

B. 运动前饮用西红柿汁可以减轻运动疲劳。

C. 前3组实验鼠与只饮水的实验鼠是以同样的速度奔跑。

D. 在运动强度和运动量相同的情况下，运动间隙中较长时间的休息可以减轻疲劳。

答案

选B。

题干的实验表明，实验鼠跑前或跑中喝西红柿汁，可减轻疲劳，而跑后喝就没有效果。

第一组实验鼠可以说明A、B项；第二组实验鼠可以说明A项不成立；第三组实验鼠说明B和D项是可以的。C选项为无关项。综上，B选项最适合作为上述实验的结论。

 ## 月球形成

地球在其形成的早期是一个熔岩状态的快速旋转体，绝大部分的铁元素处于其核心部分；有一些熔液从这个旋转体的表面被抛出，后来冷凝形成了月球。

如果以上这种关于月球起源的理论正确，则最能支持以下哪一个结论？

A. 月球是唯一围绕地球运行的相当大的天体。

B. 月球核心部分的含铁比例小于地球核心部分的含铁比例。

C. 月球表面凝固是在地球表面凝固之后。

D. 月球像地球一样具有固体的表层结构和熔岩状态的核心。

答案

选B。

题干论述：铁位于地球核心，月球是地球表面的物质形成的。

地球表面的物质含铁比地球核心的物质少，而月球是地球表面的物质形成的，当然合理的推论是，月球含铁比地球核心少，因此，B为正确答案。

A为明显无关选项，排除；表面何时冷却题干没有提及，C排除；D讨论的情况题干没有涉及，排除。

自我陶醉人格

"自我陶醉人格"，是以过分重视自己为主要特点的人格障碍。它有多种具体特征：过高估计自己的重要性，夸大自己的成就，对批评反应强烈，希望他人注意自己

和羡慕自己；经常沉溺于幻想中，把自己看成是特殊的人；人际关系不稳定，嫉妒他人，损人利己。

以下各项自我陈述中，除了哪项均能体现上述"自我陶醉人格"的特征？

A. 我是这个团队的灵魂，一旦我离开了这个团队，他们将一事无成。

B. 他有什么资格批评我？大家看看，他的能力连我的一半都不到。

C. 我的家庭条件不好，但不愿意被别人看不起，所以我借钱买了一部智能手机。

D. 这么重要的活动竟然没有邀请我参加，组织者的人品肯定有问题，不值得跟这样的人交往。

E. 我刚接手别人很多年没有做成的事情，我跟他们完全不在一个层次，相信很快就会将事情搞定。

答案

选C。

根据题干中"自我陶醉人格"的具体特征，依次判断各选项：

A项符合"过高估计自己的重要性，夸大自己的成就"。

B项符合"对批评反映强烈。

D项符合"过高估计自己的重要性，人际关系不稳定。

E项符合"经常沉溺于幻想中，把自己看成是特殊的人"。

只有C项没有体现上述"自我陶醉人格"的特征。

原始动机

根据学习在机动形成和发展中所起的作用，人的动机可分为原始动机和习得动机两种。原始动机是与生俱来的动机，它们是以人的本能需要为基础的，习得动机是指后天获得的各种动机，即经过学习产生和发展起来的各种动机。

根据以上陈述，以下哪项最可能属于原始动机？

A. 宁可食无肉，不可居无竹。

B. 尊敬老人，孝敬父母。

C. 窈窕淑女，君子好逑。

D. 尊师重教，崇文尚武。

E. 不入虎穴，焉得虎子。

答案

选C。

题干断定：原始动机是与生俱来的动机，它们是以人的本能需要为基础的。

"窈窕淑女，君子好逑"是与生俱来的。因此选C其余选项都是后天获得的各种动机。

🧠 师范生

某大学顾老师在回答有关招生问题时强调："我们学校招收一部分免费师范生，也招收一部分一般师范生。一般师范生不同于免费师范生。没有免费师范生毕业时可以留在大城市工作，而一般师范生毕业时都可以选择留在大城市工作，任何非免费师范生毕业时都需要自谋职业，没有免费师范生毕业时需要自谋职业。"

根据顾老师的陈述，可以得出以下哪项？

A. 该校需要自谋职业的大学生都可以选择留在大城市工作。

B. 不是一般师范生的该校大学生都是免费师范生。

C. 该校需要自谋职业的大学生都是一般师范生。

D. 该校所有一般师范生都需要自谋职业。

E. 该校可以选择留在大城市工作的唯一一类毕业生是一般师范生。

答案

选D。

根据题意，对该校学生的分类如下表：

该校所有学生	师范生	免费师范生	免费师范生	
		一般师范生	非免费师范生	自谋职业
	非师范生			

题干前提一：非免费师范生毕业时都需要自谋职业。

题干前提二：一般师范生不同于免费师范生（即，一般师范生属于非免费师范生）。

得出结论：该校所有一般师范生都需要自谋职业。

因此，正确答案为D项。

其余选项不能必然得出，比如选项B和C不能选，因为题干没有提到该校只招非免费师范生和一般师范生这两类学生，也许还有非师范生。

🧠 用电单位

如果一个用电单位的日均耗电量超过所在地区80%用电单位的水平，则称其为该地区的用电超标单位。近三年来，某地区的用电超标单位的数量逐年明显增加。

如果以上断定为真，并且某地区的非单位用电忽略不计，则以下哪项断定也必定

为真？

Ⅰ. 近三年来，某地区不超标的用电单位的数量逐年明显增加。

Ⅱ. 近三年来，某地区日均耗电量逐年明显增加。

Ⅲ. 今年某地区任一用电超标单位的日均耗电量都高于全地区的日均耗电量。

A. 只有Ⅰ。

B. 只有Ⅱ。

C. 只有Ⅲ。

D. 只有Ⅱ和Ⅲ。

E. Ⅰ、Ⅱ和Ⅲ。

答案

选A。

由题干，某地区用电单位中，超标单位占20%，不超标单位占80%。又近三年来，某地区的用电超标单位的数量逐年明显增加，因此，显然可以得出结论：近三年来，某地区不超标的用电单位的数量逐年明显增加。所以Ⅰ一定为真。

Ⅱ不一定为真。因为由题干，一个单位是否为用电超标单位，不取决于自己的绝对用电量，而取决于和其他单位比较的相对用电量。因此，用电超标单位的数量的增加，并不一定导致实际用电量的增加。

Ⅲ不一定为真。例如，假设该地区共有10个用电单位，其中8个不超标单位分别日均耗电1个单位，2个超标单位中，一个日均耗电2个单位，另一个日均耗电30个单位。这个假设完全符合题干的条件，但日均耗电2个单位的超标单位，其日均耗电量并不高于全地区的日均耗电量（8＋2＋30）／10＝4个单位。

🧠 某祛斑霜

甲乙二人之间有以下对话：

甲：张琳莉是某祛斑霜上海经销部的总经理。

乙：这怎么可能呢？张琳莉脸上长满了黄褐斑。

如果乙的话是不包含讽刺的正面断定，则它预设了以下哪项？

Ⅰ. 某祛斑霜对黄褐斑具有良好的祛斑效果。

Ⅱ. 某祛斑霜上海经销部的总经理应该使用本品牌的产品。

Ⅲ. 某祛斑霜在上海的经销领先于其他品牌。

A. 仅Ⅰ。

B. 仅Ⅱ。

C. 仅Ⅲ。

D. 仅Ⅰ和Ⅱ。

E. Ⅰ、Ⅱ和Ⅲ。

答案

选D。

乙的对话内容很丰富，跳跃性强，既包含了"某祛斑霜上海经销部的总经理应该使用本品牌的产品"，又假设了"某祛斑霜对黄褐斑具有良好的祛斑效果"。否则，如果不预设Ⅰ和Ⅱ，则乙的反应就不会感到那么诧异。至于销售是否领先，这个跟乙的对话没太大联系。

 绘画杰作

贾女士：毕加索的每幅画都是杰作。

魏先生：不对。有几幅达维和特莱克劳斯的绘画杰作也陈列在巴黎罗浮宫。

魏先生显然认为贾女士话中包含以下哪项断定？

A. 只有毕加索的画才是杰作。

B. 只有毕加索的绘画杰作才陈列在罗浮宫。

C. 达维和特莱克劳斯的绘画称不上杰作。

D. 罗浮宫中陈列的画都是杰作。

E. 所有的绘画杰作在罗浮宫都有陈列。

答案

选B。

魏先生显然认为贾女士陈述的隐含前提是，只有毕加索的绘画杰作才可以陈列在罗浮宫，所以他才通过其他画家的绘画杰作也可以陈列在罗浮宫，来否定贾女士的这个断定，否则，魏先生举出达维和特莱克劳斯的绘画杰作也陈列在罗浮宫的例子就没有任何意义。

"自私"的涵义

社会的凝聚力被自私的个人主义所威胁，这被认为是八十年代所具有的时代特征。但是，这种特征在任何时代都有。在整个历史过程中，所有的人类行为都被自私的动机所支配。从更深层的意义上看，即使是最"无私"的行为，对人类而言也是自私的。

以下哪一项指出了上述论证的缺陷？

A. 有关人类历史一直有自私存在的主张与论证无关。

B. 没有统计数据证明在人类的行为中自私的行为多于无私的行为。

C. 论证只提到了人类的行为而没有涉及其他动物的行为。

D. 论证依赖于在两种不同的意义上使用"自私"这个词。

E. 没有列出八十年代所具有的所有时代特征。

 答案

选D。

题干论证中"自私"的涵义并不一致，"社会的凝聚力被自私的个人主义所威胁"中的"自私"的意义是指唯利是图的自私；而"所有的人类行为都被自私的动机所支配"中的"自私"是指有利于自己的事，大致是一种合理的利己主义。

语词误解

B市的商会近日开会讨论美化本地区高速公路的方案，其中包括重新设置动力管线、增加地面景观和移走户外广告牌。会议上，户外广告公司的代表S先生说："户外广告牌是我们的商业基础，如果把它们移走，我们的生存能力将会受到严重的损害。"另一位本地商人J说："我不同意这种看法，我们的商业基础是有吸引力的社区环境，要来我市购物的人在来我市的路上不愿意看到那些令人反感的户外广告牌，这些广告牌正在损害我们的生存能力。"

J的议论表明他误解了S先生所使用的哪一个词？

A. 广告牌　　　　　　　B. 基础

C. 我们　　　　　　　　D. 能力

E. 损害

 答案

选C。

S先生所说的"户外广告牌是我们的商业基础"中的"我们"指的是其所在的户外广告公司。

J所说的"这些广告牌正在损害我们的生存能力"中的"我们"指的是本地商人。

重新理解

西蒙：我们仍然不知道机器是否能够思考，计算机能够执行非常复杂的任务，但是缺少人类智力的灵活特征。

罗伯特：我们不需要更复杂的计算机来知道机器是否能够思考，我们人类是机器，我们思考。

罗伯特对西蒙的反应是基于对哪一个词语的重新理解？

A. 计算机　　　　　　B. 知道　　　　　　C. 机器

D. 复杂　　　　　　　E. 思考

答案

选C。

西蒙的结论：机器不思考，通过计算机执行复杂操作，但是缺乏人类的灵活性，把机器指代为计算机。而罗伯特的结论：机器思考，人类就是机器，把机器指代为人类。

可见，"机器"一词在两人的对话中有不同的理解。所以，C项为正确答案。

 海军上将的建议

皇帝：大海另一边的敌国几个世纪以来一直骚扰我们，我想征服它并且一劳永逸解除这种骚扰。你能给我什么建议？

海军上将：如果你穿过大海，一个强大的帝国将会衰落。

皇帝：那样的话，准备部队。今天晚上我们就出海。

下面选项中，对皇帝决定入侵的最强有力的批评是哪一项？

A. 必定导致那个皇帝的失败。

B. 基于不是关于军队强弱的客观事实观点。

C. 与海军上将的陈述相冲突。

D. 没有充分考虑海军上将的建议的可能的意义。

E. 对解决即将发生的问题来说是一个无效的策略。

答案

选D。

"强大的帝国"可以指大海另一边的敌国，也可以指自己的国家。

海军上将所提到的"强大的帝国"可能指的就是自己的国家，D项指出了这一点。

师说

人非生而知之者，孰能无惑……无长无少，道之所存，师之所存。

根据以上信息，可以得出哪项？

A. 与吾生乎同时，其闻道也必先乎吾。

B. 师之所存，道之所存也。

C. 无贵无贱，无长无少，皆为吾师。

D. 与吾生乎同时，其闻道不必先乎吾。

E. 若解惑，必从师。

答案

选E。

题干的意思是，人不是生出来就都懂得许多道理的，谁能没有疑惑呢？……无论年纪大小，道理存在的地方，就是老师存在的地方。

这意味着，老师的作用是解惑，要解惑就得有老师。诸选项中，只有 E 项与此意思一致。

社会学家的结论

某社会学家认为：每个企业都力图降低生产成本，以便增加企业的利润，但不是所有降低生产成本的努力都对企业有利，如有的企业减少对职工社会保险的购买，暂时可以降低生产成本，但从长远看是得不偿失，这会对职工的利益造成损害，减少职工的归属感，影响企业的生产效率。

以下哪项最能准确表示上述社会学家陈述的结论？

A. 如果一项措施能够提高企业的利润，但不能提高职工的福利，此项措施是不值得提倡的。

B. 企业采取降低生产成本的某些措施对企业的发展不一定总是有益的。

C. 只有当企业职工和企业家的利益一致时，企业采取的措施才是对企业发展有益的。

D. 企业降低生产成本的努力需要从企业整体利益的角度进行综合考虑。

E. 减少对职工社保的购买会损害职工的切身利益，对企业也没有好处。

答案

选B。

题干中社会学家通过实例说明，不是所有降低生产成本的努力都对企业有利。B项和这一意思完全等值，因此，最能准确表示社会学家的结论。

其余选项也都基本符合题干中社会学家的意思，但不如D项准确。

🧠 蕴涵的意思

张珊：不同于"刀""枪""箭""戟"，"之""乎""者""也"这些字无确定所指。

李思：我同意。因为"之""乎""者""也"这些字无意义，因此，应当在现代汉语中废止。

以下哪项最可能是李思认为张珊的断定所蕴涵的意思？

A. 除非一个字无意义，否则一定有确定所指。

B. 如果一个字有确定所指，则它一定有意义。

C. 如果一个字无确定所指，则应当在现代汉语中废止。

D. 只有无确定所指的字，才应当在现代汉语中废止。

E. 大多数的字都有确定所指。

答案

选A。

李思同意张珊认为"之""乎""者""也"这些字无确定所指的观点，认为"之""乎""者""也"这些字无意义。

可见，李思认为张珊的断定所蕴涵的意思是：如果一个字无确定所指，那么，它一定无意义。也即等价于，除非一个字无意义，否则一定有确定所指。因此，A项正确。

🧠 "男女"和"阴阳"

"男女"和"阴阳"似乎指的是同一种区分标准，但实际上，"男人和女人"区分人的性别特征，"阴柔和阳刚"区分人的行为特征。按照"男女"的性别特征，正常人分为两个不重叠的部分；按照"阴阳"的行为特征，正常人分为两个重叠部分。

以下各项都符合题干的含义，除了

A. 人的性别特征不能决定人的行为特征。

B. 女人的行为，不一定是有阴柔的特征。

C. 男人的行为，不一定是有阳刚的特征。

D. 同一个人的行为，可以既有阴柔又有阳刚的特征。

E. 一个人的同一个行为，可以既有阴柔又有阳刚的特征。

答案

选E。

题干断定：第一，"男女"是性别特征，按照此特征，正常人分为两个不重叠的部分；第二，"阴阳"是行为特征，按照此特征，正常人分为两个重叠部分。

从题干看出：用"阴柔和阳刚"区分人的行为特征，意思就是，任何一种行为，如果阴柔就不阳刚，如果阳刚就不阴柔；因此，一个人的同一个行为可能既有阴柔又有阳刚的特征，这不符合题干的含义，因此，E项是正确选项。

人的性别特征和人的行为特征不是一回事，因此，A项符合题干含义。

既然性别特征和行为特征是两回事，那就完全有可能存在，阳刚而不阴柔的女人和阴柔而不阳刚的男人，因此，B、C项也符合题干含义。

既然按照"阴阳"的行为特征正常人分为两个重叠部分，因此，同一个人的行为，可以既有阴柔又有阳刚的特征。因此，D项符合题干的含义。

 微雕艺术家

小荧十分渴望成为一名微雕艺术家，为此，他去请教微雕大师孔先生："您如果教我学习微雕，我要多久才能成为一名微雕艺术家？"孔先生回答："大约十年。"小荧不满足于此，再问："如果我不分昼夜每天苦练，能否缩短时间？"孔先生答道："那要用二十年"。

以下哪项最可能是孔先生的回答所提示的成为微雕艺术家的重要素质？

A. 谦虚　　　　　　B. 勤奋　　　　　　C. 尊师

D. 耐心　　　　　　E. 决心

答案

选D。

题干断定：小荧要想成为一个微雕艺术家，微雕艺术家孔先生告诉他需要十年的时间，如果昼夜不休息每天苦练，孔先生反而说那要二十年。

孔先生的回答说明小荧缺乏耐性，而要从事微雕这样的艺术，非得有极大的耐心不可。如果没有耐心会用更长的时间去完成同一件事情。因此，D项最可能是孔先生的回答所提示的成为微雕艺术家的重要素质。

张教授的观点

比较文字学者张教授认为，在不同的民族语言中，字形与字义的关系有不同的表现，他提出，汉字是象形文字，其中大部分是形声字，这些字的字形与字义相互关联，而英语是拼音文字，其字形与字义往往关联不大，需要某种抽象的理解。

以下哪项如果为真，最不符合张教授的观点？

A. 汉语中的"日""月"是象形字，从字形可以看出其所指的对象；而英语中的

sun与moon则感觉不到这种形义结合。

B. 汉语中的"日"与"木"结合，可以组成"東""杲""杳"等不同的字，并可以猜测其语义，而英语中则不存在与此类似的sun与wood的结合。

C. 英语中，也有与汉语类似的象形文字，如，eye是人的眼睛的象形，两个e代表眼睛，y代表中间的鼻子，bed是床的象形，b和d代表床的两端。

D. 英语中的sunlight与汉语中的"阳光"相对应，而英语的sun与light和汉语中的"阳"与"光"相对应。

E. 汉语中的"星期三"与英语中的Wednesday和德语中的Mitwoch意思相同。

答案

选C。

张教授的观点是：汉字大部分是形声字，字形与字义相互关联，而英语是拼音文字，其字形与字义往往关联不大。

C项所述，英语中也有与汉语类似的象形文字，这显然不符合张教授的观点。

违反道德的行为

违反道德的行为是违背人性的，而所有违背人性的事都是一样的坏。因为杀人是不道德的，所以杀死一个人和杀死一百人是一样的坏。

以下哪项陈述的观点最符合上文所表达的原则？

A. 牺牲一人救了一个人，与牺牲一人救了一百人是一样的高尚。

B. 抢劫既是不道德的，也是违背人性的，它与杀死一个人是一样的坏。

C. 在只有杀死一人才能救另一人的情况下，杀人与不杀人是一样的坏。

D. 强奸既然是不道德的，社会就应该像防止杀人那样来防止强奸。

答案

选B。

题干所述的原则是，违反道德的行为是违背人性的，而所有违背人性的事都是一样的坏。

这一原则的谬误在于看问题绝对化了，并抹杀了在这一原则之下质和量的差别。题干提供了一个抹杀量的差别的例证，选项B提供了一个抹杀质的差别的例证。

其余选项均不符合题干所述的原则，比如A项涉及道德上好的行为的例证，不属于题干所述违反道德的行为。

记忆理论

传统记忆理论认为，记忆就像录像带，每一次回忆都是从大脑中找出相应时间内的某一段录像加以回放。场景构建理论对记忆给出了另一种解释：人脑在编码记忆时只是记录一些碎片；在需要的时候，人脑以合乎逻辑并与主体当前信念状态相吻合的方式，将这些碎片连贯起来并做出补充，以形成回忆。

下面列出的现象都是场景构建理论能解释而传统记忆理论不能解释的，除了

A. 有些阿尔茨海默症患者会丧失记忆能力。

B. 人对于同一件往事的多次回忆，内容会发生变化。

C. 一项统计显示，目击证人在20%～25%的情况下会指认警方明知不正确的人。

D. 英国心理学家金佰利·韦伯通过给实验对象看一些合成的假照片，成功地给他（她）植入了关于童年生活的虚假记忆。

答案

选A。

题干所述：传统记忆理论认为，记忆就像录像带，回忆完全是客观的，而场景构建理论认为，回忆带有主观的成分。

选项A所述，有些患者会丧失记忆能力，这可用传统记忆理论来解释。

其余选项都可以用场景构建理论来解释，即会出现补充的内容。

招募新队员

赵明与王洪都是某高校辩论协会成员，在为今年华语辩论赛招募新队员问题上，两人发生了争执。

赵明：我们一定要选拔喜爱辩论的人，因为一个人只有喜爱辩论，才能投入精力和时间研究辩论并参加辩论赛。

王洪：我们招募的不是辩论爱好者，而是能打硬仗的辩手，无论是谁，只要能在辩论赛中发挥应有的作用，他就是我们理想的人选。

以下哪项最可能是两人争论的焦点？

A. 招募的目标是从现实出发还是从理想出发。

B. 招募的目的是研究辩论规律还是培养实战能力。

C. 招募的目的是为了培养新人还是赢得比赛。

D. 招募的标准是对辩论的爱好还是辩论的能力。

E. 招募的目的是为了集体荣誉还是满足个人爱好。

答案

选D。

根据题干论述，赵明认为，招募的新队员应该是喜爱辩论的，而王洪则认为，招募的新队员应该是能打硬仗的，也就是有能力的，可见，两人争论的焦点是招募的标准是对辩论的爱好还是辩论的能力，所以，D项是正确答案。

其余选项均不妥，其中，A项，两人都没谈论现实或理想；B项，两人都没涉及研究或培养的问题；C项，两人显然都认同招募新人是要去赢得比赛，这不是争论的焦点；E项，两人显然都不认同招募的目的是满足个人爱好。

🧠 和谐的本质

张教授：和谐的本质是多样性的统一。自然界是和谐的，例如没有两片树叶是完全相同的。因此，克隆人是破坏社会和谐的一种潜在危险。

李研究员：你设想的那种危险是不现实的，因为一个人和他的克隆复制品完全相同的仅仅是遗传基因。克隆人在成长和受教育的过程中，必然在外形、个性和人生目标等诸方面形成自己的不同特点。如果说克隆人有可能破坏社会和谐的话，我认为一个现实危险是，有人可能把他的克隆复制品当作自己的活"器官银行"。

以下哪项最为恰当地概括了张教授与李研究员争论的焦点？

A. 克隆人是否会破坏社会的和谐？

B. 一个人和他的克隆复制品的遗传基因是否可能不同？

C. 一个人和他的克隆复制品是否完全相同？

D. 和谐的本质是否为多样性的统一？

E. 是否可能有人把他的克隆复制品当作自己的活"器官银行"？

答案

选C。

张教授推理的隐含假设是克隆人和其原人是完全相同的。

而李研究员认为一个人和他的克隆复制品仅仅是遗传基因完全相同而在外形、个性和人生目标等诸方面并不同。

张教授与李研究员争论的焦点就是"一个人和他的克隆复制品是否完全相同？"

其余各项均不恰当。例如，李研究员并不否认克隆人有可能破坏社会和谐，因此，A项不恰当。

计算力

计算力就是计算的能力。通过计算力训练，有助于把形象思维提升为抽象思维。计算力训练直接影响到逻辑思维能力，对提升智力有着极大的促进作用，因此，想要提高计算力重点在于，摆脱对具体实物的依赖，过渡为抽象的运算能力。

逻辑思维是一种严谨的思维方式，在已知的信息基础上，通过合理的计算，确定最终的结果。加强计算力有助于提高逻辑思维能力，通过计算力的训练有助于思路清晰，便于快速地解决问题。

喝咖啡

小新倒满了一杯咖啡，她喝掉了1／6杯，然后加满了水；又喝了1／3杯，又加满了水；再喝了半杯，再次加满了水；最后把一杯都喝了。这样一来小新喝的咖啡多还是水多呢？

答案

小新喝的咖啡＝1杯（她只倒了1杯咖啡）

水＝1／6＋1／3＋1／2＝1杯

所以她喝的水和咖啡一样多。

梨要如何分

王女士、赵女士、刘女士三家是住在一层楼里的。为了维持走廊的卫生，她们则要共同打扫走廊。她们定了个约定，就是9天每家打扫3天。可是，刘女士要经常出差，所以就没有时间打扫，最后他们决定楼梯就由王女士和赵女士两家来代替打扫。这样王女士打扫了5天。赵女士则打扫了4天。刘女士回来以后就买了9斤梨来表示自己的感谢。

那么请问：刘女士要怎么分配这9斤梨才是最合理的呢？

在帮刘女士必须打扫的3天之中，王女士打扫了2天，即2／3；赵女士打扫了1天，即1／3。所以，王女士应得6斤梨，而赵女士则得到3斤梨。

字母分别代表什么

小雨只有一个题就可以完成今天的作业了，但这个题却把他难住了。你能帮他解决这个题吗？即：

ABCDE × 4 = EDCBA

要使这个等式成立，你知道其中的字母分别代表什么吗？（其中相同的字母是同一个数字）

答案

A代表2，B代表1，C代表9，D代表7，E代表8。

观察数字

仔细观察一下1、2、3、4、5、6、7这七个数，如果不改变顺序，也不能重复，想一想用几个加号把这些数连起来，可使它们的和等于100？

答案

添加四个加号可以把这些数连起来，而且使他们的和等于100。

即 $1 + 2 + 34 + 56 + 7 = 100$。

还有几张没看

小李订了一份报纸，这时有三个朋友来看他，看到他拿的报纸后就坐下来一起来看了，所以，现在一份报纸四个人分着看。小李已经看完了3张，现在手中拿的这1张，左面标的是第7页，右面标的是第22页。

那么请问，小李他还有多少张没有看呢？

答案

在第7页前有6页，在第22页后也有6页，所以这份报纸总共有28页，按照正常的报纸版式，每4页一张，所以这份报纸一共有7张，即小王还有4张没有看。

漂洗海绵

皮皮将一块海绵放进墨水瓶内，蘸墨水画画。画完后，他想将海绵中吸入的墨水

挤出来。可是怎么挤，海绵中总要残留一些墨水，假定这块海绵对于密度在1左右的溶液（即墨水、清水、墨水溶液）的存留量为10克。如用100克的清水对这块吸有10克墨水的海绵，进行漂洗，即将海绵放入100克清水中，经充分搅拌，取出挤压后，海绵中留存的墨水溶液的浓度是9.1%，皮皮想，能不能只用100克清水，使漂洗后的海绵中墨水的浓度在0.3%以内呢？

答案

首先将100克清水分为17克、17克、17克、17克、16克、16克共六份。

一份一份地对海绵进行清洗，最后的浓度为

$(10 / 27)^4 \times (10 / 26)^2 = 0.278\%$（小于0.3%）。

数小鸡

鸡妈妈领着自己的孩子出去觅食，为了防止小鸡丢失，她总是数着，从后向前数到自己是8，从前向后数，数到她是9，鸡妈妈数数觉得她有17个孩子，可鸡妈妈觉得她没有这么多的孩子呀。

你知道鸡妈妈有几个孩子吗？鸡妈妈为什么会数错？

答案

第一步：此时鸡妈妈数数是从后向前数，数到她自己是8，说明她是第8个，她的后面有7只小鸡；

第二步：鸡妈妈又从前往后数数，数到她她自己是9，说明她前面有8只小鸡；

第三步：鸡妈妈的孩子总数应该是15，而不是17，鸡妈妈数错的原因是她数了两次都把她自己数进去了。

门牌号码

婧婧所在城市的门牌号码都是四位的数字。一次，婧婧搬家，新家的门牌号码正好是原来门牌号码的四倍；原来的门牌号码从后向前倒着写正好是新门牌号码。你能够推算出她的新门牌号码是什么吗？

答案

新门牌号码是8712。

淘金者的时间

一个淘金者在回家的途中迷失在沼泽地中。他的两个手表的时间都不准确了，他不知道确切的时间，只好漫无目的地走着。后来他发现，他的一个手表比另一个手表每小时慢了3分钟。当他走了很久，再看手表的时候，走得快的手表比走得慢的手表整整超前了3个小时。试问，他从第一次看表到现在走了多少时间了？

答案

一只手表比另一只手表每小时快3分钟，所以经过60小时之后，它们的时间差为3小时。

 ## 赚钱之道

张先生是远近闻名的养鸡专业户，可以说他把全部的精力都用在了鸡的身上，而且他每次买鸡与卖鸡都会做一个详细的计划。一次，张先生又做好了计划，他用5万元买回来一批鸡，因为某种原因，他又把这批鸡以6万元的价钱卖了出去。

几天后，他又用7万元钱把那批鸡买了回来，张先生此时正听人说有人想要一批鸡。于是，他又把这批鸡以8万元的价钱卖了出去。

经过张先生的这两次买鸡与卖鸡，你知道他能赚多少钱吗？

答案

在这两次交易中，每次都赚了1万元，也就是一共赚了2万元。

农场家畜的数目

有一财主有三个大农场，而且每个农场中都分别养有马、牛、羊三种动物，他雇佣着很多人看管着这三个农场，有一天财主想了解一下三个农场的家畜各有多少，于是把平时负责三个农场的负责人叫了来。

而负责人并没有直接告诉财主，如果按A、B、C三个农场来分，他只说了下面几句话：

1. 有一个农场中马的数量是B农场中牛数量的2倍；
2. 有一个农场中羊的数量是所有羊数量的1／4；
3. 有一个农场中的牛与羊的数量总和与马的数量相同；
4. 有一个农场中马的数量是A农场中羊数量的3倍；
5. 有一个农场中牛的数量是另一个农场中羊的2倍。

请你根据上面的几句话，帮财主算一下三个农场中的马、牛、羊各有多少？

答案

A农场：马42匹；牛25头；羊16只。B农场：马35匹；牛21头；羊14只。C农场：

马48匹；牛32头；羊10只。

奇怪的时钟

小张是一个数学迷，老是说一些稀奇古怪的题让别人算。这天，朋友小明的表停了，就问他现在的具体时间。小张说："如果再过1999小时2000分钟2001秒，我的手表正好是12点。你应该能算出现在的具体时间吧。"

小明傻眼了。你能帮他把时间算出来吗？

答案

现在的时间是7点6分39秒。因为1999小时2000分钟2001秒是2032小时53分21秒，除去中间是12的倍数的2028小时，剩下的时间是4小时53分21秒。那么，现在就是7点6分39秒。

求余数

用7除2000^{2000}，余数为多少？

答案

$2000^{2000} = (286 \times 7 - 2)^{2000}$，二项式展开，不含因子7的只有最后一项$2^{2000}$；$2^{2000} = (14 + 2)^{500}$，展开后剩$2^{500}$，同理继续降幂，最后就是$2^8 = 256 = 7 \times 36 + 4$。所以，余数是4。

打了多少环

新兵训练快要结束了，最后一次的考试对他们每个人都是非常重要的，因为这次的成绩，直接影响着分配的任务。其中有A、B、C三名士兵的射击很不错，教官让他们三个比试一下。而且要求他们在打完后，除了找到自己所打的环数外，每个人还必须说三句话。而且其中每个士兵都要说一句假话。打完后，从靶上的记录为：240环、200环，180环。他们分别说的是：

A士兵说："我打中了180环，比B少40环，比C多20环。"

B士兵说："我打中的环数不是最少的，而且和C的相差60环，C打中了240环。"

C士兵说："我打中的环数比A的少，A打中200环，B打中环数比A的多60环。"

你帮教官分析一下，A、B、C三位士兵各自的环数到底是多少呢？

答案

A士兵打的环数为200环；B士兵打的环数为240环；C士兵打的环数为180环。

🧠 四匹马进城

很久以前，人们都是用马和驴来运载货物的。有一位商人，他有四匹马，但他想把这四匹马从乡下拉到城里，而从乡下到城里，甲马需要花费一个小时，乙马需要花费两个小时，丙马需要花费四个小时，丁马需要花费五个小时。

而且这位商人一次只能拉两匹马，回来时他还要骑一匹马，其中以走得慢的那匹马作为从乡下拉到城里所需要的时间。听说有人花了12小时就从乡下把这四匹马全部拉到了城里。

请问：那个是怎么办到呢？

答案

先带甲马和乙马过去，然牵甲马回来，来回总共需要1＋2＝3个小时。然后再带丙马和丁马过去，牵乙马回来，总共需要花去5＋2＝7个小时。再牵甲马和乙马过去，需要两个小时。一共是3＋7＋2＝12个小时。

🧠 分珠宝

富翁感觉自己的年龄太大了，已经不再适合继续担任公司的总经理了，便决定从自己的几个孩子中挑选一个最为出色的人作为公司下一任领导者。他将所有的孩子都叫在了一起，并给他们出了一道题："我现在有红色与绿色两个箱子，箱子里面放了数量不等的珠宝。如果我将红色箱子中25%的珠宝送给第一个算对题目的人，将绿色箱子中的20%送给第二个算对题目的人。然后从红色的箱子中拿出5个送给第三个算对题的人，再从绿箱子中拿出4个送给第四个算对题目的人。最后，红箱子中剩下的珠宝比分出去的珠宝多出了10件，而绿箱子中剩下的珠宝与分出去的珠宝的比为2：1。谁能告诉我，原来红箱子与绿箱子中的珠宝到底有多少？"

富翁的儿子们都犯了难，这么复杂的题目他们根本不知道怎么去下手计算。但是聪明的小儿子在想了一会儿之后，便将正确的答案告诉了富翁。富翁当下便决定让小儿子继任下一届总经理。

请问，你知道两个箱子中的珠宝到底有多少吗？

答案

假设红箱子中的珠宝原来为X件，绿箱子中的珠宝为Y件，由题意可得：

$X － 25\% × 5 － 5 ＝ 25\%X ＋ 5 ＋ 10$；

$Y － 20\%Y － 4 ＝ 2 × （20\%Y ＋ 4）$。

解得：X＝40，Y＝30。

所以红箱子里面总共有珠宝40件，而绿箱子里总共有珠宝30件。

🧠 打掉了几只气球

张先生和王先生都非常喜欢射击，一天他们去练习射击打气球。他们进行了一次比赛，还请来了一个裁判。规定：总共是10个气球，一起打，看谁打得多。

比赛开始了，可是奇怪的是，坐在一旁的裁判员却闭着眼睛在一旁休息。等他们把10个气球都打破的时候。两人一起走到裁判的面前。裁判揉揉眼睛说："请张先生把你打掉的气球数乘以2，请王先生把打掉的气球数乘以3。再把两个数加起来，告诉我结果。"

两个人按照裁判的要求做了，他们得出的答案是26。

裁判听后说："那我就知道你们各打了几个气球了，现在我宣布获胜者是王先生！"

你知道他们两个人各打掉了几只气球吗？裁判又是怎样知道的呢？

答案

如果10个气球都是张先生打的，那乘以2应该是20。现在是26，说明有6个被乘以了3。所以王先生打了6个，而张先生则打了4个。

🧠 钓鱼

有一位老人很喜欢钓鱼，这天，他又坐在划艇上在一条河中钓鱼。河水的流动速度是每小时5000m，他的划艇以同样的速度顺流而下。这个老人觉得自己得向上游划几千米才能钓到更多的鱼。

于是，这个老人就开始向上游划行，可是，风把他的帽子吹到了水中。这个老人并没有注意到自己的帽子被风刮掉了，仍然向上游划行。直到他划行到船与帽子相距

8000m的时候，他才发觉这一点。于是他立即掉转船头，向下游划去，终于追上了那顶落入水中的帽子。在静水中，这个老人划行的速度总是每小时8000m。这个老人丢失帽子的时候正好是下午3点，那么他找回帽子会是在什么时间？

答案

因为水流的速度对划艇和草帽都产生了影响，因此，在解题的时候可以不考虑水流的速度。这个老人划行了8000m才发现帽子丢了，那么，他当然是又向回划行了8000m，回到丢帽子的地方。因此，相对于河水来说，这个老人一共划行了16000m。因此，他是在下午5点的时候找到帽子的。

🧠 牧草难题

某个大型牧场里养着很多的牛、羊、鹅。一天，牧场主在查看牧草的情况时发现，山羊与鹅所吃的牧草数量正好等于牛所吃的牧草数量。于是，聪明的牧场主想出了一道有趣的题目，如果把这里的牧场专供牛和山羊来吃，可维持45天，若由牛和鹅来吃，可以维持60天，若山羊与鹅一起来吃，则可以维持90天。而现在，这儿的牧场要供牛、羊、鹅一起来吃，这样，可以吃几天呢？

请问，你可以解答出这道题吗？

答案

在解此题时，很多人都会对牧草的生长数量掉以轻心。而且，如果说牛与山羊一起吃可吃45天的话，便意味着它们把在此期间新长出来的牧草也吃光了。

由于牛的食草量等于鹅与山羊的食草量之和，所以，牛与羊一起吃草的食用量相当于2只山羊与1只鹅在一起吃的食用量。由于1只山羊与1只鹅在一起可以吃90天，正好相当于2只山羊与1只鹅在一起吃的时间（45天）的2倍。

由此，我们可以假设原有的牧草量可供1只山羊吃90天，而鹅是专门吃新长出来的草。这样，我们就可假设牛每天吃的草为原牧草量的1/60，羊每天吃1/90，那么羊和牛在一起吃就是每天吃1/36。所以，牛、羊、鹅一起吃，可维持36天。

🧠 被打碎的鸡蛋

农贸市场上，一个卖鸡蛋的妇女正急急忙忙地行路，希望可以赶个早市，将鸡蛋卖个好价钱，但路上一不小心被人撞倒了，装鸡蛋的筐子一下子被打翻，鸡蛋掉在了地上都碎光了。撞上妇女的人急忙道歉，说要赔偿她的鸡蛋，并向妇女询问她今天一共带了多少只鸡蛋。

但女人却说："我记不清准确的数目了，只知道当我从筐子里按2个一次或3个一次、4个一次、5个一次、6个一次拿出来的时候，筐子里只剩下了一个鸡蛋，但当我按7个一次拿出来的时候，筐子里便一个鸡蛋也不剩了。"

撞上妇女的人细心地算了一下，马上得出了正确答案，按市场价赔偿给了妇女。

请问：筐子里一共有多少个鸡蛋呢？

答案

2、3、4、5、6的共同最小公倍数是60，而由于每次妇女拿出鸡蛋时还剩下一个鸡蛋，所以必须找到一个比60的倍数大1，又可被7整除的数，可得式子：$60n + 1 = 56n + 4n + 1$，如果$4n + 1$可以被7整除的话，那么$60n + 1$也应该可以被7整除，而合适这两个条件的最小n值是5，这样便可以得出筐子中有301个鸡蛋，下一个适合于n值的数是12，那么筐子里便只有721个鸡蛋，但这种情况以及n值更大的数字都可以不予考虑，因为一个人是无法拎那么多鸡蛋的。

所以，筐子里最可能的便是只有301个鸡蛋。

一共住几天

暑假的时候，晓航在姑姑家住了几天，在这期间，天气时晴时雨，具体来说：

1 上午或下午下雨的情况有7次；

2 凡是下午下雨的那天上午总是晴天；

3 有5个下午是晴天；

4 有6个上午是晴天。

根据上面的所述，你是否能猜想到晓航在姑姑家一共住了几天？

答案

晓航在姑姑家一共住了9天。根据3、4的说法可推出，上午下雨的日子一共比下午下雨的日子少一天，而且上午或下午下雨的情况有7次，所以就可以算出上午下雨3次，下午下雨4次，一共住了$4 + 5 = 9$天。

日历问题

小刚所在的学校每年都会举行运动会，他们在班里的黑板上写着：离运动会开幕式还有200天。今天刚好是星期二。

那么，请问：运动会开幕式那天应该是星期几呢？

一周是7天，200天中有28周零4天。今天是星期二，那么196天后应该是星期二，再往后4天，那就是星期六了。所以运动会开幕式那天是星期六。

鲤鱼的数量

一天早晨，西格饭店的厨房乱作一团，因为有2只波斯猫闯了进来，把厨房搅得一团糟。最后，他们终于在水池旁找到了波斯猫，它们正在吃一条鲤鱼呢！几个人一起围攻终于把两只猫逮住了，麻烦终于解除了。

过了不久，经理辛巴达来检查厨房，他问厨师长，水池里一共有多少条鲤鱼呢？厨师长也说不清楚，池塘里所有的鱼都是昨天刚买回来的，一共花了3600里拉。根据饭店里的账目记录：鳜鱼78里拉一条，刀鱼104里拉一条，鲤鱼170里拉一条，青鱼130里拉一条。除了被波斯猫吃掉的一条鲤鱼以外，没有其他的损失。

通过这些数据，辛巴达很快知道了水池里到底有多少条鲤鱼？

答案

其实，这个问题并不复杂，鲤鱼共12条，除去被吃掉的1条，还剩下11条。观察价格，你就会发现青鱼、刀鱼和鳜鱼的价格都是13的倍数，也就是说，无论这三种鱼买多少条，其价格总和也将是13的倍数。用鲤鱼的价格170除以13的余数是1，也就是说，每买一条鲤鱼剩1里拉。用3600除以13，余数是12，说明鲤鱼一共有12条。这样答案就出来了，至于其他鱼有多少，就不在考虑范围之内了。

究竟赚了多少

画家吴亮把他的画以100元钱的价格卖给周涛，回到家后，周涛把画挂在墙上。起初，他还尤为欣赏吴亮的画，但没过多久，他便不喜欢了。经过一番认真的斟酌与思考，他决定以80元的价格卖给吴亮，吴亮欣然答应了。几天之后，吴亮又以90元的价格卖给李伟鹏。

就这样，画家吴亮感到兴奋至极，他的心里特别高兴：第一次他以100元的价格把画卖了出去，除掉自己画画所花费的时间与20元的材料费用，可以称得上是对等买卖。后来，自己买它仅用了80元，第二次卖掉时又得到90元，如此一来，自己最终赚了10元钱。

然而，周涛的想法却与他完全不同：吴亮把他的画以100元的价格卖给了自己，而买回时只花费了80元，显而易见，他赚取了20元钱。第二次卖了多少钱并不重要，

毕竟90元正是那张画的价值。

李伟鹏对此也有自己的看法，但是他的算法又与吴亮和周涛的算法均不相同：吴亮第一次以100元的价格把画卖了出去，当他买回时仅用了80元，在这一过程中，他已经赚取了20元。随后，他又以90元的价格买给李伟鹏，这时他又赚取了10元钱。总的来说，他一共赚取了30元钱。

试想一下，吴亮究竟赚了多少钱？是10元，还是20元，还是30元？

答案

画家作画，谁也说不清他究竟"实赚"多少，毕竟在作画以前，画家需要用一定的资金去购置画画的材料，而周涛与李伟鹏在计算的过程中，忽视了那幅画原本的"成本"问题。暂且不谈吴亮在作画中所耗费的时间与付出的代价，而仅除去他作画时使用的材料，比如颜料、画架与画布等共花费了20元。经过三次倒卖以后，他得了110元。倘若我们把"实赚"定义为他的材料费与最后所得的钱数之差的话，那么，他便赚取了90元。

各得多少遗产

有一份遗产4200元，是一个女人的老公留下来的。并且说明，如果这个女人生的是儿子那么她将分到她儿子的一半，如果是女儿，她将分得她女儿的2倍。如果这个女人生了一对双胞胎，一男一女，问三人各得多少遗产？

答案

这道题看似复杂，其实很简单，用方程即可以算出。设母亲得到x元，则儿子得到2x，女儿得到x／2。列方程如下：

$2x + x + x / 2 = 4200$。

求得儿子得到2400元，母亲得到1200元，女儿得到600元。

女儿几岁

一个时尚辣妈带着自己漂亮女儿在公园玩耍，这个孩子非常聪明可爱。有人问她几岁，她回答说："4年前，我妈妈的年龄是我年龄的7倍，但现在她的年龄是我年龄的4倍。"你能算出她的年龄吗？

答案

她的年龄是8岁。

假设四年前女儿的年龄为x，则妈妈年龄为7x，则四年后，妈妈年龄7x＋4，女儿

x＋4岁。由题意，列出等式7x＋4＝4（x＋4），解出即可。

冰融成水

学习物理的人都知道，水结成冰后，体积会增加1／9，那么，冰在融化成水的时候，体积减少为原来的几分之几？

答案

答案是1／10。

假设有9升水，在它结成冰的时候，体积就是10升。所以这10升冰融化后，当然变成了9升水。这样，减少的体积就是原来冰的体积的1／10。

手指数数

从拇指开始数到小指，然后折回来接着数，到拇指后再折回去数（折回去数时小手指与拇指都不重复计数），问第1000根手指是哪个呢？

答案

按题目要求可以发现，是以8为循环的。1000刚好能被8整除，所以数到第1000根手指的时候刚好是一圈，即为食指。

糖水浓度

在水箱中，装有浓度为13％的糖水2000克，往这个水箱里倒入重600克和300克的A、B两种糖水。水箱里糖水的浓度变为10％。已知B种糖水的浓度是A种糖水浓度的2倍。求A种糖水的浓度是百分之几？

答案

根据计算浓度的公式，可得，在2000克浓度13％的糖水中含糖：

2000×13％＝260（克）

加入A、B两种糖水后，含糖量变成：

（2000＋600＋300）×10％＝290（克）

又因为B种糖水的浓度是A种糖水浓度的2倍，而A种糖水的重量是B种的2倍，所以600克A种糖水中含糖量与300克B种糖水中的含糖量是相等的，600克A种糖水中盐的含量是：（290－260）÷2＝15（克）

A种糖水的浓度是：

15÷600×100％＝2.5％

谁是继承人

老父亲年事已高，决定从自己的3个儿子中挑选一个最聪明的人继承自己的事业。为了找出谁是最聪明的人，老父亲拿出10颗夜明珠，其中带有标记的一颗才是真夜明珠，然后他将这10颗夜明珠围成一圈，由3个儿子任选一颗为起点，按照顺时针的方向数，排位第17的，夜明珠将被淘汰，依此类推，继续数下去，直到最后剩下真的夜明珠，谁数到最后这颗夜明珠，谁就是继承人。

如果是你，你要怎么样才可以得到那颗真夜明珠呢？

答案

这个问题其实不难，抓住其中的规律你就可以稳稳当当地成为继承人了。这个规律是无论从哪一颗夜明珠开始数起，每次拿走第17颗，依此进行，最后剩下来的必然是最初开始数的第3颗夜明珠。

标准时间

小明家的钟每小时慢10分钟，小明在12点时校对了时间。当这个钟再次指向12点时，标准时间是多少？

答案

每小时慢10分钟，即50分钟相当于标准时间的1个小时。这个表的12小时相当于标准时间的 $12 \times 60 \div 50 = 14.4$ 小时，所以慢了2.4个小时，即标准时间是2点24分。

测量水深

用绳子测量水的深度，把绳子折成三折来量，水面多出4尺；把绳子折成四折来量，水面多出绳子1尺。求水深和绳长各是多少？

答案

把绳子折成三折来量，水面多出绳子4尺，就是绳子的长有3个水深之外，水面还多出3个4尺，所以多出水面的绳子长：$4 \times 3 = 12$（尺）

把绳子折成四折来量，水面边多出1尺，就是绳子的长有4个水深之外，还多出4个1尺，所以水面多出的绳子长：$1 \times 4 = 4$（尺）

把绳子折成四折来量，比把绳子折成三折来量，多量了一个水深，所以水面剩余绳子的长度少了，少了的长度就是水深：

$12 - 4 = 8$（尺）……水深

$8 \times 3 + 4 \times 3 = 36$（尺）······绳长

有多少油

丽萍刚从超市买回来一瓶油，回家连瓶子称过之后，共重3.5kg，但是她却不知道油有多重。等到她把瓶里的油用掉一半的时候，她又称了称，连瓶子共重2kg。这时，丽萍仍是算不出原来那瓶中油的具体重量。

你能否帮助丽萍计算一下原来瓶中的油有多重？一半油有多重？瓶子又有多重？

答案

一半油的重量为$3.5 - 2 = 1.5$kg，所有油的重量为$2 \times 1.5 = 3$kg，瓶子重为$3.5 - 3 = 0.5$kg。

分桃

五名农夫一同去外地旅行，他们带着一只猴子，来到了某个没有人看管的桃园。在采摘了一大堆的桃子后，五个人与猴子就都躺下睡着了。

不一会儿，第一个农夫就醒了过来。他先是将所有的桃子平均分成五堆，最后桃子还剩下1个。这个农夫就把这1个多出来的桃子给猴子吃了，然后自己藏起一堆，便又躺下来接着睡了；又过了一会儿之后，第二名农夫也醒了过来，他也像第一个农夫一样，将剩下的桃子重新平均分成了五堆，总数也正好多出1个，他也将这个多余的桃子分给了猴子吃，之后，他也藏起一堆桃子，然后又躺下来睡着了；之后，第三位、第四位和第五位农夫在相继醒来之后，也按着前两个农夫的方法依次这样做了。

等到了大家都睡醒了之后，五个人发现剩下的桃子已经不多了，但是由于他们都做了亏心的事情，所以谁也不提这件事，都心照不宣地一起吃起了桃子。

请问，这堆桃子原来一共有多少个？

答案

假如这堆桃子的总数正好可以被这五名农夫在5次都平均分成5份的话，那么这堆桃子的总数至少要有：

$5 \times 5 \times 5 \times 5 \times 5 = 3125$（个）

但是题中的桃子的个数并非每次都正好被分成了5份，而是每个人都给了猴子一个之后才能被平均地分成相等数量的5份，所以桃子的总个数最有可能是：

$3125 + 1 = 3126$（个）

又由于在每一次的平分之后，桃子都会剩下1个，剩的次数一共是五次，因此桃子的个数总计一共是：

3126 − 5 = 3121（个）

所以，五个农夫原先至少采摘了3121个桃子。

🧠 卖蛋

有一个妇女拿了一筐鸡蛋去街上叫卖。第一个客人买走了她全部鸡蛋的一半还多出1个，第二个客人买去了剩下的一半还多1个，第三个人又买去了剩下的鸡蛋的一半多出了1个。

这时，妇女计算了一下筐里剩下的鸡蛋，正好有10个。

请问，这个妇女总共拿了多少个鸡蛋去街上卖？

答案

由题中可知筐子中最后剩下了10个鸡蛋，第三个客人买去了剩下的一半多1个，由此可以得出，剩下的一半为：

10 + 1 = 11（个）

这样，第三个人在没有来买鸡蛋的时候，筐子中一共有11 × 2 = 22（个）鸡蛋。

接下来，我们便可以进一步地推出第二个人买的一半是：

22 + 1 = 23（个）

在第二个人未买之前一共有鸡蛋数量为：

23 × 2 = 46（个）

第一个人买的一半是：

46 + 1 = 47（个）

最后，便可以得知，妇女刚刚到街上时，筐子里的鸡蛋总数一共是：

47 × 2 = 94（个）

将以上算式进行综合之后便得出：

[（10 + 1）× 2 + 1] × 2 + 1 + [（10 + 1）× 2 + 1] × 2 + 1

= 23 × 2 + 1 + 23 × 2 + 1

= 46 + 1 + 46 + 1

= 94（个）

所以，这位妇女一共拿了总数为94个的鸡蛋到街上去卖。

吃甜点

4对夫妇在一起吃午饭。吃完正餐以后，A吃了3块甜点，B吃了2块甜点，C吃了4块甜点，D吃了1块甜点。E吃了几块甜点，他的妻子也同样吃了几块甜点，F吃的甜点数量是自己妻子的2倍，G吃的甜点数量是自己妻子的3倍，H吃的甜点数量是自己妻子的4倍。

如果他们在一起一共吃了32块甜点的话，你可以指出谁是G的妻子吗？

答案

如果他们在一起时一共吃了32块甜点的话，那么四个男人则一共吃了22块甜点，即：

$32 - (3 + 2 + 4 + 1) = 22$

由题意我们可以把22这个数写成：

$22 = 1x + 2y + 3z + 4g$

而式子中的x、y、z、g分别是4位太太吃的甜点数量。

要使$1x + 2y + 3z + 4f = 22$，只有$x = 3$，$y = 4$，$z = 1$，$f = 2$的情况下才能实现，即

$(1 \times 3) + (2 \times 4) + (3 \times 1) + (4 \times 2) = 22$

所以，G吃的甜点数量是妻子D的3倍，G吃了3块甜点，那么他的妻子就吃了1块甜点，所以他的妻子是D。

迷信的数字

从前有个卖水果的人非常仔细，他每天早上都会将水果按照不同的排与列放好，但是同时他还是一个非常迷信的人，如果排列出来的水果最后不是整行整列的话，他就会认为非常不吉利，并感觉当天会有不好的事情发生，立即收摊回家。

这天，他从家中带了500多个苹果来到了市集上。他先是将这些苹果竖着排成了4列，但是最后会剩出1个苹果；他又改变将苹果竖着排成6列，最后也是只剩下了1个苹果；之后，他又尝试着将苹果排成8列，但是最后还是剩出了1个苹果。

他感觉到不管怎么排都有1个余出来，代表着非常不吉利，于是便立即收拾东西回家了。

请问，你知道今天卖水果的人到底带了多少个苹果出来吗？

答案

由题中条件可以得出，卖水果的人带出来的水果数是4、6、8的公倍数再加1；而

4、6、8的共同最小公倍数为24，所以他带出来的水果为N×24＋1。由于题中已经给出前提条件：他带出来的水果为500多个，所以N应该取值为24，而他带出来的水果为577个。

扔石头游戏

两个孩子正在一起玩扔石头游戏，在他们面前有30个石头子，两个孩子当中有一个被蒙上眼睛，并向几米远处的两个不同颜色的大篮子里扔石头子。从30个石头子中，一次取出1个的时候，往红色篮子里扔；一次取出2个的时候，往绿色篮子里扔。

被蒙上眼睛的孩子，每往篮子里扔一次石头子，另一个孩子就拍一下手。当被蒙上眼睛的孩子听到第18次拍手的声音后，正好他把所有的石头子儿也都扔完了。

请问，这个扔石头的孩子向红色的篮子里扔了几次石头，一共扔了多少个？

答案

如果在丢石头时，18次都往红色篮子里扔的话，因为题中给出了一次只能扔1个石子的条件，所以18次一共扔了18个石头，30个石头子没有扔完，与题意不符合。由此我们可以断定，这18次并不是每一次都往同一个篮子里扔的石头。

假设18次都往绿色的篮子里扔，因为每一次扔2个石头子，所以一共扔：

2×18＝36（个）

36个比石头子儿的总个数30多：

36－30＝6（个）

看来也不都是往绿色的篮子里扔的，还有往红色的篮子里扔的。

由于往红色的篮子里扔1个，石子的总数少1个，但是拍手的次数不会变，所以，往红色篮子里扔的数是：

（36－30）÷（2－1）

＝6÷1

＝6（次）

因为每一次往红色篮子里扔1个，所以往红篮子里扔的是6个石头子。

汽车相遇

小郭是一名长途车司机，他每次从甲城驶往乙城，而在与他同一时刻对发的另外一辆的汽车从乙城驶往甲城。已知所有长途车跑完一次全程时间是七天七夜，汽车匀速行驶，走同一路线上。近距离可见。

请问，这次小郭从甲城开出的汽车会遇到几辆从乙城来的汽车？

答案

因为一次跑完全程的时间为7天7夜，并且每次都会有1辆汽车从乙城起程，因此，同一时刻在路上的从乙城出发的汽车有7辆。从甲城出发的这辆汽车，在他出发时，就会遇见到站的1辆来自乙城的汽车，而这时，还在路的从乙城出发的汽车一共有7辆，当汽车在路上行驶7天7夜时会有7辆汽车从乙城出发，而这些车辆都会被遇到。因此，可以得出1＋7＋7＝15。因此他会遇到15辆。

🧠 步测操场

甲和乙两个人准备步测操场的长度。甲站在操场的东端，乙站在操场的西端。两人同时出发，相向而行。甲每分钟走70米，乙每分钟走65米。两人第一次相遇后继续往前走，甲走到西端，乙走到东端，她们马上按原路返回，从开始到第二次相遇，刚好是2分钟。

请问，操场的长是多少米呢？

答案

甲和乙从出发到第二次相遇共行了3个操场的长，而不是2个操场的长。

（70＋65）×2＝135×2＝270（米）……3个操场的长

270÷3＝90（米）……操场的长

🧠 零花钱

甲、乙、丙、丁四个小朋友手中各有一笔零花钱，已知乙手中的零花钱是甲的2倍，丙手中的零花钱是乙的3倍，而丁手中的零花钱是丙的4倍，而四人手中所有的零花钱加起来之后一共是132块钱。

请问：小朋友甲手中有多少钱？

答案

假设小朋友甲有1块钱的话，则可由已知条件得出乙小朋友有2块钱，丙有6块钱，丁有24块钱，总计为1＋2＋6＋24＝33（块钱）

而实际上四人共有的零花钱总数为132块钱，

132÷33＝4

即假设得出的钱数实际上是各人手中所拥有钱数的4倍。那么，甲小朋友便有1×4＝4（块钱）。

猎人

曾经有三个朋友相约去森林里打猎。

在森林里打猎的最后一天早晨，在他们涉水渡小河时，其中，两个朋友的子弹浸了水，这让他们三个人感到十分扫兴。因此，有一部分子弹不能再用了。最后，三个朋友就把保存好的子弹拿出来平分。

在他们每个人打了4发子弹后，三个人总共只剩平分子弹时一人所得的子弹数了。

那么，平分子弹时三人一共有几发可用的子弹？

答案

在他们平分子弹时，三个朋友一共打了12发子弹。在这以后，三个人总共还剩的子弹数，还等于平分时人所得的子弹数，也就是剩余子弹总数的1／3。也就是说，三个人用了两份子弹，剩下一份子弹。两份子弹是12发，那么一份子弹就是6发。也就是说还剩6发子弹。这个数目也就是平分子弹时每人所得的子弹数。所以，在平分子弹时共有18发可用的子弹。

聪明的农场主

一个农场主刚刚过完八十大寿却不幸患了重病，弥留之际，这位农场主思考了自己的遗产分配问题。不久，他做出了这样的决定：将自己的农场中的马匹分给他亲爱的孩子们，他分给大儿子一匹马和剩余马匹数量的1／7，他分给二儿子两匹马和剩余马匹数量的1／7，他给三儿子三匹马和剩余马匹数量的1／7……依此类推下去。

最后，农场主估算了一下，他欣慰地笑了，因为他农场中所有的马匹全部都分给了所有的儿子们，非常完美。

请问，你知道这位农场主一共有多少个儿子，多少匹马吗？

答案

这位聪明的农场主一共有6个儿子，一共有36匹马。

要想解决这道题目，我们应该换个思路：从后往前推算。

根据题中的条件，我们可以知道最小的儿子得到的马匹数量刚好是农场主的所有儿子的总人数，并且还是第二小的儿子分完马匹后的余数的6／7（匹）。由此，我们还可以知道最小的儿子所得到的马匹的数量可以被6除尽。

那么，按照通常情况，我们可以假定最小的儿子所得到的马匹数量为"6"。那么，这位聪明的农场主便共有6个儿子。这也可以说明农场主的各个儿子都得到了6匹马。从而，农场主便一共有6×6＝36（匹）马。

当然，你也可以假设最小的儿子所得到的马匹数量是12，可是，这样的话，第二小，也就是第11个儿子所得到的马匹的数量便不可能是整数了。这显然不符合现实情况。

🧠 猜数字

智力大赛开始了，小明顺利地到达了最后一关，但有一道题却将他难住了：假设ABC－DEF＝GHI成立，并且这9个字母分别表示的是1、2、3、4、5、6、7、8、9这九个数字，你可以推测出它们分别代表了哪一个数字吗？

请问：你可以帮小明推测出这几个字母分别代表哪几个数字吗？

答案

ABC－DEF＝GHI所代表的等式为927－586＝341，所以A代表了9，B代表了2，C代表了7，D代表了5，E代表了8，F代表了6，3代表了G，4代表了H，1代表了I。

🧠 分桃子

幼儿园的老师正在给班里的小朋友们分桃子，如果给每个小孩都分4个桃子的话，最后便会多出一个；但如果给每个小孩都分5个桃子的话，最后就会少了2个桃子。

请问：这个班里一共有几个小孩？老师手中一共有几个桃子呢？

答案

因为题中给出的条件是给每个小孩都分4个桃子的话，最后便会多出一个；但如果给每个小孩都分5个桃子的话，最后就会少了2个桃子，所以桃子的个数肯定是比4的倍数多1，比5的位数少2的数。

因为4×3＝12，12＋1＝13；5×3＝15，15－2＝13，所以13是比4的倍数12多1的数，比5的倍数15少2的数，有13个桃子比较合适。

假设老师手中有13个桃子，可得：

（13＋2）÷5＝3（人）

（13－1）÷4＝3（人）

假设成立，所以班中一共有3个小孩，老师手中一共有13个桃子。

坐马车还是汽车

甲和乙同时从乡下出发，进城去玩耍，一个坐马车，一个坐汽车。他们在走了一段路后，得到了以下结论：如果甲走过的路增到3倍，那么他剩下的路程就要减半，而若乙走过的路减半，那么他剩下的路程就要增到3倍。

猜猜看，这两个人分别坐的什么车吗？

答案

假设乡下到城里的路程为X公里。假定甲已走了X公里，则他还剩（X－Y）公里路程。要是他已经走了3Y公里，那么他应该还有（X－3Y）公里路程。

根据条件，（X－3Y）的路程是（X－Y）的1／2。因此，X－Y＝2（X－3Y），即X－Y＝2X－6Y，由此可得Y＝X／5。

假定乙已走了Z公里，则他还剩（X－Z）公里路程。如果说他走了Z／2公里，那么他应该还有（X－Z／2）公里路程。根据条件（X－Z）3＝X－Z／2。所以Z＝4X／5。4X／5＞Z／5，即X＞Y，也就是说乙在这段时间里走的路比甲多。

所以，坐马车的是甲，而坐汽车的是乙。

15点赌博

一个外乡人在镇上设了一个赌局，他用200元下注，其他人则用20元下注，每次下注都放到任意一个数字上，双方轮流走，先获得3个加起来等于15的人获胜。

有一个老赌徒决定赌一把。他先把20元放在7上，外乡人把200元放在8上。老赌徒再把20元放在2上，这样他以为下一轮再放在6上就可加起来等于15，于是就可以赢了。

可就在这时，外乡人也看出了老赌徒的心思，把钱放到了6上，让他的计划失败了。现在，他只要在下一轮把钞票放在1上就可获胜了。老赌徒看到这一威胁，便把20元放在1上。外乡人并没有慌张，而是笑嘻嘻地把200元放到了4上。老赌徒知道只要对方下次将钱放到5上便可赢，于是不得不再次堵住他，把20元放到了5上，可是，这时外乡人却把200元放到了3上，因为8＋4＋3＝15，所以他赢了。

老赌徒输掉了这80元钱，可他却说外乡人作弊了，于是请来警察调查。经过警官详细而认真的调查，终于解开了外乡人只赢不输的谜团。

请问：你觉得外乡人作弊了吗？

答案

外乡人并没有作弊，先列出和等于15的所有3个数字的组合（不能使两个数字相同，不能有零）。这样的组合只有八组：$1+5+9=15$，$1+6+8=15$，$2+4+9=15$，$2+5+8=15$，$2+6+7=15$，$3+4+8=15$，$3+5+7=15$，$4+5+6=15$。

如果将这组数字放在八条直线上：三行、三列、两条主对角线，每条直线加起来就是15（如下图）。根据这个图示，只要每次在可能构成15的地方堵住对方，对方就完全没有获胜的可能了；如果对方按照正确的方法下，最终就是平局。

2	9	4
7	5	3
6	1	8

奇怪的赛跑

假设兔子与乌龟进行赛跑，兔子的速度是乌龟的12倍。如果在比赛之前将乌龟放在兔子前面的12千米处，请问兔子有可能会追上乌龟吗？

答案

如果比赛一直继续下去的话，兔子当然会在某一时刻超过乌龟，但是想要确定具体的超越点却不是那么容易的。假设乌龟在跑了s千米之后追上了兔子，则兔子总共跑了s+12千米，列出式子来可以得知：

（s+12）／s＝12／1

解此式可以得出，s＝12／11

所以，兔子肯定会超过乌龟。

解得s＝12／11km。

飞机事件

已知：有N架一样的飞机停靠在同一个机场，每架飞机都只有一个油箱，每箱油可使飞机绕地球飞半圈。注意：天空没有加油站，飞机之间只是可以相互加油。

如果使某一架飞机平安地绕地球飞一圈，并安全地回到起飞时的机场，问：至少需要出动几架飞机？

注：路途中间没有飞机场，每架飞机都必须安全返回起飞时的机场，不许中途降落。

答案

一共需要10架飞机。

假设绕地球一圈为1，每架飞机的油只能飞1／4个来回。从原机（也就是要飞地球一圈的飞机）飞行方向相同的方向跟随加油的飞机以将自己的油一半给要供给飞机为原则，那跟随飞机就只能飞1／8个来回。推理得以四架供一架飞机飞1／4的方法进行，那么原机自己飞行1／4到3／4的那段路程，0至1／4和3／4至4／4由加油机加油供给，就是给1／2的油，原机就能飞1／4了，所以跟随和迎接两个方面分别需要供油机在1／4处分给原机一半的油，供油机在1／4处分完油飞回需4架飞机供油，所以综上所述得（1＋4）×2＝10。

🧠 动物的价格

在我国元朝朱世杰所编写的《算学启蒙》一书中，有这样一道题目：今有二马三牛四羊，价格各不满一万。若二马添一牛，三牛添一羊，四羊添一马，则各满一万。问三类各一，价钱几何？

这道题的意思是：现在有2匹马、3头牛和4只羊，它们各自的总价（即2匹马的总价、3头牛的总价、4只羊的总价）都不到10000文钱。但是如果2匹马的价钱加上1头牛的价钱，或者3头牛的价钱加上1只羊的价钱，或者4只羊的价钱加上1匹马的价钱，那么，它们各自的总价就都正好是10000文。

请问，1匹马、1头牛和1只羊的价钱各是多少？

答案

解：根据题意，列出下面的三个文字等式：

2马＋1牛＝10000文　　　　　①

3牛＋1羊＝10000文　　　　　②

4羊＋1马＝10000文　　　　　③

上面的等式中，①＋②，得：

2马＋4牛＋1羊＝20000文　　　④

②＋③，得：

3牛＋5羊＋1马＝20000文　　　⑤

⑤×2，得：

2马＋6牛＋10羊＝40000文　　　⑥

⑥－④得：

2牛 + 9羊 = 20000文　　　　　　　　⑦

再将②和⑦放在一起分析、思考，寻找解答问题的方法：

3牛 + 1羊 = 10000文　　　　　　　　②

2牛 + 9羊 = 20000文　　　　　　　　⑦

②×9得：

27牛 + 9羊 = 90000文　　　　　　　⑧

⑧ - ⑦得：

25牛 = 70000文

所以，一头牛的价钱是：

70000 ÷ 25 = 2800（文）

把一头牛2800文钱，代入①得到一匹马的价是：

（10000 - 2800）÷ 2

= 7200 ÷ 2

= 3600（文）

把一匹马3600文钱，代入③得到一只羊的价钱是：

（10000 - 3600）÷ 4

= 6400 ÷ 4

= 1600（文）

🧠 飞机加油

　　小张是一名出色的飞行员，今天，小张在家休息，这时，他的儿子走了过来，小张想考考儿子，于是就给儿子出了一道关于飞机加油的问题，题目是这样的：每架飞机只有1个油箱，飞机之间可以相互加油（注意是相互，没有加油机）。1箱油可供1架飞机绕地球飞半圈。为使至少1架飞机绕地球1圈回到起飞时的飞机场，至少需要出动几架飞机呢？（所有飞机从同一机场起飞，而且必须安全返回机场，不允许中途降落，中间没有飞机场。）

答案

　　是5架次。

　　可以分为以下两个部分来进行解答。

　　1. 直线飞行。

　　一架飞机载满油飞行距离为1，n架飞机最远能飞多远？在不是兜圈没有迎头接应

的情况下，这问题就是n架飞机能飞多远？存在的极值问题是不要重复飞行，比如两架飞机同时给一架飞机加油且同时飞回来即可认为是重复，或者换句话说，离出发点越远，在飞的飞机就越少，这个极值条件是显然的，因为n架飞机带的油是一定的，越重复，则浪费的油就越多。比如最后肯定是只有一架飞机全程飞行，注意"全程"这两个字，也就是不要重复的极值条件。如果是两架飞机的话，肯定是一架给另一架加满油，并使剩下的油刚好能回去，就说第二架飞机带的油耗在3倍于从出发到加油的路程上，有三架飞机第三架带的油耗在5倍于从出发到其加油的路程上，所以n架飞机最远能飞行的距离为1＋1／3＋…＋1／（2n＋1），这个级数是发散的，所以理论上只要飞机足够多最终可以使一架飞机飞到无穷远，当然实际上不可能一架飞机在飞行1／（2n＋1）时间内同时给n个飞机加油。

2. 可以迎头接应加油。

一架飞机载满油飞行距离为1／2，最少几架飞机能飞行距离1，也是根据不要重复飞行的极值条件，得出最远处肯定是只有一架飞机飞行，这样得出由1／2处对称两边1／4肯定是一架飞机飞行，用上面的公式即可知道一边至少需要两架飞机支持，（1／3＋1／5）／2＞1／4（左边除以2是一架飞机飞行距离为1／2），但是有一点点剩余，所以想象为一个滑轮（中间一个飞机是个绳子，两边两架飞机是个棒）的话，可以滑动一点距离，加油地点可以在一定距离内变动（很容易算出来每架飞机的加油地点和加油数量，等等）。

运送粮食

某个马队正准备往另一城市里运送100袋粮食，现在一共有100匹马，马可以分为大马、中型马与小马三种。已知一匹大马一次可以驮3袋粮食，中型马可以驮2袋粮食，2匹小马可以驮起一袋粮食。如果必须将100匹马全部刚好用完的话，一共需要大马与中型马、小马各多少匹？

答案

解这种多个未知数的题目时，最好先将题中的未知数全部设出来。

假设大马x头、中型马y头、小马z头，由题意可得：

x＋y＋z＝100

3x＋2y＋z／2＝100，从这一步可以推出5x＋3y＝100。

从式中可以得出y应该是5的倍数，得：

如果y＝5，则x＝17，z＝78；

如果y＝10，则x＝14，z＝76；

如果y＝15，则x＝11，z＝74；

如果y＝20，则x＝8，z＝72；

如果y＝25，则x＝5，z＝70；

如果y＝30，则x＝2，z＝68。

所以，大马与中型马、小马的匹数并不是惟一：2、30、68或5、25、70或8、20、72或11、15、74或14、10、76或17、5、78。

篮球比赛

五个单位正在进行篮球联赛，比赛是由每两个单位之间进行的比赛来决定的。几个小时之后，比赛结果出来了：

A单位：2胜2败；

B单位：0胜4败；

C单位：1胜3败；

D单位：4胜0败。

聪明的读者，你能从上面四个单位的比赛结果中推测出E单位的最终比赛成绩吗？

答案

从题中可知，五个单位赢的场数与败的场数是相同的，前4个单位一共胜了7场比赛，败了9场，即E单位胜的场数应该要比败的场数多出2场才对。由于每个单位都比赛了4场，E单位也应该参加了4场比赛，所以最终的成绩应该是3胜1败。

丢失的十文钱

很早以前，曾有三个穷书生上京赶考，途中要投宿一家客栈，而这家客栈的房价是每间450文，由于没有太多钱去支付，所以三人就决定合住一间房，于是，每人给老板支付了150文钱。后来，老板见三人可怜，就又优惠了50文，就让店里的伙计送给了三个人。伙计心想：三个人分50文钱怎样分呢？于是伙计拿走了20文，并将剩余的30文钱还给了三个书生。问题是：每个秀才实际上各支付了140文，合计420文。加上店小二私吞的20文，等于440文。但是，还有10文钱哪去了呢？

答案

钱并没有丢，仅是计算方法的错误。

店小二拿去的20文钱就是三个秀才总共支付的440文钱中的一部分。440文减去20文等于420文，正好是旅店入账的金额。再加上退回的30文钱，正好是450文，这才是三人刚开始所支付的钱数。

猫和老鼠

一日，顽皮猫"笨笨"梦见有13只老鼠把它层层围住，其中12只为黑色，一只白色，13只老鼠吱吱喳喳地向它吼，"大笨猫，你可以吃掉我们，但有个条件就是必须顺一个方向每数到第13只就把这只老鼠吃掉，而最后被吃掉的老鼠一定要是那只白色的老鼠。"

"笨笨"猫想得到这顿"大餐"，应该从哪一只老鼠数起呢？

答案

从白老鼠起（白老鼠不算在内）顺时针数到第6只老鼠开始数起。如果预先不知道从哪只老鼠开始数的话，只要按圆画12个点和一个叉，再从叉开始数。按圆朝一个方向数，把每次数到的13只划去（如果数到叉的话也把它划去），一直数到最后1点为止。这个最后一只就是白老鼠，而这个叉就是应该数起的黑老鼠。

礼貌地点头

某所小学为了倡导"礼貌"，便规定每位同学在每天早上都需要向班内其他的同学及老师点头并敬礼一次。小明所在的班级中一共有10名男生、10名女生和1班主任老师。

请问：小明所在班级的所有师生在每天早上一共要点头多少次？

答案

由题可知，20个同学之间相互点头，每个同学需要点19次头，一共是380次，还有学生要向老师点头20次，加起来之后一共是400次。

题中最容易发生错误的地方便是只规定了学生需要向老师点头致敬，并没有说老师也要点头回礼。一不小心就会将老师也算进去。

宴会人数

在一次宴会上，在主人致祝酒词之后，赴宴的人们便开始相互握手。有人统计了一下，这次宴会上所有的人都相互握了手，总共握了66次。

根据这些情况，你能知道总共有多少人参加了这次宴会吗？

答案

　　我们可以通过方程式来得到答案。设参加宴会的人数为N，每个人都要与除自己之外的人握手。又因为甲乙相互握手的次数算了两次，所以总共握手的次数是N（N－1）／2。这样就有了一元二次方程式：N（N－1）／2＝66，解出答案为12。所以，参加宴会的人数为12人。

🧠 骨灰盒里的钻石

　　在一艘豪华游艇上，身着丧服的艾丽太太急匆匆地找到船长说："糟了，我带的一只骨灰盒不见了！"

　　听了艾丽太太的话，船长不以为然地说："太太，别着急，好好想想看。骨灰盒恐怕是没有人会偷的吧！"

　　"不，不！"艾丽太太额头冒汗，连连解释，"它里边不仅有我父亲的骨灰，而且还有3颗价值3万马克的钻石。"

　　第二次世界大战前，艾丽太太的父亲曾应加拿大多伦多大学的聘请，前去执教。后来，战争爆发了，他出于对希特勒法西斯政权的不满，就留在加拿大。时间一晃就是几十年，开始，他只身在外，后来他的大女儿艾丽太太去加拿大照料他的生活。就在前不久，他突然得了重病，卧床不起，弥留之际，他嘱咐女儿务必把自己的骨灰带回德国，并把自己多年的积蓄换成钻石分赠给在德国的三个女儿。

　　艾丽太太无比懊丧地对船长说："正因为这样，我才一直把骨灰盒带在身边，我认为骨灰盒总不会有人偷的，没想到我人还未回到故乡，两个妹妹还未见到父亲的骨灰，今天却……"船长听过原委之后，立即对游艇上所有进过艾丽太太舱房的人进行调查，并记录了如下情况：

　　艾丽太太的女友人弗路丝：9点左右进舱同艾丽太太聊天；9点零5分，因服务员安娜来整理舱房，两人到甲板上闲聊。

　　艾丽太太本人：9点10分回舱房取照相机，发现服务员安娜正在翻动她的床头柜。艾丽太太恼怒地斥责了她几句，两个人争吵了10分钟，直到9点20分；9点25分，艾丽太太的女友人弗路丝又进舱房邀请她到甲板上观赏两岸风光，可艾丽太太因心绪不佳，没有答应。

　　等到了9点30分的时候，服务员离开，这时艾丽太太才发现骨灰盒不翼而飞……

　　倘若艾丽太太陈述的是事实，那么，盗贼肯定是安娜与弗路丝两个人中间的一个，但是无法肯定是谁。就在船长苦思之际，有个船员报告说，隐约地看见在船尾的

波浪中有一只紫红色的小木盒在上下颠簸。

　　船长立即下令返航寻找，此时是10点30分。到11点45分终于追上了那只正在江面上顺流而漂的小木盒，立即把它捞了上来。经艾丽太太辨认，这个小木盒正是他父亲的骨灰盒，可是骨灰盒中的3颗钻石却没有了。船长重新拿出笔记本，仔细地分析刚才记录下的情况，终于断定撬开骨灰盒窃取钻石，然后将骨灰盒抛入大江的人。

　　经证实，结果同船长的分析完全一致。你知道谁是那个小偷吗？

答案

　　钻石是艾丽太太的女友人弗路丝偷的。

　　要知道谁是那个小偷，就要先分析谁有作案的时间和作案的条件。不妨这样来推算：

　　假设：此时水流速度为u，船在静水中的速度为v，那么船顺流时速度为v＋u；逆流时的速度为v－u；再设投下骨灰盒的时间为t。因为小木盒漂流的路程加上船逆流赶上小木盒所走的路程，等于船在10：30～11：45这段时间内顺流所走的路程，即（V－u）×（10：30－t）＋（11：45－t）u＝（u＋v）×（11：45－10：30）解此方程得t＝9：15分。因此，骨灰盒被抛下的时间应该是9：15分，而此时安娜正在与艾丽太太争吵，她不可能作案，所以作案的是弗路丝。

🧠 聪明的小弟

　　三个兄弟收到奶奶寄给他们的苹果，每人收到的苹果个数均等于其三年以前的岁数。三弟是一个聪明的孩子，他向两位哥哥提出这样一个交换苹果的建议：

　　他说："我只留一半苹果，还有一半送给你们两个，但二哥也要留一半，把另一半让我与大哥平分；大哥也要留一半，把另一半让我与二哥平分。"听到他的建议，两位哥哥并没有怀疑有什么不妥的地方，均同意三弟的要求，结果，他们的苹果数相等，每人各分到8个苹果。

　　请问，三个兄弟的年龄分别是多少呢？

答案

　　交换苹果后，三个兄弟各分到8个苹果。因此，在大哥把自己苹果的一半分给两个兄弟以前，共有16个苹果，而二哥与三弟分别有4个苹果。二哥把自己的苹果分出去以前，共有8个苹果，大哥有14个苹果，三弟有2个苹果，由此能够推算出，在分出苹果以前，大哥有13个苹果，二哥有7个苹果，三弟有4个苹果，由于最初每人所得的苹果数等于其三年之前的岁数，因此，现在三哥是16岁，二哥是10岁，三弟是7岁。

🧠 如何分配工钱

新德里郊区有个庄园主，雇了两个小工为他种小麦。其中A是一个耕地能手，但不擅长播种；而B耕地很不熟练，但却是播种的能手。庄园主决定种10公亩地的小麦，让他俩各包一半，于是A从东头开始耕地，B从西头开始耕。A耕地一亩用20分钟，B却用40分钟，可是B播种的速度却比A快3倍。耕播结束后，庄园主根据他们的工作量给了他俩100卢比工钱。他俩怎样分才合理呢？

答案

每人一半，各拿50卢比。因为不论每个人干活速度如何，庄园主早就决定他们两人各包一半。因此他们二人的耕地、播种面积都是一样的，工钱当然也应各拿一半。

思路：工钱是按面积算的，只要抓住"各包一半"即可。

🧠 分配工钱

杰夫和吉米同在一个农场种马铃薯，两人的工钱加起来是5美元。吉米在40分钟内可种好一条犁沟的马铃薯，并以同样速度把土扒好盖上。杰夫在20分钟内就能种好一条犁沟的马铃薯。不过，他盖两条沟的土花费的时间和吉米盖3条沟的土花费的时间相等。

吉米和杰夫在没有干完农活之前，都以不变的速度工作着——既要种马铃薯，又要扒土。现在已知田间有12条已犁好的犁沟，请问按照他们两人各自的工作量之比，这5美元究竟应如何分配？

答案

因为吉米能在40分钟内种完一条犁沟的马铃薯，所以种6条沟就需要240分钟。由于他以同样的速度扒土盖土，故他能在480分钟（即8小时）内完成6条沟的任务。杰米在另外6条沟上干活，用了120分钟种马铃薯，而用了360分钟把土盖上，合计也是480分钟，即8小时。因此，工作8小时，两人都完成了同样的工作量，无轻重之分，所以每人各应得到2美元50美分。

此题虽然十分简单，但是却很妙，因为它看上去似乎有悖于人们的直观思维。这两名雇工栽种速度之比是1：2，扒土速度之比是3：2。按照人们的常规思维方式，会认为两名雇工的工作量肯定不一样，但经过计算后结果却恰恰相反。

🧠 有趣的体检

学校举行一年一度的体检，首先进行的是称体重。已知A班里有三个女孩的总重量是171千克，而且A班同学小杰的重量与他同桌的重量一样，小李比自己同桌的重量多半倍，而小马比自己同桌的重量大2倍。丽丽比莎莎多10千克，而莎莎又比薇薇少5千克。由于贪玩，当体检结束时，只剩下了薇薇的同桌。

请问，如果这6个人的总重量不是整数的话，那么薇薇同桌的重量是多少？

答案

首先把3个女孩的重量估算出（她们的总重量是171千克）。设S为莎莎的重量。这样薇薇的重量为S＋5，而丽丽的重量就是S＋10了。因此3S＋15＝171，这样就求出S＝52。所以，薇薇的体重为57千克，丽丽的体重为62千克。注意，只有薇薇的体重是用奇数表示的。

现在反回来看3个男孩的情况。由于题中已给出条件，所有6个年轻人的总重量不是整数。而我们知道，男孩中的一个是和他同桌的体重一样。而另一个则比他的同桌多半倍。最后，第3个比他同桌大两倍，这就是说，薇薇的同桌比她重半倍，也就是小李是薇薇的同桌，他的体重是855千克。

🧠 早到的火车

每天早上的时候，都会有一列有从全国各地邮寄到本市的邮件的列车到达火车站，而每天早上，邮局都会派出一辆汽车到车站去接回这些邮件。这天，火车到站的时间比规定的时间来得早了些，而运来的邮件被火车站的工作人员用摩托车送往邮局。当摩托车走了半小时的路程之后，遇到了来接邮件的汽车司机，汽车司机接过邮件之后，立即往邮局赶去了。

回到邮局之后，汽车司机发现今天回来的时间比规定时间早了20分钟。

请问：火车到达车站的时间比规定时间早了多少？

答案

解这道题的时候最好使用倒推法，这次汽车司机接邮件所用的时间比平时早了20分钟，证明司机到火车站、再返回的路程少用了20分钟，即他与摩托车手相遇的时候，到火车站还需要花上10分钟。但我们已经知道了汽车遇到摩托车手时，摩托车手已经走了半小时的时间，即火车这时候已经到车站半小时了。因为汽车司机是按准点时间离开邮局的，所以在30分钟的基础上，再加上汽车司机与摩托车手相遇时离火车站还有10分钟的路程，便可以推测出火车比规定的时间早到了40分钟。

一元钱去哪了

有A、B 和 C 3个人去投宿，一晚30元。三个人每人掏了10元凑够30元交给了老板。后来老板说今天优惠只要25元就够了，拿出5元让服务生退还给他们，服务生偷偷藏起了2元，然后，把剩下的3元钱分给了那三个人，每人分到1元。这样，一开始每人掏了10元，现在又退回1元，也就是10－1＝9，每人只花了9元钱，3个人每人9元，3×9＝27元加上服务生藏起的2元等于29元，还有1元钱去了哪里？

答案

首先3个人共计付出了9×3＝27元一点没有错。但是，这27元是3个人实际付出的费用，这里面包括了老板25元，服务生2元。所以后面应该再加上的是3元即3个人回收的钱。这时是30元整。上面加上服务生2元的做法是错误的。

消失的1元钱

张大婶在市场卖水果。她每天卖苹果、梨各30个，其中每3个苹果卖1元钱，每2个梨卖1元钱，这样一天可以卖25元钱。有一天，一位路人告诉她把苹果和梨混在一起每5个卖2元，可以卖得快一些。第二天，张大婶就尝试着这样做，最后水果卖完了，却只卖了24元。张大婶很纳闷，水果没少怎么钱少了1元。

请问这1元钱去哪里了呢？

答案

原来1个苹果可卖1／3元，1个梨卖1／2元，平均价格是每个（1／2＋1／3）÷2＝5／12元。但是混合之后平均1个水果卖2／5元钱，比以前的平均价格少了5／12－2／5＝1／60元。60个水果正好少了一元钱。

汉诺塔谜题

有一座庙宇，里面有3根柱子。第一根柱子上依次套着64个金盘，从上往下，按大小顺序排列。和尚们需要把所有的盘子都移到第三根柱子上，每次只能移动一个金盘，并且移动时不可以把大盘扣在小盘上。所有三根柱子都可以用。有神预言说，当金盘全部转移到第三根柱子后，世界末日也就到了，为什么这么说呢？

答案

按照谜题的规则，和尚们得花上2^{64}－1步才能移完金盘，就算每秒移动一次（而

且没有失误），这项任务也得花费5.82×10^{11}，也就是582,000,000,000年才能完成！到那个时候，估计距世界末日确实也不远了。

快速过桥

现在小飞一家过一座桥，过桥时候是黑夜，所以必须有灯。现在只有一盏灯，小飞过桥要1秒，小飞的弟弟要3秒，小飞的爸爸要6秒，小飞的妈妈要8秒，小飞的爷爷要13秒。每次此桥最多可过两人，而过桥的速度依过桥最慢者而定，而且灯在点燃后30秒就会熄灭。问小飞一家如何过桥？

答案

关键线索是过桥的速度依过桥最慢者而定，因此：

小飞和弟弟过桥（3秒）+小飞回来（1秒）+爷爷和妈妈过桥（13秒）+弟弟回来（3秒）+爸爸和小飞过桥（6秒）+小飞回来（1秒）+小飞和弟弟过桥（3秒）=30秒。

辛苦的服务员

一家刚开业的餐馆，终日门庭若市，生意非常火爆。服务员们正在给旅馆里的51位客人上蔬菜，有豌豆、黄瓜和上海青。要黄瓜和豌豆两种菜的人比只要豌豆的人多两位，只要豌豆的人是只要上海青的人的两倍。有25位客人不要上海青，18位客人不要黄瓜，13位客人不要豌豆。6位客人要上海青和豌豆而不要黄瓜。问：

1. 多少客人只要上海青？
2. 多少客人只要黄瓜？
3. 多少客人只要豌豆？
4. 多少客人只要其中任意两种菜？
5. 有多少客人三种菜都要？

答案

这是一道推理加计算的题目，只要上海青或只要豌豆的人有18－6＝12人，因此只要豌豆的有12／3×2＝8人，而只要上海青的有12－8＝4人。

要黄瓜和豌豆两种菜的有8＋2＝10人。只要黄瓜和只要豌豆的人有25－10＝15人，因此只要黄瓜的有15－8＝7人。只要上海青或只要黄瓜的有4＋7＝11人，因此要上海青和黄瓜两种菜的人有13－11＝2人。

于是，我们可以得出结论：只要上海青的有4人；只要黄瓜的有7人；只要豌豆的有8人；要上海青和豌豆两种菜的有6人；要黄瓜和豌豆两种菜的有10人；要上海青和黄瓜两种菜的有2人；那么三种菜都要的就有51－8－4－7－6－10－2＝14人。

🧠 快乐四季

春夏×秋冬＝夏秋春冬

春冬×秋夏＝春夏秋冬

这两个等式中，春、夏、秋、冬各代表一个不同的数字，你能指出它们各代表什么数字吗？

答案

春＝2；夏＝1；秋＝8；冬＝7。

这是个数论题，有一定难度。

为方便解析，把春、夏、秋、冬分别假定为A、B、C、D；

这样，题目的两个等式分别表示为

AB×CD＝BCAD　　　（1）

AD×CB＝ABCD　　　（2）

分析式（1），千位数字B是A和C相乘进位出来的，所以，B＜A；

分析式（2），ABCD＝AD×CB＜AD×100＝AD00，所以，B＜D；

当B≠1时，根据九九乘法表和D＞B，知：D＝5，B＝3；

若A≥6，由A3×C5＝3CA5＜4000可知C＜7；

A5×C3＜A000无解。

若A＜6，A≠5且A＞B＝3所以A＝4；45×C3＝43C5无解。

所以B＝1。

因为AD×C1＝A1CD，所以C＞5；

A1 ×CD＝1CAD，所以，A≤3；

当A＝3时，C＝6，3D×61＝316D；无解。

因为A＞B且＜3所以，A＝2。

这样两个算式表示为：

2D×C1＝21CD；

21×CD＝1C2D；

C＝9时无解，所以，C＝8时，D＝7。

综合结果就是A＝2；B＝1；C＝8；D＝7。

手中的数字

一位富翁有三个女儿，她们都特别聪明。女儿们均即将上大学了，一个不经意间的晚上，富翁猛然想为女儿们出一道思维题目，不仅想考考哪个女儿较为聪明，还想看看自己多年以来的收获。于是，在一个周末的晚上，富翁将三个女儿聚在一起，并分别发给他们三个数字，其中，这三个数字里并没有0，且均是自然数，它们的和是14。

拿到数字以后，大女儿高兴地叫道："我知道二妹与三妹的数字并不相等。"

二女儿接着嚷道："我知道我们三个的数字均不相等！"

听到两位姐姐的话语，小女儿马上说道："呵呵，我早已知道我们几个人的数字了！"

请问，你知道富翁的这三个女儿手中的数字均是多少吗？

答案

大女儿这样说道："我知道二妹与三妹的数字并不相等。"可以得知，大女儿手中的数字是单数。毕竟只有这样，才能确定二妹和三妹手中的数字和是个单数，且必不相等。

二女儿嚷道："我知道我们三个的数字均不相等！！"由此可知，二女儿手中的数字必定是大于6的单数。毕竟只有当她的数字是大于6的单数时，才能确定姐姐的单数和自己的数字并不相等，且一定比自己的小，否则，它们的和就会超过14。

如此一来，小女儿手中的数字就只能为双数了。

小女儿说道："呵呵，我早已知道我们几个人的数字了！"她依据自己手中的数字得知两个姐姐的数字和，又得知其中一个姐姐手中的数字是大于6的单数，另一个姐姐手中的数字也是单数。

这样一来，这个和便是唯一的，即7+1=8。倘若前两个姐姐手中的数字之和是比8大的数，比如为10，便有这样两种情况：9+1或7+3，于是，自己便不可能知道两位姐姐手中的数字了。

因此，富翁的这三个女儿手中的数字分别为1，7，6。

判断力

　　判断力是一个人的综合能力，正确的判断力要符合客观规律的要求。遇到问题时人们需要作出合理判断，如何决定在正确的时间做正确的事情，这就需要我们拥有判断力。

　　判断力训练，就是让在最短的时间内，思考出最合理的解决办法。首先要通过判断力的训练，理解需要进行判断的对象是什么，其次通过自己的分析将复杂问题简单化，再次是对分析的每个部分内容进行评价，找到相互之间的关系，最后作出自己的判断。

蓝眼睛机器人

　　在某大型国际公寓里，住着80个白眼睛的机器人，黄眼睛机器人的数目是白眼睛数目的1／2。倘若把白眼睛机器人与黄眼睛机器人的数目加起来，并加上所有蓝眼睛机器人的数目的若干倍，一共是81。又知蓝眼睛机器人的数目多于3，但却不超过12。试问：在这座大型国际公寓里，共住着多少个蓝眼睛的机器人？

答案

　　80只白眼睛代表40个机器人，黄眼睛机器人的数目是白眼睛数目的1／2，也就是说，共有20个黄眼睛的机器人。

　　用81减60是21，即蓝眼睛机器人的数目的若干倍是21。

　　因为蓝眼睛的机器人多于3，少于12，其中只有7的倍数是21。

　　因此，在这座大型国际公寓里，共住着7个蓝眼睛的机器人。

骆驼商队

　　沙漠中的骆驼商队，通常把体弱的骆驼夹在中间，强壮的走在两头，驼队排成一行按顺序前进。而商人为了区别它们，就在每一头骆驼身上盖上火印，在给骆驼打火印时，它们都要痛得叫喊5分钟。问：若某个商队共有10头骆驼，盖火印时骆驼的叫喊声最少要持续几分钟？（假如叫声是不重叠在一起的话。）

答案

45分钟。

一般情况下，你会想是 $5 \times 10 = 50$。不过，因为只有10头骆驼，所以只需要在9头骆驼身上盖下火印就可以区别开第10头骆驼，剩下的一头骆驼就不用再盖了。因此只需要45分钟。

报纸的页数

你从一份报纸中抽出一张，发现第8页和第21页在同一面上。根据这个，你能否说出这份报纸有几页？

答案

因为在第8页之前有7页，所以在第21页之后一定有7页。报纸总共有28页。

图形规律

根据所给图形的规律，问号处应该填什么图形？

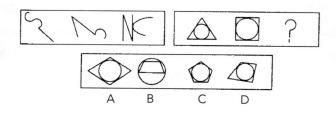

A　　B　　C　　D

答案

选择C。

分析：左图的三个图案都是由一段折线和一段弧线组成的，而且折线的段数依次增加；右图的三个图案都是由一个圆和一个多边形组成的，而且多边形的边数逐渐增加。

拿哪个时钟

有位探险家携带两个时钟送给住在沙漠的居民。可能是因为天气的原因，其中一个时钟一天慢一分钟，另一个时钟则完全停止不动。当地的这个居民说，请给我能告诉我较多次正确时间的那个时钟。

你知道最后那个居民拿了哪个时钟吗？

完全停止的时钟。

因为完全停止的时钟反而可以告诉我们较多次的正确时间。道理在于：一天慢一分的时钟得等到720天后才能告知正确的时间，而完全停止的时钟则至少一天会告诉我们两次正确的时间。

车祸现场

得到某地发生了一场车祸，现场血流成河的消息后，福尔摩斯与警察局的人首先到达了现场。现场发现，只有一名司机在意识到危险后跳出车外，完全昏过去了并无皮肉伤，车内外血迹斑斑，却没有见到死者和伤者，从出事到现在，现场保存得很好，这是怎么回事？

因为这是一辆献血车。

对折报纸

小明的爸爸看完报纸后就把报纸放到了桌子上，不一会儿小明跑了过来，小明的爸爸就对小明说："来，小明，爸爸问你，你能不能把报纸对折10次以上呢？"小明想：不就是对折10次吗，有什么难的。于是他就说："能啊。"

请问：小明能办到吗？

无论纸张厚薄，要对折八九次几乎不可能。

每对折一次，一叠中的页数就会翻一倍。对折一次就成了2页，两次就是4页，九次就会有512页——相当于一本小电话簿了，一叠纸太厚就很难再对折了。

短跑比赛

在一次体育课上，全班共有30名学生，其中男女各一半。于是体育老师让全班同学在操场上站成一横队，左半边是男生，右半边是女生。之后，体育老师在全班同学中随意指出连续的15名同学，让他们后退3步，与前面的同学分为2排，每排15人。

排列好了队形以后，体育老师便随口叫起，让前排左起第8名学生和后排左起第8名学生同时出列。接下来，体育老师就有点摸不着了头脑了。原来事情是这样的，他设想如果这两人同是男生或同是女生，就让他们进行一次短跑比赛。

试问一下，按照体育老师所排列的队伍，举行这种短跑比赛的可能性有多大？

答案

不可能会举行这样的比赛。因为假如按照体育老师的排列方法，那么所出列的人一定是一男一女。假设都是男生，那么前排的这个男生左边一定都是男生，也就是这一排男生至少8人，同理后排的男生也至少8人，这样两排相加就超过16个男生的数目了；假设都是女生，一样如此，推出的结果仍会超过16人。所以是一男一女，根本就无法举行比赛。

空缺的数字

（1）请在行末填上空缺的数字：2，5，8，11，14，_____；

（2）请在行末填上空缺的数字：7，10，9，12，11，_____；

（3）请在行末填上空缺的数字：2，7，24，77，_____。

答案

（1）2＋3＝5，5＋3＝8，8＋3＝11，11＋3＝14。所以答案为17（等差数列）。

（2）答案为14。规律是隔项成等差数列。

（3）2×3＋1＝7，7×3＋3＝24，24×3＋5＝77，77×3＋7＝238。所以答案是238。

数字规律

问号处分别该填什么数？

（1）7，19，37，61，91，127，？

（2）2，9，28，65，？

（3）根据给出的各组字母与数字间的联系，取代字母W旁的问号该是多少呢？

　　G　7　M　13　U　21　J　10　W？

（4）7，16，34，70，142，？

（5）1，2，4，5，7，8，？，11，？，14。

（6）7，24，75，228，687，？

答案

（1）169。规律是相邻两个数的差均为6的倍数，且是等比的。

（2）126。规律是N（1，2，3，…）的3次方再加1。

（3）首先问号应该是数字，再找规律。这是字母表的顺序，所以答案为23。

（4）286。这个数列的规律是前一个数加1乘以2得后一个数。

（5）第一个问号处是10，第二个问号处是13。相邻两个数的和成等差数列。

（6）2064。方法一：第一个数乘以3，再加上3得第二个数。方法二：第一个数加1后乘以3得第二个数。

第十个数是多少

观察下列数字：

1、5、11、19、29、41……这列数中第10个数是多少？

答案

这几个数字是有规律的，$1 = 0 + 1 \times 1$，$5 = 1 + 2 \times 2$，$11 = 2 + 3 \times 3$，$19 = 3 + 4 \times 4$，$29 = 4 + 5 \times 5$，$41 = 5 + 6 \times 6$，依次往下，第7个数字就是$6 + 7 \times 7 = 55$，第8个数字就是$7 + 8 \times 8 = 71$，第9个数字就是$8 + 9 \times 9 = 80$，第10个数字就是$9 + 10 \times 10 = 109$。

这个三位数是多少

桌子上有3张数字卡片，这几张卡片组成三位数字236。如果把这3张卡片变换一下位置或方向，就会组成另外一个三位数，而且这个三位数恰好能够被47整除。那么如何改变卡片的方位呢？这个三位数是多少呢？

答案

能够被47整除的三位数有94，141，188，235，282，329……要仔细地观察236这个数字，看怎么变动可以满足要求。可以将236中的23左右交换为32，再把6的那张卡片上下倒置变为"9"即可变为"329"，能够被47整除。

矩阵填数

下图是一些数字组成的表格，问号处代表什么数？

（1）

2	6	10
7	4	1
13	9	?

（2）

2	9	6	12
4	4	3	13
5	4	4	16
3	7	1	?

（3）

2	2	2	2
2	6	10	14
2	10	26	50
2	14	45	?

答案

（1）答案是5。

每一行的数字都是等差数列。换句话说，两边的数加起来除以2等于中间的数。

（2）答案是20。

每一行中，第一列数乘以第二列数后，减去第三列数，等于第四列数。如：$2 \times 9 - 6 = 12$。

（3）每个2×2的方格中，右下角的数字都是其他三个数字之和。根据这条规则，未给出的数字是121。

数字无序化

事物总是从无序走向有序，又从有序走向无序。这是一个我们都知道的哲学道理。为了考考小明是否知道这个道理，妈妈出了下面的题目：下图所示的八个小方块中，1~8八个数字有序地排列在一起。小明在这八个方块中重新排列这些数字，使它们处于完全无序的状态，也就是说，任何两个连续的数字必须完全脱离接触，在上下、左右和对角线方向上都不能有任何接触。小明思考了一会，就回答正确了。

你能做到吗？

```
      ┌───┐
      │ 1 │
┌───┬─┴─┬─┴─┐
│ 2 │ 3 │ 4 │
├───┼───┼───┤
│ 5 │ 6 │ 7 │
└───┴─┬─┴─┬─┘
      │ 8 │
      └───┘
```

答案

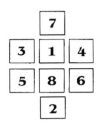

我们可以看到中间两个方格有其余方格所不具备的特点，即与它在上下、左右或对角线方向上有接触的方格共有六个（其余的方格只有三个或四个），这说明，对于填在中间两个格子中的任意数字而言，在1～8八个数字中，除了自身外，必须有六个数字和自身没有连续关系，或者说，只允许有一个数字与自身有连续关系。满足这条件的数字只有两个，一个是1，另一个是8。因此，填在中间两个方格中的数字必须是1和8。中间的数字确定后，其余的数字就不难确定了。

判断方向

在中国某省会城市的大街上，有一位老妇人看见了一辆新式的公共汽车，但没看见车门。这辆车是静止的，这位老妇人一时弄不清车子将开往哪一个方向。

请问：你能帮老妇人判断出来吗？

答案

老妇人没有看见公共汽车的车门，这就证明了她是站在马路的另一边，公共汽车是将朝着老妇人左边的马路方向开。

提示猜想题

我说五句话，你能找出我说的是什么吗？

A. 用中文表达是5个字。

B. 地理名词。

C. 900万平方公里。

D. 三毛。

E. 干草原、沙丘、矿质荒漠。

现在知道了吗？

答案

撒哈拉沙漠。

一共5个字，它的面积是900万平方公里。

凶手是谁?

有一个女明星被杀害了，警察抓住两个嫌疑犯，但不能肯定他们谁是凶手。于是警察就展开了调查，发现这个女明星生前很喜欢收藏鞋子，她的鞋箱被翻乱后被凶手放好，警察发现她有八十双鞋子，红箱子有红色和绿色的鞋子各二十双，绿色箱子有红色和绿色的鞋子各二十双，这些鞋子摆得很整齐。警察问两个嫌疑犯你们谁是红绿色盲，甲说："乙是红绿色盲。"

聪明的你能猜出谁是凶手吗?

答案

甲是凶手，因为鞋子很整齐，乙是色盲，他不会把鞋子摆的那么整齐。

小勇会说什么

老师给同学们布置了一些作业，希望同学们回家去测量一些东西，凡是家里的东西都可以测量，第二天，老师发现小勇的作业本上有这样几道题：9 + 6 = 3，5 + 8 = 1，6 + 10 = 4，7 + 11 = 6。于是，老师就狠狠地批评了小勇，可是，小勇说了一句话，老师也觉得有道理。

仔细观察这几道题，你觉得小勇会说什么呢?

答案

我看的是钟表。

下一行数字是多少

你能继续写下去吗?

3

13

1113

3113

132113

1113122113

观察这些数字，你能写出下一行数字吗？

答案

这些数字是有规律的，下一行是对上一行数字的读法。

第一行3，第二行读第一行，1个3，所以13。

第三行读第二行，1个1，1个3，所以1113。

第四行读第三行，3个1，1个3，所以3113。

第五行读第四行，1个3，2个1，1个3，所以132113。

第六行读第五行，1个1，1个3，1个2，2个1，1个3，所以1113122113。

第七行读第六行，3个1，1个3，1个1，2个2，2个1，1个3，所以下一行数字是311311222113。

狡猾的赌徒

王先生在街上遇到一个小赌局。那个摆赌局的人面前放着三个小茶碗。他对王先生说："我要把一个玻璃球放在这三个小碗中，然后你猜测它可能在哪个茶碗中，如果你猜对了，我就给你10元钱，如果你猜错了，就要给我5元钱。"王先生同意了，他玩了一会儿，输了一些钱后，这时他计算了一下，发现自己猜对的概率只有三分之一。所以他不想玩了。

这时那个摆赌局的人说："这样吧，我们现在开始用新的方式猜测，在你选择一个茶碗后，我会翻开另外一个空碗，这样，有玻璃球的碗肯定在剩下的两个碗中，这样你猜对的概率就大了一些。"王先生认为这样他赢的概率就大多了，于是他继续赌下去，可怜的王先生很快就输光了。

你知道这是怎么一回事吗？

答案

其实王先生仍然是在三个碗中选择一个，他选择正确的概率仍然是1／3。在选择后再揭开另外一个空碗对他的选择没有任何影响。

夫妻打赌

一对夫妇特别喜欢和人打赌。一天，他们遇到一位智者，三人在一起猜测次日的天气，并愿意为之打赌。

丈夫先对智者说："如果明天不下雨，我给你200元；如果明天下雨。你给我100元。"

丈夫认为，明天不下雨的可能性小，而明天下雨的可能性大；可是妻子却认为，明天不下雨的可能性大，而明天下雨的可能性小。

于是，妻子对智者说："如果明天下雨，我给你200元；如果明天不下雨，你给我100元。"

如果你是智者，是否愿意与这对夫妇打赌？

答案

假设明天下雨，智者给丈夫100元，却可以从妻子那里得到200元，最终得100元。假设明天不下雨，智者从丈夫那里得200元，给妻子100元，最终还是得100元。总是能得到100元，何乐而不为呢。

🧠 代理

代理：是代理人依据被代理人的委托，或根据法律规定、人民法院或有关单位的指定，以被代理人的名义，在代理权限内所实施的民事法律行为。这种行为所产生的法律后果由被代理人承担。

根据上述定义，下列情况不属于代理行为的是？

A. 张某与王某本是邻居，后因发生民事纠纷而对簿公堂。考虑到自己对法律常识不太了解，王某请了一位律师请他全权代表自己出庭打这场官司。王某最终打赢了这场官司。

B. 六年级的小学生陈明受到社会无业人员的影响和教唆，整天寻衅滋事，偷鸡摸狗，不务正业。一次他在偷东西时被人发现，物主下手过重，打得陈明双腿骨折。其父母很生气，立即向法院起诉，要求对方给予赔偿。

C. 某社会混混在武汉以为国内某一名牌大学分校招生为名，骗取了大量学费，然后他卷起皮包逃跑了。

D. 张某是一正在服刑人员，其家中除了妻子之外没有别的亲属。祸不单行的是，其妻子由于受到同村流氓的侮辱而上吊自杀。张某十分气愤，要向法院提出起诉。由于其正在服刑，家中又无其他人可以代诉，于是地方法院指定了一名律师代他打这场官司。

答案

选C。

先分析代理的定义，代理有三种形式，一种是委托代理，一种是法定代理，还有一种称为是指定代理。代理行为必须在代理权限内实施，其后果由被代理人来承担。

A选项，王某请了一位律师，并授权他代自己打官司，这属于是委托代理。

B选项，陈明是一个六年级小学生，属于未成年人，父母是其法定监护人。在该事例中陈明的权益受到损害，其父母自然就成为其法定的代理人，替他讨回公道。

D选项，由于张某正在服刑，无人可以代他诉讼，因此法院为他指定了代理人，这属于指定代理。

C选项，无业人员与该名牌大学之间并无任何代理关系，这纯粹属于一种诈骗行为。题目的要求是要从四个选项中选出一个不符合代理定义的，因此，该题的正确答案应为C。

 市场策略

差异性市场策略是指企业在对整体市场细分的基础上，针对每个细分市场的需求特点，设计和生产不同的产品，制定并实施不同的市场营销组合策略（各种营销手段的综合运用），试图以差异性的产品满足差异性的市场需求。

根据上述定义，下列属于差异性市场策略的是：

A. 某汽车生产企业面向工薪阶层，主要生产经济型轿车，这种轿车售价低，耗油少，深受工薪阶层欢迎

B. 某超市推行会员制，根据会员积分的多少，赠予不同档次的礼品

C. 某企业生产的电脑在市场上销路很好，为拓宽市场，又开始研发手机

D. 某化妆品生产企业针对不同年龄阶段的消费者生产、销售不同种类的润肤露

答案

选D。

某化妆品生产企业针对不同年龄阶段的消费者生产、销售不同种类的润肤露，这是对整体的润肤露市场的细分，针对每个细分市场的需求特点，设计和生产不同的产品。因此，D项符合差异性市场策略的定义。

其余选项不符合题目定义。比如，A项只是主要生产经济型轿车，没有针对整体汽车市场中每个细分市场的需求特点设计和生产不同的产品。

 财产性收入

现在统计中常用的人均可支配收入由四部分构成，分别是：工资性收入、转移性收入、经营性收入和财产性收入，财产性收入一般是指家庭拥有的动产（如银行存款、有价证券等）、不动产（如房屋、车辆、土地、收藏品等）所获得的收入。它包

括出让财产使用权所获得的利息、租金、专利收入等；财产营运所获得的红利收入、财产增值收益等。

根据上述定义，下列属于财产性收入的是：

A. 王某家传的青花瓷器在展览会上被专家估价为200万元

B. 李某买了一辆载重10吨的货车跑运营，每年收入8万元以上

C. 赵某为公司做出重大贡献，公司给予10万元的奖励

D. 高某在闹市有一间房屋，某厂家在房顶安放了广告牌，并支付给他一定费用

答案

选D。

高某在闹市有一间房屋，某厂家在房顶安放了广告牌，并支付给他一定费用。这属于他所拥有的不动产所获得的收入，符合题目财产性收入的定义。因此，D项为正确答案。

A项并没有取得收入，B、C项不符合财产性收入的定义。

产品召回

产品召回是指生产商将已经送到批发商、零售商或最终用户手上的产品收回。产品召回的典型原因是所售出的产品被发现存在缺陷。产品召回制度是针对厂家原因造成的批量性问题而出现的，其中，对于质量缺陷的认定和厂家责任的认定是最关键的核心。

根据上述定义，下列属于产品召回的是：

A. 某商家作出承诺，产品有问题可以无条件退货

B. 某超市发现卖出的罐头已过期变质，及时告知消费者前来退货或更换

C. 因质检把关不严，某厂一批次品流入市场，厂家告知消费者前来退货

D. 某玩具厂因某种玩具有害物质超标，向提起诉讼的部分消费者退货赔偿

答案

选C。

C项所述事实，因质检把关不严，某厂一批次品流入市场，表明其所售出的产品被发现存在缺陷；同时，厂家告知消费者前来退货，表明生产商将已经送到最终用户手上的产品收回。这符合题目产品召回的定义。

A项产品不一定有缺陷，B项主体不是厂家，D项不是厂家收回有缺陷的产品。均不符合题目定义。

职业枯竭

职业枯竭是指人们在自己长期从事的工作重压之下，产生身心能量被工作耗尽的感觉。

根据上述定义，下列属于职业枯竭状态的是：

A. 老周不能胜任自己现有的工作，每天都会忙得焦头烂额。

B. 刚参加工作的小李觉得这份工作太累，产生了跳槽的念头。

C. 刘经理每天工作繁忙，缺乏充足的休息，情绪也越来越糟糕。

D. 在从事过许多不同的职业之后，老王觉得所有工作都索然无味。

答案

选C。

根据题目定义，职业枯竭是在工作重压下产生的身心被工作耗尽的感觉。

A项不能胜任工作，B项工作累想跳槽，D项工作无味，均不符合职业枯竭的定义。

只有C项刘经理工作忙，压力大，缺乏休息，情绪变坏，属于职业枯竭。

生态移民

生态移民是指为了保护某个地区特殊的生态或让某个地区的生态得到修复而进行的移民，也指因自然环境恶劣，不具备就地扶贫的条件而将当地人民整体迁出的移民。

根据上述定义，下列属于生态移民的是：

A. 贵州省某山区因土地出现石质化现象，该地区村民被迁往他乡。

B. 几百年前，中原一带的居民为躲避战争，整体迁到南方，成为客家人。

C. 某村落位于山谷中，交通十分不便，为更快致富，村民集体研究决定移居山外。

D. 张三的父母家住三峡库区，由于修水库，其父母将家产变卖，来到上海与张三一起居住。

答案

选A。

A项是因自然环境恶劣而进行的整体迁出的移民，符合生态移民的定义，为正确答案。

B项为躲避战争而移民，C项不属于自然环境恶劣，D项也不属于保护生态，均不属于生态移民。

社会从众倾向

社会从众倾向是指当群体规范被成员接受以后就会成为控制和影响群体成员的手段，使成员在知觉、判断、信念和行为上表现与群体中多数人相一致的现象。

根据上述定义，下列情况中没有社会从众倾向的是：

A. 小李因工作进度慢而被同事们责怪，他只好利用业余时间加班赶上

B. 学生小李认为张老师对自己的期望值太高了，但一想老师就是老师，他表面上还是接受了

C. 春节长假放了，小王准备假期旅游，但看到同事们都打算回家团聚也决定先回家团聚

D. 刘先生在旅游时看到有几个游客自觉地收集垃圾保护环境，心里很赞赏，但自己却不好意思做

 答案

选D。

根据题目定义，社会从众倾向的三个要素是：

第一，群体规范被成员接受

第二，群体规范成为控制和影响群体成员的手段

第三，群体规范使成员在知觉、判断、信念和行为上表现与群体中多数人相一致

选项A、B、C项符合此定义，属于社会从众倾向。

而D项：刘先生看到有几个游客自觉地收集垃圾，但自己却不好意思做；这现象不满足上述第三个要素，因此，不属于社会从众倾向。

集贸市场

一个身穿工商行政管理人员制服的人从集贸市场走出来。

根据以上陈述，可作出下列哪项判断？

A. 这个人一定是该市场的管理人员。

B. 这个人可能是其他市场的管理人员。

C. 这个人一定不是该市场管理人员。

D. 这个人一定是来买东西的市场管理人员。

E. 这个人一定是上级派来的检查人员。

答案

选B。

题干断定的信息并不充分，以至依据这些信息，对题干所提及的这个人的身份的任何确定性的断定都是不成立的，而对这个人的身份的猜测性的断定几乎都是可以成立的。诸选项中，除了B选项是对这个人的身份的猜测性断定外，其余都是对这个人的身份的确定性断定。因此，B项成立。

京剧表演

联欢晚会上，小李表演了一段京剧，老张夸奖道："小李京剧表演的那么好，他一定是个北方人"。

以下哪项是老张的话不包含的意思？

A. 不是北方人，京剧不可能唱得那么好。

B. 只有京剧唱得好，才是北方人。

C. 只要京剧唱得像小李那样好，就是北方人。

D. 除非小李是北方人，否则京剧不可能唱得那么好。

E. 只有小李是北方人，京剧才能唱得那么好。

答案

选B。

老张的意思是，"京剧好"是"北方人"的充分条件。

B项断定的是，"京剧好"是"北方人"的必要条件，不是老张的意思。

其余选项均和老张的意思一致。

足够的钱

有一种观点认为"只要有足够的钱就可以买到一切"，

从这个观点可以推出下面哪个结论？

A. 有些东西即使有足够的钱也不买到如友谊健康爱情等。

B. 如果没有足够的钱那么什么也买不到。

C. 有一件我买不到的东西存在，这说明我没有足够的钱。

D. 有钱比没有钱要好。

E. 没有足够的钱也可以买到一切东西。

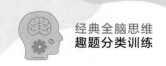

答案

选C。

题干断定：只要有足够的钱就可以买到一切。

那么，如果有买不到的东西就意味着没有足够的钱。

没喝酒

酒醉必吐真言，张强现在并没有喝酒。

以下哪项，从上述题干中推出最为恰当？

A. 现在张强说的是真话。

B. 现在张强说的是假话。

C. 现在张强说的不是假话。

D. 现在张强可能说真话也可能说假话。

E. 现在张强不可能说真话。

答案

选D。

酒醉是说真话的充分条件，而不是必要条件。

酒醉时说真话，但没喝酒时说话的真假并不能确定。所以D项的说法最为恰当。

安全通道

宿舍楼的高度为二层到六层不等，如果宿舍在二楼以上，它就有安全通道。

如果上面陈述属实，则下面哪项也是正确的？

A. 位于第二层的宿舍没有安全通道。

B. 位于第三层的宿舍没有安全通道。

C. 只有位于第二层以上的宿舍有安全通道。

D. 位于第四层的宿舍有安全通道。

E. 有些两层楼的宿舍楼没有安全通道。

答案

选D。

根据题意可知，二楼以上（不包括二楼）必然有安全通道。

二层或二层以下的有没有安全通道的情况不知道，是未知事件。

D项，位于第四层，当然一定有安全通道，因此为正确答案。

A、C、E均为未知选项，B为错误选项。

考上公务员

只有总体素质高的大学生，才能考上公务员。

如果这个结论成立，则以下哪项一定为真？

A. 小王是总体素质高的大学生，所以他考上了公务员。

B. 小王考上了公务员，所以他的总体素质一定不低。

C. 有越来越多的大学生准备考公务员。

D. 总体素质高低，和考上公务员没有关系。

E. 总体素质高的大学生，也可以考研究生。

答案

选B。

总体素质高的大学生是考上公务员的必要条件。

这样，既然小王考上了公务员，说明他的总体素质高。

好士兵

一位将军训示部下说："不想当将军的士兵一定不是一个好士兵。"

将军的这句话与下列的哪句话的含义是相同的？

A. 想当将军的士兵就一定是好士兵。

B. 除非想当将军，否则不是一个好士兵。

C. 坏士兵是不想当将军的。

D. 坏士兵也是想当将军的。

E. 不想当将军的士兵，也可以是一个好士兵。

答案

选B。

B项表明"想当将军"是"好士兵"的必要条件，符合题干含义，为正确答案。

其余选项都不符合题意。

日式快餐

在中国，只有富士山连锁店经营日式快餐。

如果上述断定为真，以下哪项不可能为真？

Ⅰ. 苏州的富士山连锁店不经营日式快餐。

Ⅱ. 杭州的樱花连锁店经营日式快餐。

Ⅲ. 温州的富士山连锁店经营韩式快餐。

A. 只有Ⅰ。

B. 只有Ⅱ。

C. 只有Ⅲ。

D. 只有Ⅰ和Ⅱ。

E. Ⅰ、Ⅱ和Ⅲ。

 答案

选B。

题干推理关系为：富士山←日式快餐

"富士山连锁店"是"经营日式快餐"的必要条件，而不是充分条件，因此，各地的富士山可以经营也可以不经营日式快餐，而不是富士山则不可能经营日式快餐。

即Ⅰ、Ⅲ有可能为真；Ⅱ必然为假；因此，B为正确答案。

🧠 足球联赛

有人说："只有肯花大价钱的足球俱乐部才进得了中超足球联赛。"

如果以上命题是真的，可能出现的情况是：

Ⅰ. 某足球俱乐部花了大价钱，没有进中超。

Ⅱ. 某足球俱乐部没有花大价钱，进了中超。

Ⅲ. 某足球俱乐部没有花大价钱，没有进中超。

Ⅳ. 某足球俱乐部花了大价钱，进了中超。

A. 仅Ⅳ。

B. 仅Ⅱ、Ⅲ。

C. 仅Ⅲ、Ⅳ。

D. 仅Ⅱ、Ⅲ、Ⅳ。

E. 仅Ⅰ、Ⅲ、Ⅳ。

 答案

选E。

题干表明，肯花大价钱是进入中超的必要条件，而未必是充分条件；

也就是说，花了大价钱是否进中超都是有可能的，Ⅰ、Ⅳ有可能出现；

没有花大价钱，那就一定进不了中超，Ⅱ必然错误，Ⅲ必定正确。

努力学习

父亲对儿子说："你只有努力学习，才能考上重点大学。"

后来可能发生的情况是：

Ⅰ．儿子努力了，没有考上重点大学。

Ⅱ．儿子没努力，考上了重点大学。

Ⅲ．儿子没努力，没有考上重点大学。

Ⅳ．儿子努力了，考上了重点大学。

发生哪几种情况时，父亲说的话没有错误？

A．仅Ⅳ。

B．仅Ⅲ、Ⅳ。

C．仅Ⅱ、Ⅳ。

D．仅Ⅱ、Ⅲ、Ⅳ。

E．仅Ⅰ、Ⅲ、Ⅳ。

答案

选E。

父亲说的话表明，"努力学习"是"考上重点大学"的必要条件。

如果Ⅰ、Ⅲ、Ⅳ三种情况发生，并不违背上述意思。

只有Ⅱ这个情况发生，就与题干推理关系（即父亲说的话）发生了矛盾。

抓住偷珠贼

有个佛寺，寺里有座宝塔，塔顶上有一颗闪闪发光的夜明珠，寺庙也因此而得名。一年中秋节，寺院的方丈外出化缘，留下两个徒弟看守寺院。

半个月后，老方丈化缘归来，发现塔顶上的佛珠被人偷走了，便叫来两个徒弟询问。大徒弟说："昨晚我上厕所，借着月光，看见师弟爬上塔偷走了夜明珠。"小徒弟争辩道："我昨晚整夜都睡在禅房里，从没起来过，佛珠不是我偷的。好像自从师傅走后，夜明珠就没有发过光。"老方丈听完两人的叙述后，便知道谁说了谎话，谁偷了夜明珠。

你知道是谁吗？

答案

大徒弟说了谎，是他偷走了夜明珠。

因为，老方丈是中秋时走的，出去了半个月，昨晚应是农历初一，没有月亮，哪能有月光呢？

衬衫的数量

有一个服装厂他们连夜赶制出一批衬衫，生产出来的衬衫中大号和小号各占一半。在这些衬衫中有25%是黄色的，75%是蓝色的。如果这批衬衫的总数是100件，其中大号黄色的有10件。

那么请问：小号蓝色衬衫有多少件呢？

A. 15

B. 25

C. 35

D. 40

答案

正确的选项为C。

注意力不仅有如何适时转移的问题，还有如何集中的问题。本题就是集中注意力，只考虑小号：50件小号，15件小号黄色衬衫，35件小号蓝色衬衫。

惨烈的尖叫

一天深夜里，邻居们听到楼上某个人家里传出了一声惨烈的尖叫声。等到第二天早上起来之后，大家才发现原来昨晚的尖叫是那位受害者的最后叫声。

某个负责调查此案的警察向邻居们了解案件发生的确切时间。一位邻居说自己是在12点零8分听到尖叫的，而另一位老大爷却说叫声发生在11点40分，但是对面小卖店的老板却坚持地说道：他清楚地记得是12点15分，一位下晚班的小姑娘说是11点53分。

但这四个人所戴的表都太不准确，在这些手表里，一个慢12分钟，一个快3分钟，还有一个快10分钟，最后一个慢25分钟。

请问，你能帮助警察确定受害者发出尖叫的最后时间吗？

答案

这个时间是12点零5分。

得出这一答案其实非常简单，可以从最快的手表时间12点15分中减去快的最多的10分钟时间就可以得知案发时是12点零5分；或者，也可以将最慢的一个时间11点40分加上慢的最多的时间25分钟，也可以得出这个答案。

神秘照片

2000年5月7日中午，日本横滨市内某居民区发生了一起抢劫银行案，在警方的多方面努力下，几天后，终于找到了嫌疑犯。可是此嫌疑犯特别狡猾，于是警方不得不请名探金田一耕助协助破案。当金田一耕助问嫌疑犯要他当天不在现场的证明时，他交出一张照片，并说："那天，我去了关岛上日本最有名的严岛神社。这张照片就是那天请一位旅行的女学生给拍的。"金田一耕助看着照片，上面有长着美丽、长角的梅花鹿，很多的游客在观看。但金田一耕助却干脆地说："甭用假照片骗人，这是秋天或冬天拍的。"你知道金田一耕助一看照片就识破了谎言的原因是什么吗？

答案

因为梅花鹿只有雄性长角。鹿角春天脱落，而后又开始长出新茸。新茸包在皮里渐渐地长大，到深秋才从皮里裸露出来。若照片是5月7日拍的话，不会拍出长角的梅花鹿。

神奇的数字

曾经有一位数学老师，无意间发现了一道题，经过几个仔细分析后终于得出了答案。第二天刚上课，他就给学生们出了昨天他发现的那道题：8－6＝2这谁也知道，如果要使8加6也等于2，同学们请证明一下。当时，同学们都以为老师是在开玩笑呢，因为8加6怎么也不可能等于2。

这个时候只有一个同学站起来说可以，并且说明了他的证明方法，当老师听完他的回答后，满意地点了点头。你知道这名学生是怎么证明的吗？

答案

因为是数学老师提出的问题，所以大部分学生都把问题局限于数学中，数学中当然是不可能的。在生活和自然中就有这种可能出现，例如钟表的上午8点与之前的6个小时，这不正好就是凌晨2点嘛！像这样的算法，生活中还有很多。

九宫格找规律

下图是表格内的图形富有规律，你能发现吗？试着寻找问号处该填什么图形吧？

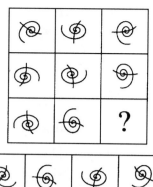

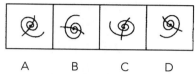

A　　　B　　　C　　　D

答案

问号处应该是答案A。

解析：拿到这个题目，不可慌乱。找到分析的切入点是问题的关键。认真观察，我们能够发现问题的关键在"螺旋线的方向"上。

仔细分析后，我们能够发现第一行图形的旋转曲线从外往里，分别呈现为：顺时针方向、逆时针方向、顺时针方向；第二行图形的旋转曲线从外往里，分别呈现为：逆时针方向、顺时针方向、逆时针方向。

由此，我们便可得知：每一行的第一格和第三格是旋转曲线的方向保持一致，而第二格的旋转曲线的方向与之刚好相反。接着，来看看我们发现的这个规律是否正确。

观察第三行的前两格的图形，我们可以看到它们的旋转曲线方向分别呈现为：顺时针方向和逆时针方向。由此，我们便可以得知以上找到的规律是正确的。所以，套用规律，便可得知第三行第三格的图形旋转曲线的方向表现为顺时针方向，而符合这个变化方向的只有A。

🧠 凶犯是谁

一个深秋的夜晚，洛杉矶市A董事长的儿子被绑架了，凶犯开口要50万美元赎金。他在电话里说："我要百元纸币5000张，用普通包装，明天上午在你家门口的邮局邮寄，地址是查尔斯顿市伊丽莎白街2号，西迪．卡塞姆收。"

凶犯说完后，威胁说，"假使你事前调查地址或报警，就当心孩子的生命！"

A董事长非常惊慌，为了顾全孩子的生命，他只得委托私家侦探爱德华·爱伦坡搜查。

因为事关小孩的生命，爱伦坡也不能轻举妄动。于是，他乔装成百科辞典的推销员，到凶犯所说的地址调查，发现城市名是真的，而街道地址和人名都是虚构的。

难道凶犯不要赎金吗？绝对不可能。忽然他灵机一动，终于发现了这宗绑票凶犯的真面目。

第二天，他捉到了那凶犯，安全地救出了被挟持的小孩。

你能知道凶犯是谁吗？

答案

是那家邮局的邮递员。

🧠 半张唱片

小勇打电话给玲玲说："你家里那些周杰伦的唱片还在吗？"

玲玲回答说："没有了，我已经把一半唱片和一张唱片的一半送给了咱们班的小红。然后我又把剩下的一半唱片和一张唱片的一半送给了我哥哥。我现在只剩下一张唱片了，不过假如你能说出我原来有几张周杰伦的唱片，那么这一张就送给你。"

小勇一下子让玲玲的话给弄糊涂了，因为他怎么也弄不懂怎么唱片还可以半个半个的送人。突然之间，他灵光一闪，立即明白了过来。当他把最后的答案告诉了玲玲之后，玲玲就把最后一张唱片送给了他。

答案

其实这是一个明显的思维误区：人们总是认为某物的一半加0.5就不可能是一个整数。如果在计算这道题目的时候，也是完全从掰开唱片的角度来考虑解决这个问题的话，那题目就不会计算出来。其实，这道题目的诀窍在于：玲玲有数量为奇数的唱片，取其一半再加上半张唱片之后，一定是一个整数。

由于玲玲在最后一次送出唱片之后，她的手中只剩下了一张，从这里我们可以推理出来，在玲玲把唱片送给哥哥之前，她有三张唱片。3的一半为1.5，而1.5＋0.5＝2，所以玲玲最后一次是将两张唱片送给了哥哥，到了最后自己留有一张完整的唱片。

这样想明白之后，题目就会变得非常简单了：玲玲原来一共有七张唱片，她给了小红四张。

🧠 雪地上的脚印

在一个寒冷的冬天，刚下过一场大雪，地上的积雪厚达30厘米以上。一个罪犯在

自己的家中杀人后，穿过一片小树林，将尸体扛到了邻居一所正在建造中的空房内，转移了杀人现场。然后他又顺着原路回到了家中，并拨通了报警电话，装作若无其事的样子说发现一具尸体，可能是被人杀害了。

警察赶到后，迅速对现场做了勘查，然后又查看了那个人往返现场时留在雪地上的脚印，便厉声呵斥道："你在说谎，凶手就是你！"

你知道警察是怎么判断出这个人就是杀人凶手？

答案

警察是根据往返的脚印不同而做出判断的。因为罪犯扛着尸体时，由于重量增加，所以脚印就比较深，而返回时空手而归，脚印比较浅。警察由此断定报案者就是凶手。

空隙的大小

有人做了这样一个假设，他们把地球看成了一个正圆的，想象给地球做上一个铁环，这个环恰好套在赤道上不留一点儿空隙，与此同时，也给乒乓球做一个这样的环，但是，在做铁环的时候，一不小心把两根铁丝都多截了2米，这样的话同，套在地球与乒乓球上时，铁环与球之间就出现了空隙。

请问，套上铁环是地球上的空隙大还是乒乓球上的空隙大？分别有多宽？

答案

看完这道题目，人们第一感觉应该是2米对于地球的周长来说是那么的微不足道，而对于乒乓球却是大得多，因此应该是乒乓球的空隙大。其实，却恰恰相反，地球周长是其半径的2π倍，即铁丝长度应为地球半径加上空隙高度再乘上2π。如果它和地球周长的差是2米，那么就有：

$2\pi(r+x) - 2\pi r = 2$米

$2\pi x = 2$米

$x = 1/\pi$米，大约0.33米

因此，不管这个球是"地球"还是"乒乓球"，哪怕是再小的球，他们的空隙都是一样的。

宝石藏在哪儿

夏季的一天，女盗枫叶经过打扮，混进珠宝拍卖会场，盗了两颗大钻石。回到家的时候，她立刻把钻石放在水里制成冰块，且放在冰箱里。由于钻石是透明无色的，

因此藏在冰块里，即使警察前来搜查，也不会发现。

第二天，川山侦探来了。"还是把你偷来的钻石拿出来吧，珠宝拍卖现场的监视器已经将化妆后的你偷盗的情景拍摄了下来，尽管警察没有看出是你化的妆，但你却瞒不过我的眼睛，一看便知道是你。"川山侦探说道。

"假如你怀疑是我干的，就在我家随便搜好了，直至你感到满意为止。"枫叶若无其事地说道。

"今天真热呀，来杯冰镇可乐如何？"

枫叶一边说着，一边从冰箱里拿出冰块，每个杯子均放了4块，再倒上一些可乐，递给川山侦探一杯，并把藏有钻石的冰块放到自己的杯子中，一旦冰块融化，钻石就会露出来，在喝了半杯的可乐下面是难以看出来的，川山侦探怎能想到在他所喝的可乐中会藏有钻石呢？枫叶暗暗地想着。

"那么，我就不客气了！"川山侦探接过杯子，喝了一口，下意识地望了一下枫叶的杯子。"对不起，我们能交换一下杯子吗？""怎么了？莫非你怀疑我在你的杯子里下毒了吗？""不是这样的，我只是想品尝一下带有钻石的可乐的味道。"川山侦探一把从枫叶手中夺过杯子。

冰块还没有完全融化，请问，川山侦探是如何看穿枫叶的可乐杯子里藏有钻石呢？

答案

冰块应该浮在水面。望到枫叶的杯子中有2块沉入杯底的冰块，川山侦探推测必定藏有钻石。通常来说，普通冰块浮在水面，而藏有钻石的冰块必定要沉入杯底，由于它的比重比冰块大。

🧠 会发声的气球

小明和小红一人拿了一只气球在玩。这时，小红将手中的气球吹好，并用细线将嘴扎紧。小明则把手中的气球吹嘴套在水龙头口上，慢慢注入自来水。当气球和第一个气球差不多大时用细线将嘴扎好。两个人分别将气球放在桌子上，把耳朵依次贴在两个气球上，并用手指轻轻叩响桌面听声音。这时奇怪的事情发生了，两只气球所传递的声音不同，气球内灌上水，它就能清晰地给你传音乐，听起来好像水球自己在发出奇怪的声音，是为什么呢？

答案

为什么在气球里装满水就能够发出清晰的声音，其本质是与声音的传播介质有

关。人类能听到声音是因为我们周围的空气受到了声波的振动使声音能传到我们的耳中。在空气中有着很多的微细的分子，这些分子间又有一定的距离，水分子间的距离比空气分子小得多，所以传递声音振动更快、更清。这就是为什么装水的气球听到的声音更清晰了。

🧠 现场的细节

这天，警察局接到一个案子：在一个公园里发现了一具尸体。查明后，死者是一家公司的总经理，名字叫大岛完池。经过法医的检查，大岛完池是因枪击身亡的，子弹从前额中央射入，从弹孔流出的血迹在他的右侧脸庞流成了一条血线，已经干硬。鲜血染红了死者衬衣的领子和绿色的领带，看上去十分悲惨。

警察叫来了死者的朋友田井，向他讲述了发现尸体的经过：早晨7点左右，一个晨练的人，在公园内面向大海的长椅上发现了死者。警察赶到现场后，在长椅下找到了射杀死者的那支手枪，上面只有死者的指纹，经法医检验，死亡时间大致是午夜到今晨3点之间。

然后，警察说出了他们的调查经过和结论："经过我们的调查，昨天晚上他在公园酒店参加一个宴会。大约1点左右，海面上刮起了大风。大岛对朋友说要方便一下，就离开了，之后就再没出现过。大约2点左右，他们以为大岛回家了，也就散了，因为这已经不是他第一次中途离开了。再加上最近他遭遇了女儿的去世和工作上的困境，所以，我们判定他是自杀的。"

"自杀？不！我的朋友大岛完池并不是自杀！"田井听后说道，"现场的情形也不能说明他是自杀，警察先生，因为你们忽视了一个至关重要的细节。"

你知道田井所说的"细节"是什么吗？

答案

细节就是大岛完池弹孔中流出的血的形状。如果他是在大风中自杀的话，伤口的血迹不会是在脸上形成一条血线，而且已经干硬了。风会使血迹污染面孔，渐渐洒到衣服上。由此判断大岛完池不是自杀，公园也不是第一现场。

🧠 自己作证

福尔摩斯和华生在屋外散步，走到一片小树丛的时候，忽然从树丛后跳出来一个全身上下湿漉漉的黑衣男人向他们求助。该男子激动地说自己的朋友落水了，自己跳下去救了半天也没救上来，只好来求助。

福尔摩斯和华生二话不说跟着男子一起向事发地点跑去。半小时以后，他们终于到达了发生事故的地方。这时，福尔摩斯注意到那个男人的衣服都快结冰了，他连忙把自己的大衣脱下来给他穿上。至于那个掉进湖中的朋友，因为大雪不止，破裂的冰层上已经结了一层薄冰，又经过了这么长时间，大家都明白失足落水的人已经没有生还的希望了。

男子见状，立即扑倒在地，伤心地大哭起来："杰克，我来晚了！"福尔摩斯拉住他说："算了吧，别再装了！你虽然精心策划，但还是留下了破绽。"

华生不解地问："照冰层的裂口看，不像人工切割的样子，你怎么判断他的朋友是被害死的呢？"福尔摩斯微笑着说："单从冰层上看确实是自然破裂，但这并不能说明他的朋友是失足掉下去的。根据我的判断，很有可能是被他杀害以后，扔到水里面去的！"

你知道大侦探为什么能识破杀人犯的诡计吗？他在哪里露出了马脚？

答案

其实，判断的依据非常简单：该男子出现在树丛里的时候浑身湿漉漉的，而事发地点距离他出现的地方有半小时路程，如果他真是跑出来求救的，应该全身都冻得结冰才对。由此可以断言，那个朋友是他推下去的，或者在别处杀害以后再推下去的，而他自己则在某个地方弄湿衣服，出来呼救的。

🧠 蚂蚁破案

一天，福尔摩斯先生正在家中进行自己的科学试验，突然有个男人跑到了自己的家中："天啊！神探福尔摩斯先生，请您帮帮可怜的我吧！"

福尔摩斯赶紧让他坐了下来，然后让男人将事情详细地说出来。原来，男人是个非常有钱的大富翁，他有一个女儿和一个儿子。但昨天的时候，自己最疼爱的儿子却被人杀死了。妻子因为无法承受这样的打击心脏病发作直接住进了医院。警察局查了一天也没有任何的结果，他们竟然想要说富翁的儿子是自杀的！富翁哭着哀求福尔摩斯："我那可怜的儿子每天的生活都充满着笑容，他不仅爱自己，也爱自己的家人，他不会这么狠心让自己年迈的父母如此伤心的！"

福尔摩斯的眉头皱了起来，他决定跟随富翁到凶杀现场去看一下。一路上富翁将自己的家庭情况详细地告诉了福尔摩斯，甚至连谁有什么病都向他说了一遍。可怜的富翁说："我不知道这对您办案有什么帮助，但我希望您能帮助我那可怜的儿子摆脱自杀的说法，他可是个基督徒，要知道，自杀的基督徒是要下地狱的啊！他那么有爱

心，是不应该受到这种惩罚的！"

福尔摩斯一边安慰他，一边细细地想着其中的缘由。到了现场之后，福尔摩斯看了一下杀死富翁儿子的那把刀。刀柄上面的布里还有许多蚂蚁在爬来爬去。福尔摩斯看到这种情况，他心里便有了答案 "您刚才告诉我说，您的女婿有糖尿病是吗？"

"是的啊，这和我儿子的死有关吗？"

"如果我没有猜错的话，您不仅失去了亲爱的儿子，也将失去卑劣的女婿。因为杀死您儿子的人就是他！"

富翁被福尔摩斯的话惊呆了，但听过他的解释之后，富翁只得相信这样的事实。

请问，您知道为什么福尔摩斯说富翁的女婿是凶手吗？

答案

想要解答这道题，就要了解一些医学常识：患有糖尿病的人体液中含有过多的糖分。

在作案的时候，不要说是一个患病的人，就算是正常人手中也会因为紧张而出汗的。蚂蚁喜欢吃甜东西，而且含有糖分的汗水浸湿了刀柄上的布，由于糖尿病患者的汗水中含有大量糖分，所以这些被汗水浸湿了的绷带吸引了一些蚂蚁。而富翁的女婿不仅患有糖尿病，而且还有继承权上的作案动机，所以福尔摩斯说凶手就是他。

诡秘敲诈

上午9点半，肖恩在办公室接到一个电话，电话中传出妻子凄惨的呼救声："肖恩、肖恩……"接着话筒好像被别人夺了过去，是一个男子阴阳怪调的声音："肖恩，要想让你太太安然无恙的话，立即拿出5万英镑。10点20分，一个叫西蒙的人来找你，把钱交给他。如果你敢报警，小心你的妻子！"说完，电话就被挂断了。

肖恩非常担心妻子的安危，她的哭泣声让肖恩心碎，他顾不得许多了，立即到商店买了一只蓝色的小皮箱，随后便到银行取了5万英镑。10点20分，果然有一位男子走进肖恩的办公室，他恶狠狠地盯着肖恩，说："我是西蒙，钱准备好了吗？"肖恩惊恐地问道："我的妻子怎么样了？""她活着，如果你想报警也可以，不过那样的话……"西蒙面庞狰狞、眼露凶光地看着肖恩，说道："你就替你的妻子收尸吧！"

西蒙拿到钱离开了肖恩的办公室，肖恩急忙往家里打电话，可是怎么也打不通。他心里非常担心，心想：妻子会不会……他不敢往下想，他决定马上回家。当他赶到家里时，看到安妮正在和警察交谈。

"哦，肖恩先生，您太太已把事情经过全告诉我了，什么一个男人和一个您给那人的那只装钱的蓝色皮箱，但她怎么也讲不清。现在请您详细讲一讲，到您办公室去的那个男子的外貌特征，以及您给他的那只装钱的皮箱是什么样子？"于是肖恩把事情的经过从头至尾详细地叙述了一遍。

夜晚，劫后重逢的肖恩和妻子安妮亲密地饮酒交谈着，突然肖恩好像突然想起了什么，"呼"地从椅子上弹了起来，拨通了警局的电话。"肖恩，你怎么啦？你发现什么新线索了吗？"安妮问道。只见肖恩的脸一下子变得铁青，非常生气地说道："是的，我请他们来审查你！"安妮吓得全身发抖，惊恐地问："我？亲爱的，你什么意思？你喝多了吧！""别演戏了！我很清醒，你和那个叫西蒙的家伙一起串通来敲诈我！"肖恩怒不可遏地叫道。

果然如肖恩所说，在警官的审问下，安妮只好交代了实情。

请问，你知道肖恩是怎么发现破绽的吗？

答案

肖恩从电话里得知安妮的消息后，就再也没有和安妮通过电话，而安妮又怎能知道他把钱装进了新买的蓝色皮箱交给了西蒙的呢？显然她是从西蒙那里获悉的。结论非常清楚：安妮与西蒙合谋敲诈自己的丈夫肖恩。

🧠 吊在梁上的人

在一天早上，酒吧的服务员来上班的时候，他们听到顶楼传来了呼叫声。一个服务员奔到顶楼，发现领班的腰部束了一根绳子被吊在顶梁上。这个领班对服务员说："快点把我放下来，去叫警察，我们被抢劫了。"这个领班把经过情形告诉了警察："昨夜酒吧停止营业以后，我正准备关门，有两个强盗冲了进来，把钱全抢去了。然后把我带到顶楼，用绳子将我吊在梁上。"警察对他说的话并没有怀疑，因为顶楼房里空无一人，他无法把自己吊在那么高的梁上，地上没有可以垫脚的东西。有一部梯子曾被盗贼用过，但它却放在门外。可是，警察发现，这个领班被吊位置的地面有些潮湿。没过多长时间，警察就查出了这个领班就是偷盗的人。想一想，没有别人的帮助，这个领班是如何把自己吊在顶梁上的？

答案

他是这样做的：他利用梯子把绳子的一头系在顶梁上，然后把梯子移到了门外。然后他从冷藏库里拖出一块冰块带到顶楼。他立在冰块上，用绳子把自己系好，然后等待冰块融化。第二天当服务员发现他的时候，冰块已完全都融化了，这个领班就被吊在半空中。

创意力

创意力是运用一切已知信息，生出某种新颖、独特、有社会或个人价值的产品的能力。创造性思维往往与创造活动联系在一起，是分析思维和直觉思维的统一。

创意力是通过发散思维和集中思维的综合思考而来。创意的基础是逻辑思维。逻辑思维是一种思维规则和思维形态，是一种人脑的理性思维活动。逻辑思维是把人脑获得的对事物的认识和相关信息，通过判断形成一定的逻辑关系，从而产生了新的认识。如果说创意思维是多谋，那么逻辑思维就是善断，通过对事物的逻辑关系的推断，从而产生创意力。

创意力是对传统思维的一种改变，是打破常规的思维方式。创意力是成为未来人才的关键因素，在中国这样一个传统教育的国家里，学校教育缺乏创意力的培养。因此，自觉提升创意力对个人的成长意义重大。

创意力思维只有不断地训练，才能形成，并非一朝一夕之功。因此注重有效的训练方法非常重要。下面介绍几种常用的方法：

一是，相互激励思考法。一个人的思维总是有限的，通过集体的思考方法，大家相互激发灵感，形成一个创造的源泉。

二是，图表法。用线条、颜色、符号、数字、模型等等内容，将自己的创造表现出来，激发扩散性思维。

三是，逆向思维法。通过得到的结论，反向思考问题，打开思路。

四是，列举法。把思维对象的优缺点都举例出来，这样更能一目了然，有助于发现新的创造。

五是，发散思维法，可沿着各种不同的途径去思考，探求多种答案的可能性。

怎样画线

有一条纸带，要在它的正面和背面，一笔画出一条线，而画线时，不许从纸带的一端画到背面去，怎样才能画出来呢？

答案

将纸条的一端翻转180°，然后与另一端粘在一起，一笔就将纸条的正反两面画上了一条直线。因为这时，这个纸圈与正常的纸圈不一样了，正反两面是连在一起不分你我了。

巧过独木桥

有个农民挑了两竹筐的柿子去集市上卖，他的生意很好，没过多久就卖完了。于是，他就担着竹筐往家走，当他来到一座独木桥上时，看到对面来了个孩子，他心想：要不在那儿一会儿工夫，让孩子先过桥吧，于是他准备转身往回走，可是他回身一看，后面也来了个孩子。就在进退两难之际，这个农民急中生智，想到了一个非常绝妙办法，不但三个之中谁也不用后退一步，而且还能顺顺利利地通过独木桥。

请问：你知道这个农民用的是什么方法吗？

答案

因为农民担的是空筐，所以他让两个孩子分别坐在一个竹筐里，然后这个农民把竹筐前后调一下，这样就把两个孩子给换了过来，这样谁也不用后退了。

十个马圈

请你把九匹马平均放在十个马圈里，并让每个马圈里的马的数目都相同，怎么办？

答案

把九匹马放到一个马圈里然后在这个马圈外再套九个马圈。

盆里的馒头

盆里有六只馒头，六个小朋友每人分到一只，但盆里还留着一只，为什么？

答案

一个小朋友连盆端着了。

孩子变猴子

很久以前，有个商人，他需要处理一些事情，但必须要到外地去，他有一袋子的金币，带着走又不方便，放在家里又有人来偷，很不放心。最后，他想到了他的好朋友，于是就把这一口袋金币托付给一位好朋友来代为保管。这个商人一去就是好几个

星期，当他回来的时候，朋友就把口袋还给了他，他并没有当场打开袋子，待他回到家中打开口袋一看，却发现金币全部都变成了铜币。

又过了半年时间，那位朋友要出远门，但他三岁的儿子就无人照顾了，于是他就把儿子托付给了商人来照看。朋友要出门二天，待朋友走后的第二天，商人就出去买来了一只猴子，把小孩儿身上的衣服和饰物都穿戴在了猴子的身上。等到朋友晚上回来抱孩子时，商人一脸真诚地说："你的孩子已经变成了猴子。"

朋友十分惊讶，也不肯相信，只听他大声地冲商人喊道："人怎么能变成猴子？你赶快把我的孩子还给我！"

可这时商人不紧不慢地说了一句话，就使得朋友乖乖地把那袋金币交了出来。

你知道商人到底说了一句什么样的话吗？

答案

商人在听了朋友的话以后，就马上说道："这怎么不可能啊？你看，在金币能够变成铜币的地方，人变成猴子，这又有什么好奇怪的呢？"所以，朋友为了将自己的孩子领回，他就不得不承认错误，乖乖地将金币交了出来。

🧠 和尚分粥

有一座山上有一个庙，由于年久失修，庙里的和尚也越来越少了，最后只剩下了六个和尚，他们每天会轮流派一个人分粥。可是慢慢的，大家就发现了一个问题，那个分粥的人总会有些偏心，给自己或者关系比较好的朋友多分一些。为了改变这种情况，就另外派了一个人来监督。采用这种方法，刚开始的时候，效果还挺好，改善了不少，可是过了一段时间后，大家就又发现监督的人出现受贿的问题，分粥的人给监督者多分一些粥，监督者就不会再管粥分得是否公平。于是他们商量后又做了一个决定，就是轮流监督，可是到最后，问题依然存在。后来他们决定成立一个三人的监督小组，粥分得公平了，可是新的问题又出现了，就是每天为了分粥的问题忙得不可开交，等到吃饭的时候粥早就凉了。

有一天，庙里来一个香客，看到这种情况后，就给他们提出了一个很简单的方法，使得他们分粥平均了起来。其实有的时候，简单的才是最有效的。你知道是什么样方法吗？

答案

先由分粥的和尚把粥分成六份，然后让剩下的五个人先选择，最后剩下的那一份留给分粥的和尚，这样分粥的和尚为了自己的公平，就必须把每份粥分得平均。

一笔连圆点

游戏要求：请用6条直线一笔将16个圆点连起来。

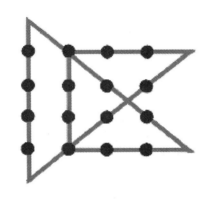

生死阄

从前，有一个国王，他手下有两个大臣，一个好，一个坏。坏大臣为了独自掌权，总想把好大臣害死。有一天，他在国王面前讲了好大臣很多坏话，国王偏听偏信，决定第二天用抓阄的办法来处理好大臣。办法是：命令好大臣从盒子里任意抓一个阄，而盒子里只有两个阄，一个写"生"，一个写"死"，抓到"生"就活，抓到"死"就死。

当天夜里，坏大臣逼迫做阄的人把两个阄都写成"死"，这样，好大臣无论抓到哪个阄都得死。坏大臣走后，做阄的人就偷偷地给好大臣送了信。请好大臣自己想办法。

请问：好大臣在抓阄时，要想什么办法，才能免于处死呢？

随便抓一个，吞到肚子里。

国王只知道盒子里装的一只是"生"阄，一只是"死"阄。吞下去的那只是什么阄呢？国王无法知道吞下去的是什么阄，只能通过另一只阄来推断。既然另一只是"死"，吞下去的一定是"生"了。于是，通过这个办法，好大臣可免于一死。

硬币的奥妙

总共有10枚硬币，在桌面上把它们交叉摆成两行，一行5枚，一行6枚。规定只能移动其中的两枚，使纵横两行都有六枚硬币，怎样移动呢？

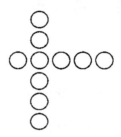

答案

把最右侧的一枚硬币移动到最左边，把最下面的硬币移到中间那枚硬币的上面。如果只把思维限制到平面移动是解决不了这个问题的，这时需要有立体的思维方式，把硬币重叠。

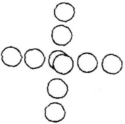

剪绳子

一条绳子，长12m，需要用2m的长度做一根跳绳，很明显这根绳子能做6根跳绳？试问：如果用剪刀剪开，有几种剪法？要剪几次？

答案

（1）用一把剪子一次剪下一根，共剪5次。

（2）首先可以从这根绳子中间剪开，变成两根短绳，再把两根绳子对齐并在一起，再剪两刀就成6根，共剪了1＋2＝3（次）。

（3）首先把这条绳子按照4m的长度剪开一根，2刀剪3根，再把3根绳子对齐并在一起，再从中间剪一刀，就成了6根了，共剪2＋1＝3（次）。

（4）首先把这条绳子按2m长来回对折，然后，再两头各剪一刀，就成了6根了，剪2次。

（5）用1m长的绳子为基准，然后来回对折，最后将两个端点放下，在折点处剪一刀，就成了6根。

🧠 树上还有几只鸟

这是一个古老的问题："树上有10只鸟，打死1只，还有几只？"你能想到多少种答案，并且都能给出合理的解释？

答案

（1）打死1只，还有9只，原来只有一只是活的，其他的都是石鸟，是固定上去的；

（2）1只也没有了，打死了一只，其他的都被吓跑了；

（3）只有1只死鸟挂在了树上；

（4）还有9只，枪是无声的；

（5）还有2只，鸟窝里的2只雏鸟还不会飞；

（6）9只，天气不好风雨交加，其他的鸟都没有听到声音；

（7）还有1只聋鸟；

（8）还有10只，它们都已经飞不起来了；

还有……

🧠 如何分汤

两个犯人被关在监狱的囚房里，监狱每天都会给他们提供一小锅汤，让这两个犯人自己来分。起初，这两个人经常会发生争执，因为他们总是有人认为对方的汤比自己的多。后来他们找到了一个两全其美的办法：一个人分汤，让另一个人先选。于是争端就这么解决了。可是，现在这间囚房里又加进来一个新犯人，现在是三个人来分汤。因此，他们必须找出一个新的分汤方法来维持他们之间的和平。

请问：应该如何？

答案

想要使三个人都得到心理平衡，分汤的方法就必须要公平、公正、公开。因此，可以得出以下结论：

第一步：让第一个人将汤分成他认为均匀的三份。

第二步：让第二个人将其中两份汤重新分配，分成他认为均匀的2份。

第三步：让第三人第一个取汤，第二人第二个取汤，第一人第三个取汤。

图书馆搬书

大不列颠图书馆是世界上藏书数一数二的大图书馆。据说，大不列颠图书馆要从旧馆搬到新馆，搬迁预算费用为300万英镑！一个馆内管理员听说后，就向馆长保证说：如果把这事包给我，只要给我150万英镑就可以了，并且保证在规定时间内把全部图书按要求搬运完毕。馆长说：如果你能按规定要求搬完图书，按你所说，给你150万英镑，搬迁剩下的费用全部给你个人。这么大的事，口说无凭，立字为证。

这个管理员是怎么做到的呢？

答案

第二天，这位管理员打出了这样一个广告：

自即日起凡在大不列颠图书馆借阅图书一律免费，但一定要在规定时间内到新馆送还。

广告打出后，读者借阅踊跃，在规定时间内，旧馆内90%以上的图书就移到了新馆，剩下的图书用车搬完，整个费用还没用去10万英镑！这样140多万英镑的钱就进入了这个管理员的口袋。也就是说，这个管理员只是用了一下自己的智慧，就轻松地赚到了一笔巨款！

暴风雨的晚上

你开着一辆车。

在一个暴风雨的晚上。

你经过一个车站。

有三个人正在焦急地等公共汽车。

一个是临死的老人，他需要马上去医院。

一个是医生，他曾救过你的命，你做梦都想报答他。

还有一个女人／男人，她／他是你做梦都想娶／嫁的人，也许错过就没有了。

但你的车只能再坐下一个人，你会如何选择？

我不知道这是不是一个对你性格的测试，因为每一个回答都有他自己的原因。

老人快要死了，你首先应该先救他。

你也想让那个医生上车，因为他救过你，这是个好机会报答他。

还有就是你的梦中情人。错过了这个机会。你可能永远不能遇到一个让你这么心动的人了。

你能想出一个最好的办法吗？

答案

给医生车钥匙，让他带着老人去医院，而我则留下来陪我的梦中情人一起等公交车！

每个我认识的人都认为以上的回答是最好的，但没有一个人（包括我在内）一开始就想到。

谁的马慢

一次，英国的一个马术培训学校在学生中开展了一项训练学生马术的游戏。训练师把学生分成两组，然后让他们一对对地比赛看谁驾驶的马慢，谁就是获胜者。可是，在比赛过程中，由于学生们的技术都不错，他们驾驶的马几乎停滞不前，比赛进行了很长时间还没有结束。

于是，训练师想了个办法，既保证能选出最慢的马，又能让比赛尽快结束，请问你知道是什么办法吗？

答案

让两组学生把马相互交换一下，这样每个人骑的马就是另一组学生的。这样，每个人都希望目前所骑的马跑快一点，快过对方，自己才能获胜。其实这样已经把"比慢"变成了"比快"，既能选出优胜者，又能让比赛尽快结束。

聪明的阿里巴巴

一个老财主常想方设法压榨穷人。一天，他对一个小羊倌说："今天你带上400只羊到市场去卖，到晚上时，要把卖的钱和400只羊全部赶回来。不得有误，去吧！"小羊倌一边赶羊上路，一边垂头丧气地想，这回我完了，怎么办呢？这时，阿里巴巴恰巧从路旁经过，问小羊倌为何这么无精打采。小羊倌说明情由，阿里巴巴大笑说："不难不难，让我告诉你怎么做。……"小羊倌一听，高兴地叫了起来："对呀，太对了。"你知道阿里巴巴想出的是什么好办法吗？

答案

阿里巴巴的好办法是把羊赶到市场，剪下羊毛卖掉，然后把羊一只不少地赶

回来。

携带钢管

在我国，乘坐火车时有一项规定：旅客所携带的所有物品长宽高都不能超过1米。但现在有个人拿了一根直径为2厘米，长度却为1.7米的钢管，按规定来说是无法携带上火车的。

请问：你能想办法在不截断钢管的基础上，使他能够合理而合法地携带这根钢管上火车吗？

答案

其实在面对这样的题目时，不应该只想着怎样才能将钢管改变形状以使钢管满足题中要求，而应从另外的思维角度来解决问题。找一个长宽高都是1米的正方体纸箱，然后将钢管斜着放进去。因为1米见方的箱子对角线正好超过了1.7米，这样便符合乘坐火车的规定了。

如何填满整个房间

有一个已经病入膏肓的富翁。他把三个儿子叫到自己的床前，并对他们说道："我年纪大了，打算把家业交给你们其中的一个人经营，但我不知道在你们三个之中，谁更聪明？"

于是，富翁分别递给三个儿子10元钱，且对三个儿子说道："你们各自拿着这10元钱去买一种东西，所买的东西价格不仅不能超过10元钱，还要把我们住的这间大房子填满。谁填得最满，谁便能够继承家业。"

就这样，三个儿子分别拿着钱离开了。

半个小时以后，大儿子回来了，他一边扛着一棵大树，一边对父亲说道："我用了10元钱买回一棵茂盛的大树，它能够填满这个房间。"听到他的话语，富翁微笑着摇了摇头。

一个小时之后，二儿子回来了，他对父亲说道："我用5元钱买了一车草，可以填满整个房间。"富翁依然摇了摇头。

等到天黑的时候，小儿子才急忙赶了回来，但却好像什么也没买。富翁向他问道："你买了什么呢？"小儿子二话不说，从口袋中拿出一种东西。大家均认为小儿子的东西能够填满整个房间，而且，小儿子仅仅用了2角钱。

富翁露出了笑容，并把自己的家业传给聪明的小儿子。你知道小儿子买的是什么东西吗？

答案

小儿子买的是蜡烛。

什么东西能够填满整件屋子？这种东西一定是无形的，毕竟有形的东西是难以填满房间的，于是，聪明的他想到了光，光能够照射到房间的每个角落。

老人扔鞋

在一辆高速行驶的火车上，有位老人不小心把刚买的新鞋从车窗掉出去一只。周围的人见此，纷纷发出惋惜声，还有人好言劝慰老人，要他想开些。老人果真很想得开，不但没有难过，反而笑呵呵地拿起另一只新鞋，一下从窗口扔了下去。那些人十分诧异，几乎齐声追问："你这是干什么？这可是新鞋啊！"老人依旧笑眯眯的，对着大伙说出了自己的想法。

请问，老人是怎么想的？

答案

原来，他的鞋丢了一只，那么剩下的这只鞋不管有多贵，对他来说都没有价值了。但如果把这只鞋扔下去，与刚才丢掉的鞋相距不远，万一有人捡到，还可以穿。

楼道里的灯

A小区的B栋楼的一楼楼道里有三个开关，其中一个可以打开楼上楼道里的灯。你的任务是找出哪个开关能开楼上楼道里的灯，不过你只有一次机会去楼上检查灯是否开了。你能想出如何找到正确开关的方法吗？

答案

这个问题的关键是了解打开后的灯泡会传递哪些重要信息：（1）产生光；（2）产生热；（3）在关上灯后数分钟内灯泡还能留有余热。

知道了这几点，你很容易就会发现答案。首先，打开开关1并让它开几分钟，这样相应的灯泡就会热了。然后，关上开关1再打开开关2，再赶紧到阁楼去。亮着的灯是开关2控制的，暗着但是发热的灯是开关1控制的，剩下一个就是开关3控制的了。

推销木梳

四个推销员去寺庙向和尚推销木梳。第一个人很快回来了，一把都没卖掉，他说："和尚没头发，不可能用木梳。"第二个去了后，看到不少前来烧香的香客，他

们的头发被风吹乱了，没法梳理。他见机行事，向香客推销木梳，结果卖了十来把。第三个人到寺庙观望了一会，有了点子，他站在庙门外，将木梳作为纪念品向香客兜售，居然卖出去一百把。轮到第四个人，他在寺庙竟然卖出了一千多把。其他三人十分好奇，他是如何做到的？其中一人问："你把木梳卖给谁了？""和尚。"其他三人很奇怪，"和尚？哪有那么多和尚需要木梳？"

请问第四个人是怎样说的？

答案

第四个人笑着解释道："我将木梳刻上对联和方丈的名字，用作方丈回赠香客的纪念品。"

如何分袜子

有两位盲人，他们都各自买了两双黑袜子和两双白袜子，八双袜子的布质、大小完全相同，而每双袜子都有一张商标纸连着。两位盲人不小心将八双袜子混在一起。他们每人怎样才能取回黑袜和白袜各两双呢？

答案

将八双袜子一双一双地拆开，每人在每双袜子中拿一只，这样，最后每人手里都是四白四黑。

特殊的求职信

一位女士在她27岁时，想应聘一家国际排行50强的4A公司的广告创意员。她没有任何行业经验，当朋友们听了她的打算后，无不认为她在痴人说梦。但她没有退缩，而是经过一番思索，寄出了自己的求职信。这不是一封普通的求职信，而是一件包裹。她向所有她中意的公司各投递一件，并且直达公司总经理。可想而知，一件包裹在成堆的千篇一律的信封中，无疑鹤立鸡群，一下抓住了所有的好奇视线。当打开包裹时，里面的东西更是让人跌破眼镜——只有一张薄薄的纸尿片。

请问她在纸尿片上写了什么？

答案

她在纸尿片的正面写着："在这个行业里，我只是个婴儿。"背面留了她的联系方式。

这封特殊的"求职信"为她敲开了工作的大门，几乎所有收到这张纸尿片的广告公司老板，都在第一时间打了邀请面试的电话给她。无一例外，他们问她的第一个问题就是："为什么你要选择一张纸尿片？"她的回答像她寄出的"包裹求职信"一样富有创意，她说，"我知道我不符合要求，因为我没有任何经验，但我像这纸尿片一样，愿意学习，吸收性能特别强。而且，没有经验并不代表我是白纸一张，我希望你们能透过这个细节看到我在创意上的能力。"她成功了，她不但成为创意员，最后还成为创意副总监。

🧠 聪明的画家

从前，有个国王，瘸了一条腿，瞎了一只眼。他想得到一张满意的画像，便召来三名著名的画家为他作画。

第一位画家把国王画得仪表堂堂，把两眼画得炯炯有神，把两条腿画得健壮有力。国王一看，很不满意，气愤地说："睁着眼胡画，肯定是个拍马逢迎的骗子。"国王将画家杀掉了。

第二位画家把国王画得惟妙惟肖，简直像国王本人一样，瞎眼瘸腿一目了然。国王看过大发雷霆，说是有意讽刺他，把画像踩在脚下。画家也被国王杀掉了。

第三位画家是个聪明人，他心想：把国王画好，国王不满意，要杀头；把国王画坏，国王也不满意，也要杀头。我应该怎么办呢？

结果，他画了整整一天，当他把画交给国王时，国王十分满意，给了他许多赏赐。

试问：第三位画家是怎样画的呢？

答案

画国王正在打猎。国王端着猎枪，瘸腿踩在石头上，瘸腿看不出来了。瞎眼闭着，用另一只眼睛向猎物瞄准，瞎眼看不出来了。既描写了真实，又给国王遮了丑，所以国王十分满意。

🧠 推销冠军

有位推销员，是某家销售不易破碎杯碟公司的职员，5年来，他的销售业绩一直高居榜首。每年年终，公司都会举办表彰大会，请业绩突出的职员谈谈自己的成功之道。这位推销员自然是第一位演说人，他每次都对其他推销伙伴致辞，但对于自己实际推销的技巧，却避而不谈。第六年年终，又开始举办表彰大会了。这次，同事们和公司上司再次将他推到首席位置，并诚恳地请求他谈谈自己的推销秘诀。他终于被打动了，致辞中说："其实也没什么，我就是在介绍完公司产品之后，拿出十多件不易

破碎的杯碟，用力向地上掷下。客户目睹了杯碟丝毫无损，自然非常相信我们的产品，也就有信心签下订单。"众人听罢，一副恍悟神色。第二年，公司的所有推销员纷纷采纳他的技巧，销售业绩节节攀升。奇怪的是，一年下来，推销冠军依然是他。这是怎么回事？又到年终，大家再次请他谈谈营销之道。

请问：他的营销之道又是什么？

答案

这次，他笑着说："我现在已经不再自己掷杯碟了，而是改请客户自己掷。"

推销冠军之所以屡屡成功，就是因为他懂得营销创意。

为了偷懒的发明

发明家斯托特在明尼苏达州读书的时候，为了免交房租，替房东照管锅炉。每天清晨四点，闹钟一响，只要他跑到地下室去打开炉门，关上风门，然后把火烧旺，使房子暖和起来，工作就完成了。可是，这件简单工作背后隐含着很大的辛苦。因为每天四点钟起床，实在是太早了，而且气候寒冷，冒着严寒去地下室也是个挑战。所以，斯托特工作几天后，就不停地想，怎样既不耽误工作，又能睡个好觉呢？

为了能够躺在被窝里"偷懒"，他想出了一个好主意。他用一根长绳拴住炉门，把绳头从窗子拉进卧室，每天清晨闹钟一响，他躺在被窝里拉一拉绳子就行了。这个办法顺利实施了几个星期，然而一天早上，绳子拉断了，他不得不又每天早上继续吃苦头。他觉得必须改进自己的办法，永久性地避免受苦。

请问：他是怎么做到的呢？

答案

经过再三思索，他决定直接把闹钟放进地下室，做一个类似老鼠夹子的机关，将发条钮支一根木棍，木棍的一端系着一根连接炉门和风门的绳子。这样，闹钟一响，发条钮就转动，木棍倒下，牵动炉门打开。试验成功了，斯托特再也不用早起去地下室了，他把自己发明的这套装置叫作"钟控锅炉"。后来，"钟控锅炉"在世界上得到广泛的应用。

取滚珠

实验课上，李老师布置了一个有趣的任务：在一段两端开口的透明软塑料管内，装有9颗大小相同的滚珠，其中有5颗是红色的，有4颗是黄色的，且红色的5颗在中间，两边分别有两颗黄色的滚珠。整段塑料管的内径是均匀的，只能让一个滚珠勉强通过。你要想尽一切办法把红色滚珠取出来，且不得先取出黄色滚珠，又不可切断塑料管。该怎么办呢？

答案

由于塑料管是软的，可以把塑料管弯过来，使两端的管口互相对接起来，让两颗黄色滚珠滚过连接处，滚进另一端的管口，然后使塑料管两头分离，恢复原形，就可以把红色滚珠取出来了。

燃香计时

有两根不均匀分布的香，每根香烧完的时间是一小时，你能用什么方法来确定一段15分钟的时间？

答案

同时点着A的两端和B的一端，当A烧尽时开始计时，并同时点着B的另一端，直到B烧尽，即为15分钟。

炮车如何过桥

在战场上，双方的激战到了最后的时刻，双方都想尽快结束战斗，其中一方为了能够尽快地结束战斗并取得最后的胜利，所以就派出了威力强大的炮兵来协助作战。可是他们却遇到了一个难题，就是当炮车队要通过一座桥梁时，却发现桥头立着的一块石碑，在上面醒目地写着这座桥的最大载重量是25吨。可是，每辆炮车的重量都是10吨，再加上20吨重的大炮，其重量明显已经超过了桥的载重量。这下可怎么办才好，所有人都在努力地想办法，可还是无能为力。就在所有人一筹莫展的时候。参谋长却突然说话了，他提出了一个可行的方案。士兵们按照他的方法竟然很快就开过了这座桥，而且也因为这样，他们的军队取得了最后的胜利。

请问，你知道参谋长是如何使炮车和大炮顺利地通过桥梁的吗？

答案

参谋长的办法是这样的：用比桥还要长的钢索，系在炮车与大炮之间，这样二者的重量就不会同时压在桥上了，也就自然可以顺利地用炮车将大炮拖过桥去了。

跳槽

A和B是要好的朋友，有一次，A由于没有完成任务，遭到公司经理严厉批评。A十分生气，对B说："我要离开那家公司，我恨那家公司！"B听了，建议道："我举

双手赞成你报复！破公司一定要给它点颜色看看。不过你现在离开，还不是最好的时机。"A不解，问："为什么？"

请问B接着是怎么回答的，能让A好好工作并最终能留在公司发展？

答案

B说："如果你现在走，公司的损失并不大。你应该趁着在公司的机会，拼命去为自己拉一些客户，成为公司独当一面的人物，然后带着这些客户突然离开公司，公司才会受到重大损失。"

A正在气头上，觉得B说得很有道理，于是他接受了这个建议，开始努力工作。事遂所愿，通过半年多的努力工作之后，他有了许多忠实客户，业绩节节攀升。有一天，A又遇见了B，B问A："现在是时机了，要跳槽就赶快行动哦！"A淡然笑道："老板跟我长谈过，准备升我做总经理助理，我暂时没有离开的打算了。"

聪明的宋国人

春秋时期，宋国有个人，家里有专门治疗手足冻裂的祖传秘方。一位聪明的先生听说了，他灵机一动，花高价去购买这个秘方。那位先生拿到秘方后，没有开设医馆治疗普通病人，请问，他要拿这个秘方干什么呢？

答案

他直接去见国君，要求奉献秘方。原来，当时宋国经常与邻国交战，一到冬天，由于气候严寒，将士们的手都冻坏了，连兵器都拿不动，怎么作战？因此屡屡失败。宋国国君见到秘方后，格外欣喜，连忙派人按照秘方配制药物，为将士敷用。结果，将士们用了药物后，手脚复原，再也不会冻伤，一口气打败了敌军。那位先生献方有功，宋国国君不但奖赏给他土地，还封他为侯，于是，他鱼跃龙门，名利双收。

一堆朽木

澳大利亚的某处政府为了重建城市，下令居民们挖出400多年前欧洲移民用于圈地的朽木。结果，这些朽木挖出后，像垃圾一样堆积在了各家各户门前，很长时间也没有合适的处理措施。此时，一个美国旅游团来到这里，有位旅客注意到了当地居民家门口的朽木，问明情况后，他立即意识到其中暗藏着巨大的商业价值。请问，他从中把握的商机是什么呢？

答案

经过一番思考，他想，将朽木处理加工成工艺品，肯定会受到欧洲人青睐。于是，他赶紧与当地居民们协商，对他们说："我想为你们处理掉这些朽木，你们同意吗？"居民们很高兴，齐声表示："太好了，只要能将它们弄走，我们就很感激。"旅客不费分文获得了一堆堆朽木，然后，他公开招标，让木器加工厂将朽木制作成各种工艺品。在工艺品制作过程中，他来到欧洲，在各国召开销售订货会。商人们对这一商品颇感兴趣，所有产品被订购一空。就这样，这位旅客赚了一千多万美元。

🧠 瞎琢磨的孩子

有个孩子，很爱瞎琢磨。有一次，他父亲带他去池塘摸鱼，对他说："你不要出声，静静地站在浅水里，一会儿就有鱼游过来了。要不然，鱼会游到深处去。"孩子按照父亲的吩咐去做，父子俩果然抓到了好几条鱼。第二天，父亲又要带孩子去抓鱼，孩子却不去了，他独自躲在房间里发呆，父亲见此，训斥一句："这么懒惰！"独自转身就走了。可是，孩子不为所动，沉思不语。傍晚，父亲回家时，孩子高兴地跳过来对父亲说："我有更好的办法了。"

请问这孩子的好办法是什么？

答案

原来，他从父亲的方法中受到启发，认为既然鱼听到动静会游向深处，何不利用这一特点，在水池深处挖个深坑，并在深坑布个渔网。然后从四面八方向池塘扔石子，这样鱼会游向深坑，拉起渔网，这样就不费力气地捕到很多鱼了。

🧠 借款1美元的富翁

一位先生到银行借款，额度是1美元。这让银行工作人员十分不解，因为此人穿着阔绰，举手投足间尽显富豪派头。于是，银行经理小心地说："尽管您只借1美元，可是根据规定，您必须交付一定担保。"那位先生一边点头，一边从皮包里取出股票、债券等，堆到柜台上说："这些担保可以吗？"银行经理清点一下后，惊异地发现这些东西价值50万美元，过了好一会儿才又结结巴巴地说："当然，足够了。不过，不过，您确定只借1美元？""是啊，1美元就够了。"那个人面无表情地说。这时，银行方面不明白为何拥有如此财富却偏偏只借1美元？为了保险起见，他们汇报给了银行行长。行长分析情况后，也觉得事有蹊跷，迫不得已亲自过来接见那位先生，问道："对不起，先生，我是这家银行的行长，我有一件事实在搞不懂，想向您请教。"

那位先生表示理解，于是行长说："我们实在有些疑惑，您拥有50万美元财产，

却只借1美元。要是您借得更多，我们也很乐意为您服务。"那位先生听到这里，呵呵笑了，他说："我明白你的意思了。"说完，他讲述了自己为何借款1美元的前因后果。

请问他为什么要怎么做？

答案

原来，他来到此地为了办事，可是随身携带着的这些票券很不方便，他有心存到银行的保险箱里，却发现租金很贵，因此，他就想到了通过借款，用票券作担保的办法。这样一来，既能保证票券安全，而借款1美元的年利息不过6美分。

四帖药方

有位先生，多年奋斗，事业有成，却陷入一种莫名其妙的空虚之中，他不得不去看心理医生，以求解脱。心理医生为他开了四个处方，对他说："你明天独自去海边，分别是上午9点、12点、下午3点、5点各服用一帖药，你的病情一定会好转。"

你觉得这四帖药方大概写了什么内容？

答案

9点钟，他打开了第一帖药，纸上写着两个字："聆听"。他坐下来静静地聆听风声、浪声。他感觉自己的身心就像被洗涤一般，顷刻间轻松明澈起来。

12点，他打开第二个处方："回忆"。于是脑海中浮现出从小以来的种种情况，既有少年时的天真无邪，也有青年时的艰苦创业，一幕幕场景让他感觉到了亲情、友情，在他内心深处不由重新燃起生命的热情。

下午3点钟他打开第三个处方："反省"。这两个字同样让他浮想联翩，他想到只顾赚钱，失去了工作的乐趣；他想到为了自身的利益，对很多人做出了伤害……这让他心情激越，感情起伏，久久难以平静。

5点，他打开最后一个处方，上面写了一行字："把烦恼写在沙上"。他明白了，于是在沙滩上写下"烦恼"两字，这时，一道海浪冲过，瞬间冲没了他的"烦恼"，只留下一片平坦，这位先生的心情顿时好转，心病一扫而光。

母亲们的救星

在维也纳广场，有一座产科医生赛麦尔维斯先生的雕像，他被人们称作"母亲们的救星"。他生活在19世纪中期，当时人们还没有发现细菌，更不知道病菌是怎么回事。在这种情况下，医生们无法正确认识产妇们生下孩子后为何会得产褥热，更不知道怎么去预防治疗。有一段时间，赛麦尔维斯负责的病房里有206位产妇，因产褥热死了36人，而且其他产妇也有不少人出现了患病症状。赛麦尔维斯带领助手竭尽全力予以救治，然而没有任何效果。这让他不停地自责，认为这是自己的责任。助手不以为然地说："我们已经尽了最大的努力，怎能怨我们呢？看来是他们的命运如此。"赛麦尔维斯斩钉截铁地否定了助手的话，"这不能归咎于命运，应该有办法解决这一难题。"

他开始着手寻求预防治疗产褥热的新方法。他发现了很多奇怪的现象，比如当医学院学生不来医院实习时，产褥热发病率会降低；当有些产妇在就医途中分娩，进院后不需要医生检查时也往往不会得产褥热。难道产褥热与医生有关？这一全新的想法使赛麦尔维斯十分震惊，恰在此时，他的一位好友在解剖产褥热患者尸体时，不幸割破自己的手指，也患上类似产褥热的病症，不治而亡。从这一事件中，赛麦尔维斯受到更深刻的启发。

请问他从中受到了什么启发，从而提出什么措施来解决产褥热？

答案

他受到的启发是，坚定了产褥热是某种毒物传染的结果。

于是在产科病房中实行消毒措施，果然取得了神奇的效果，产褥热死亡率大大下降。

后来，巴斯德发现了细菌，证实了赛麦尔维斯的正确。

推理力

推理是一种抽象的思维方式，是以前提条件作为基础的，即在已经知道的知识的基础上，通过一个或多个已知的事情进行分析和总结，推断出一个新的结果的过程。

推理能力是逻辑思维中的重要组成部分。尽管知识获得的途径非常复杂，但都不可能离开推理的思维方法。通过推理力的训练，可以使有效地进行思维，可以准确、完整地表达自己的思想，有助于掌握各种科学知识，提高自身的能力。

合理的推理方式，不同于猜测和联想。培养推理力关键是遇到了相关的问题，要启发孩子多问几个为什么，多引导自己动脑深入思考解决问题。通过推理力训练，让孩子学会独立思考，把握事物与事物之间的联系，从多角度思考问题，在分析问题和解决问题的过程中能够客观、冷静、迅速地得出结论。

🧠 山羊、狼和白菜

在很久很久以前，有个农夫带着他的山羊、狼和白菜要到另一个地方，在这个过程中，他要过一条河。可是，他的小船只能容下他和他的山羊、狼或白菜三者之一。假如农夫带着狼跟他先过河，那么留下的山羊就会将白菜吃掉。假如农夫带着白菜先过河，那么留下的狼就会将山羊吃掉，只有农夫在场的情况下，白菜和山羊才能与它们各自的掠食者相安无事地待着。

请问，农夫要怎样做才能把每件东西都带过河去呢？

答案

因为，山羊怕狼，而且会吃白菜，所以先从山羊开始入手，那么问题就容易解决了。

农夫先带着山羊到对岸，然后农夫独自回来。

农夫再把狼带到对岸，然后把山羊也带回来，放下。

农夫把菜带到对岸，然后农夫再回来。

最后再把山羊带到对岸，就可以了。

塘中取水

假设有一个池塘，里面有无穷多的水。现有2个空水壶，容积分别为5升和6升。问题是如何只用这2个水壶从池塘里取得3升的水。

答案

第一步：把6升的空水壶装满，倒入5升的壶，里面还剩1升；

第二步：把5升水壶里的水全部倒出，把6升水壶里剩下的1升水倒入装5升的水壶；

第三步：把6升的水壶再次装满，倒入5升的水壶，直至装满。5升水壶里原来有1升水，那么装满它还需4升，这样装6升的水壶里还盛下2升水；

第四步：再把5升水壶里的水全部倒出，把6升水壶里剩下的2升水倒进去；

第五步：把6升水壶装满，倒入装有2升水的5升水壶里，直至装满。6升水壶里就剩3升水了。

如何问问题?

有甲、乙两人，其中，甲只说假话，而不说真话；乙则是只说真话，不说假话。但是，他们两个人在回答别人的问题时，只通过点头与摇头来表示，不讲话。有一天，一个人面对两条路：A与B，其中一条路是通向京城的，而另一条路是通向一个小村庄的。这时，他面前站着甲与乙两人，但他不知道此人是甲还是乙，也不知道"点头"是表示"是"还是表示"否"。现在，他必须问一个问题，才可能断定出哪条路通向京城。

那么，这个问题应该怎样问？

答案

这个人只要站在A与B任何一条路上，然后，对着其中的一个人问："如果我问他（甲、乙中的另外一个人）这条路通不通向京城，他会怎么回答？"

如果甲与乙两个人都摇头的话，就沿这条路向前走去，如果都点头，就向另外一条路走去。

运动会

甲、乙、丙、丁四名同学在同一个班级，他们聚在一起议论本班参加运动会的情况。

甲说：我们班所有同学都参加了；

乙说：如果我没参加，那么丙也没参加；

丙说：我参加了；

丁说：我们班所有同学都没有参加。

已知四人中只有一人说的不正确，请问，谁说的不正确？乙参加了吗？

答案

　　甲的话和丁的话是矛盾关系，这样的两个命题，必然一真一假，所以不正确的一定在甲和丁之间。又因为只有一句是不正确的，这就意味着乙和丙都是正确的。丙参加了，这就意味着丁（我们班所有同学都没有参加）是不正确的，而且乙也参加了。

谁最适合

　　罗萨公主心目中的白马王子是高鼻梁、白皮肤、长相帅气的男士。她认识亚历山大、汤姆、杰克、皮特4位男上，其实只有一位符合她要求的全部条件。

1. 4位男士中，只有三人是高鼻子，只有两人是白皮肤，只有一人长相帅气。

2. 每位男士都至少符合一个条件。

3. 亚历山大和汤姆都不是白皮肤。

4. 汤姆和捷克鼻子都很高。

5. 捷克和皮特并非都是高鼻子。

请问：谁最适合罗萨公主？

答案

　　因为亚历山大，汤姆和皮特只符合一个条件，只有杰克符合两个条件，所以他当然符合第三个条件。

他懂计算机吗？

　　已知下列A、B、C三个判断中，只有一个为真。

A. 甲班有些人懂计算机。

B. 甲班王某与刘某都不懂计算机。

C. 甲班有些人不懂计算机。

请问：甲班的班长是否懂计算机？（注意：要有分析的过程。）

答案

　　甲班班长懂计算机。

假如C真，那么B也是真的。因为这三个判断中只有一个是真的，所以，C只能为假。

由C假推出：甲班所有人都懂计算机，当然，甲班班长也懂计算机。

女秘书

由于朗克总裁被杀，他的3位秘书玛丽、琳达和莉莉都受到警方的传讯。这3人中有一人是凶手，另一个人是同谋，第三个人则是毫不知情者。她们的供词说的都是别人，这些供词中至少有一条是毫不知情者说的，而毫不知情者说的是真话。她们的供词如下：

1. 玛丽不是同谋。
2. 琳达不是凶手。
3. 莉莉参与此次谋杀。

请问：这3位秘书中，哪一个是凶手？

答案

如果1和2是假话，则玛丽就是同谋，琳达就是凶手，莉莉是毫不知情者。那么3就是假话。

如果1和3是假话，则玛丽是同谋，而莉莉是毫不知情者，琳达就是凶手了，这样2也成为假话。

如果2和3是假话，则琳达就是凶手，而莉莉是毫不知情者，那么玛丽就是同谋，这样1也成为假话。

因此毫不知情者作了两条证词。

再进一步推测，如果毫不知情者作了2和3这两条供词，既然2、3是真的，那么1就是假的，可知玛丽是同谋与前面的结论相矛盾，因此这是不可能的。以此类推下去可以知道莉莉是毫不知情者，琳达是同谋，玛丽是凶手。

愚人节的谎言

每年的愚人节，小明都会上当受骗。今年他打算报复一下，也骗骗别人。可是他思来想去也不知道该怎样才能骗到别人。其实，只要说一句很简单的话就可以达到这个目的。

你知道这句话是什么吗？

答案

这样的话有很多，比如你可以说："我今天一定要骗到你。"如果你真的骗到了对方，那么你就成功了；如果你没有骗到对方，那么这句话本身就是一句假话，也就是骗了对方。

是否参加鉴定？

有一个工业公司，组织它下属的A、B、C三个工厂联合试制一种新产品。关于新产品生产出来后的鉴定办法，在合同中做了如下规定：

（1）如果B工厂不参加鉴定，那么A工厂也不参加。

（2）如果B工厂参加鉴定，那么A工厂和丙工厂也要参加。

请问：如果A工厂参加鉴定，C工厂是否会参加？为什么？

答案

C工厂参加鉴定。

如果B工厂不参加鉴定，那么A工厂也不参加；如果B工厂参加鉴定，那么A工厂和C工厂也要参加；A工厂参加鉴定。

1. 如果B工厂不参加鉴定，那么A工厂也不参加。

2. A工厂参加鉴定。所以，B工厂参加鉴定。

3. 如果B工厂参加鉴定，那么A工厂和丙工厂也要参加。B工厂参加鉴定。

所以，A工厂参加时，C工厂也会参加。

谁是凶手

千万富翁马顿被谋杀了，警察抓到了杰克和瑞德2名疑凶，另有4名证人提供了如下口供：

证人A说："杰克是清白的。"

证人B说："瑞德为人正直善良。他不可能犯罪。"

证人C说："A和B的证词，至少有一个是真话。"

证人D说："我可以肯定C的证词是假的，我不知道他有什么目的。"

警察最后经过调查，证实D说了实话。

你能推测出谁是凶手吗？

答案

杰克和瑞德都是凶手。因为D说了真话，所以可以认定C讲的是假话，既然如此，那么A和B说的都是假话，由此可以判断杰克和瑞德两个人都是凶手。

谁是老大

警察在车厢里发现一伙人赌博，他们是张三、李四、王五、阿七。在审问他们谁是老大时，他们的回答各不相同。

张三说："老大是王五。"

李四说："我不是老大。"

王五说："李四是老大。"

阿七说："张三是老大。"

经过了解，这伙人中只有一个人说的是实话，其他三人说的都是假话。

警长问他的部下："知道谁是老大吗？"

部下指着一个人说："是他。"

请问，你知道"他"是谁吗？

答案

如果张三说的是实话，那么李四说的也不错。但只有一个人说实话，张三、李四、阿七说的都是假话，只有王五说的是实话，李四是老大。

喜欢与不喜欢

在向阳中学，针对语文、数学、英语、历史四科做调查，其结果如下：

1. 喜欢数学的学生不喜欢语文。

2. 不喜欢英语的学生喜欢语文。

3. 喜欢英语的学生不喜欢历史。

根据这样的结果，请问下面哪个叙述是正确的？

1. 喜欢语文的学生喜欢历史。

2. 喜欢数学的学生喜欢历史。

3. 喜欢语文的学生不喜欢英语。

4. 喜欢历史的学生不喜欢数学。

答案

选4.

喜欢历史的学生不喜欢数学。

分析如下：

由3推出，喜欢历史的学生不喜欢英语；

又由2推出，不喜欢英语的学生喜欢语文；

再由1推出，喜欢语文的学生不喜欢数学。

因此，喜欢历史的学生不喜欢数学。

天使、人类和恶魔

一个天使、一个人、一个魔鬼聚到了一起。已知，天使总说真话；人有时说真话，有时说假话；魔鬼总是说假话。下面是他们之间的对话，请判断一下各自的身份。

甲说："我不是天使。"

乙说："我不是人。"

丙说："我不是魔鬼。"

答案

因为丙说："我不是魔鬼。"所以丙就是魔鬼。甲说："我不是天使。"他只能是人。而乙是天使。所以甲是人，乙是天使。丙是魔鬼。

同学聚会

甲、乙、丙、丁四位同学坐在酒吧里面，围着一张正方形的桌子喝酒，丁突然中毒身亡。对于警察的询问，每人各做了如下的两条供词：

甲：我坐在乙的旁边。不是乙就是丙坐在我的右侧，这个人不可能毒死丁。

乙：我坐在丙的旁边。不是甲就是丙坐在丁的右侧，这个人不可能毒死丁。

丙：我坐在丁的对面。如果我们当中只有一个人说谎，那人就是毒死丁的凶手。

警察在和酒吧的侍者交谈后，证实他们只有一人撒谎，也确实只有一人毒死丁。请问：到底是谁毒死丁了呢？

答案

经过推断甲、乙、丙、丁是逆时针方向依次而坐的，所以是丙把丁毒死的。

玛瑙戒指

有四个可爱的女子，其中一个是有妖性的女子，她常常撒谎。另外三个人却从不说谎。她们每个人都戴着一个戒指，其中一个人的戒指是玛瑙戒指，戴着它的人无论是有妖性的女子还是其他的女子都会说谎。而且她们都知道谁是有妖性的女子，谁是戴玛瑙戒指的女子。以下是她们之间的对话：

拉拉说："我的戒指不是玛瑙戒指。"

奇奇说："天天是有妖性的女子。"

天天说："戴着玛瑙戒指的是兜兜。"

兜兜说："天天不是有妖性的女子。"

你知道她们中间谁是戴着玛瑙戒指的女子么？

答案

因为奇奇和兜兜的话是相互矛盾的。所以她们之间必有一人说谎。假设奇奇说的是真话，那么兜兜的话就是假的，从奇奇说的话来看，天天是有妖性的女子，那就是说撒谎的兜兜戴着玛瑙戒指了。这样的话天天的话就不是假的。所以奇奇说的话应该是假的，天天不是有妖性的女子，兜兜的话才是真的。因为天天的话是假的，所以天天是戴着玛瑙戒指的女子，而奇奇是有妖性的女子。

帽子的颜色

一个牢房，里面关有3个犯人。因为玻璃很厚，所以3个犯人只能互相看见，不能听到对方所说的话。一天，国王命令下人给他们每个人头上都戴了一顶帽子，告诉他们帽子的颜色只有红色和黑色，但是不让他们知道自己所戴的帽子是什么颜色。在这种情况下，国王宣布两条命令如下：

1. 哪个犯人能看到其他两个犯人戴的都是红帽子，就可以释放谁；

2. 哪个犯人知道自己戴的是黑帽子，也可以释放谁。

事实上，他们三个戴的都是黑帽子。只是他们因为被绑，看不见自己的罢了。很长时间，他们3个人只是互相盯着不说话。可是过了不久，聪明的A用推理的方法，认定自己戴的是黑帽子。您也想想，他是怎样推断的呢？

答案

在国王宣布过第1条命令后，过了一段时间，仍没人被释放。因此，可以证明3顶帽子中没有2顶红帽，也可以说三个人中可能有2黑1红，或者3黑。于是出现了两种情况：假设A戴的是红帽，于是他就看见了2顶黑的。B和C都可以看见1黑1红。但是既然红的在A头上，那么B和C都是黑的。那么B和C早就能确定自己带的是黑帽。所以A不可能戴红帽。因此A推定自己头上戴的肯定是黑帽。因为只有出现3顶黑帽，才没有人敢确定红帽是否在自己头上。聪明的你想到了吗？

天外来物

一位地质学家无意间捡到了三块陨石：A、B、C。当他试着准备为这三块石头称重量的时候，他发现自己的手上只有一个天平和两个砝码：一个1两、一个5两。这怎么称出来呢？地质学家思考了半天。

首先，他分别拿出A和B放在天平上称，结果他发现A与B都不足4两，但无论他怎么量都测不出A、B的真正重量。

无奈之下，他又想了一个办法，把C放在了天平的左侧，将A、B放在右侧测量。然后他又重新安排三块石头的位置并用上了砝码。终于，三块石头的真正重量都被他测了出来。

你知道这位地质学家是如何测出来的吗？三块石头的重量又各是多少呢？

答案

答案虽然可能会有许多，但最合理且正确的答案却只有这么一组，如下：

他用1两和5两的砝码测量都量不出来，而且A、B两块石头都不足4两。说明如果A、B两块石头的重量都是整数，那么不可能是1两和4两。如果是2两和3两，那么有3种可能：2两、2两；3两、3两；2两、3两。而用两个砝码可以测出的重量有1两、4两、5两、6两。所以这三种情况都不可能，所以答案一定是"非整数"了！

他拿C和A、B一起测，这是他第一次量C；之后又只量了一次，就知道答案。可见最后这次一定是平衡，确认了重量。不过最后一次三块石头都放上去，但那时他都还不知道A、B的重量，所以在这之前有C的那一次，一定是确认了C和A、B的相对关系，这答案只有一个情况才能确定，那就是平衡！换句话说，有C参与的两次测量都是平衡的。第一次测量的结果是A加B等于C，确认了A、B和C的关系后第二次放了砝码，确认了重量。只有这样才能确定结果。

另外，他还可以量出A、B的和是否大于1两。如果和大于1两，他还有很多种量法。当他量出A、B的和等于C时，便知道他要想量出A、B、C的正确重量，只有当它们3个的和等于1的时候才有可能。也就是A、B、C的和要等于一两。于是他将A、B、C都放在同一边，另一边放一两的砝码，结果真的平衡，A加B等于C，那么C就等于0.5两，A等于B，于是A与B就都等于0.25两。

骗子公司

有这样一家骗子公司，其中员工分为两种人：一种是只说真话的老实人，一种是只说假话的骗子。听说到这个状况，一个记者心生好奇，于是便悄悄地来到了这个公司。正是午餐的时间，记者先与公司的老板闲聊了一会，接着又询问了正围坐在餐桌旁吃饭的每个员工同样一个问题："你左边的那个人是不是老实人？"每个人都回答："不是。"

之后，这个记者又询问老板公司共有多少人，老板说有25人。随后，记者就离开了这家公司，可是当记者回到家中时，突然想起忘记问老板是老实人还是骗子，于是便赶快打电话。结果公司老板不在，接电话的人是秘书，当记者问起公司到底是多少人的时候，那个秘书这样回答道："公司共有36人，我们老板是个骗子。"记者一时还真有点摸不着头脑，到底那家公司的老板是不是骗子呢？他的公司又有多少人呢？

答案

公司老板是个骗子，公司共有36人。具体的推理是这样的：

全公司的人都围在餐桌旁吃饭，并且都说左边的人不是老实人，但是公司却分为两种人，说真话的老实人与说假话的骗子。由此，可推出骗子说自己左边的人不是老实人，那证明骗子的左边必为老实人，而老实人说自己的左边不是老实人，那就证明老实人的左边就是骗子。所以，老实人和骗子一定都是交叉着坐的，并且公司的人数就应该是偶数。这样，老实人和骗子的数目才能相同。那么秘书的话就应该是对的，所以老板也是个骗子，公司共有36人。

胖瘦兄弟

神蛇岛上的人一共分为两个部族，一个是葫芦部族，这一族的人专门说假话，不说真话；一个是金蛇部族，这一族的人专门说真话，不说假话。一个探险者到神蛇岛去参观，刚一上岛，他就碰到两个人：一个胖头，一个瘦头，他们谁是葫芦部族的，谁又是金蛇部族的呢？

探险者灵机一动，用刚学会的当地土语问胖头："请问，你是金蛇部族的人吗？"胖头听了，叽里咕噜一阵乱叫，不知道说的是什么。探险者正纳闷的时候，瘦头开口说话了："我来翻译给你听吧，胖头说的是'是的，我是金蛇部族的人。'不过，我劝你不要相信他，他说的是假话。"

探险者一听就笑了，原来他已经知道谁是专爱说假话的葫芦部族的人了。

胖头和瘦头到底谁是葫芦部族的人呢？

答案

胖头是葫芦部族的人。

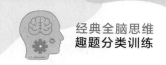
探险者的第一个问题问得实在精彩，因为无论胖头是葫芦部族的人还是金蛇部族的人，他都会回答"是的"，这个回答如果不是谎话，肯定就是真话。而瘦头的翻译正好说明他自己讲的是真话，所以胖头自然就是说假话的葫芦部族的人了。

秘籍与鬼见愁

从前，有一个习武的年轻人不小心跌入了一个深谷之中，他命大，并没有受多大的伤，在深谷中他发现一个洞穴，便走进去休息，在里面竟然发现了两个非常古老的旧箱子和一封信，信上写着："箱中的宝物将赠予有缘人。一个箱子里是一本武林秘籍——九华宝典，另一个箱子里装的是一种暗器——鬼见愁。如果谁得到了九华宝典，只要学会了上面的功法，他将成为武林至尊，打遍天下无敌手；但是如果谁打开了另一个箱子，就会被其中的暗器鬼见愁杀死，就是武功再高强的人也无法幸免。如果你与九华宝典有缘，按照箱子上的提示就能找到打开的方法。"

于是，年轻人看到两个箱子上都写着字，第一个箱子上写道："另一个箱子上的话是真的，秘籍在这个箱子里。"第二个箱子上写着："另一个箱子上的话是假的，秘籍在另一个箱子里。"

请问，这个年轻人应该打开哪个箱子才能获得秘籍呢？

答案

打开第二个箱子。

第一个箱子上的话是假的，如果它是真的，那么，第二个箱子的话也是真的，这是矛盾的。

第一个箱子上的假话有三种可能：第一个箱子上的话前半部分是假的；后半部分是假的；都是假的。如果前半部分是假的，秘籍在第一个箱子里，并且，第二个箱子上的话是假的，这时，根据第二个箱子的判断，秘籍在第二个箱子里，这和上面的判断冲突；如果后半部分是假的，那么，秘籍在另外一个箱子里，并且第二个箱子上的话是真的，可以判断秘籍在第一个箱子里，这也是矛盾的；所以，第一个箱子上的话都是假的，这时，秘籍在第二个箱子里，并且第二个箱子里的话是假的，这时根据第二个箱子的判断，秘籍在第二个箱子里。

纽科姆悖论

会说话的外星人玛丽决定用两个箱子来考验一下人们的智力，箱子甲是透明的，总是装着三千美元；箱子乙不透明，要么装着三百万美元，要么便是空的，什么也没有，你既可以同时把这两个箱子拿走，也可以仅拿走箱子乙。

假如玛丽看出你将拿走两个箱子，她便会让箱子乙空着，那么，你就只能得到箱子甲中的三千美元；假如她看出你要拿走箱子乙，她就会在箱子乙中放入三百万美元，你将会成为百万富翁。进行许多次实验之后，一些人成为了富翁，一些人却仅得到极少的钱，现在玛丽留下两个箱子，回到自己的星球去了。

倘若你有机会来选择箱子，如何才能得到最好的结果呢？

答案

玛丽已经离开了，不论你选择哪个箱子，都不会产生太多的变化。因此，如果你只拿箱子乙，就有可能变为一个百万富翁，毕竟之前的许多次实验中，玛丽均让拿两个箱子的人得到三千美元，因此，箱子乙中必定有三百万美元。

倘若你把两个箱子都拿走，则会呈现两种结果：玛丽已经完成了他的预言，且已经离开，箱子不会发生改变了。如果是空的，它依然还是空的；如果是有钱的，它依然是有钱的。因此，如果拿走两个箱子，就能得到里面所有的钱，最多可以得到三百万加三千美元。

这样计算正确吗？不过，专家们并不知道如何去解决它。这个悖论是哲学家时常争论的诸多预言悖论中最新的，也是最棘手的问题，它是物理学家威廉·纽科姆发明的，被称为纽科姆悖论。

花瓣游戏

在一个古朴的小岛上，有很多有意思的古朴的风俗，比如说有一种掰花瓣的游戏，就是两个人拿着一朵有13片花瓣的花朵，然后轮流摘去花瓣，一个人可以摘去一片或者相邻的两片，谁摘去最后的花瓣就是赢家，他在这一天中将会有好的运气。有一个来旅游的数学家发现，只要按照一种方式，就可以在这个游戏中一直获胜，那么，这个获胜的人是先摘的人还是后摘的人？他用什么疗法呢？

答案

后摘的可以获胜。首先，如果先摘取者摘了一片花瓣，那么，后摘取者在花瓣的另一边摘去两片花瓣；如果先摘取者摘了两片花瓣，那么，后摘取者在花瓣的另一边摘去一片花瓣。这时剩下了10片花瓣，而且，后摘取者在第一次摘取时保证在摘取后，剩下的10片花瓣分成两组，并且这两组被上轮摘取的三个花瓣的空缺隔开。在以后的摘取中，如果先摘者摘取一片。后摘者也摘取一片；如果先摘者摘取两片，后摘者也摘取两片。并且摘取的花瓣是另一组中对应的位置。这样下去，后摘者一定可以

摘到最后的花瓣。

盗窃犯

某仓库被窃，甲、乙、丙三个保管员有重大嫌疑。老板问了两句话，便很轻松地排除了乙的嫌疑。他是这样想的：肯提供真实情况的不可能是盗窃犯；与此相反，真正的盗窃犯为了掩盖罪行，是一定会编造口供的。因此，他得出了这样的结论：说真话的肯定不是盗窃犯，说假话的肯定就是盗窃犯。

老板先问甲："你是怎样进行盗窃的？"

甲回答："叽哩咕噜，叽哩咕噜……"甲讲的是某地的方言，老板根本听不懂他讲的是什么意思。

老板又问乙和丙："刚才甲是怎样回答我的提问的？"

乙说："甲的意思是说，他不是盗窃犯。"

丙说："甲刚才已经招供了，他承认自己就是盗窃犯。"

乙和丙说的话老板是能听懂的。听了乙、丙的话之后，老板马上断定：乙没有嫌疑，丙是盗窃犯。

请问：这位聪明的老板为什么能根据乙、丙的回答，作出这样的判断？那么甲是不是盗窃犯？

答案

不管甲是盗窃犯或不是盗窃犯，他都会说自己"不是盗窃犯"。因为如果甲是盗窃犯，他不会承认自己；如果甲不是盗窃犯，他就会如实说真话。

在这种情况下，乙如实地转述了甲的话，所以乙说的是真话，因而他不是盗窃犯。丙有意地错述了甲的话，所以丙说的是假话，因而丙是盗窃犯。至于甲是不是盗窃犯还无法确定。

哥哥和弟弟

有两个奇怪的双胞胎兄弟欢欢和乐乐，他们喜欢根据时间选择说真话或者说假话。哥哥上午喜欢说真话，一到下午就喜欢说假话；而弟弟正好相反，上午他喜欢说假话，一到了下午就愿意说真话。

有一个人想认识他们俩，但是又分不清谁是哥哥谁是弟弟，于是他就上去问两人两个问题，他先问两个人："你们谁是哥哥呢？"欢欢说："我是。"乐乐也说："是我。"

于是，这个人紧跟着又问了一个问题："那你们能告诉我现在几点了吗？"欢欢回答说："快到中午了。"乐乐回答说："中午已经过去了。"

这个人听完两个人的回答，立刻就判断出谁是哥哥，谁又是弟弟了。

请问，你知道谁是哥哥谁是弟弟吗？

答案

欢欢是哥哥，乐乐是弟弟。

如果能分得清是上午还是下午，那么对我们的判断会有很大的帮助。假设，当时是下午，那么哥哥说的就应该是假话。如果这样，当被问第一个问题时，必然有一人会回答："我不是哥哥。"但是题目中没有这样的回答，所以，我们可以判定当时是上午。那么，当被问及第二个问题时，只有欢欢说的是符合情理的，所以欢欢是哥哥，乐乐是弟弟。

 ## 通讯班过雪地

某通讯班接到一道紧急命令，让他们以最快的速度把一份重要的文件送过平原雪地。现在，假设通讯班成员仅能步行穿过平原雪地，每个人步行穿越平原雪地的时间均是12天，而每个人顶多只能携带8天的食物。

试问：假定每个人的饭量大小相同，且所能携带相同食物的情况下，通讯班能否按时完成任务？倘若能够按时完成任务，那么，至少需要多少人才能把文件送过平原雪地，具体如何送呢？

答案

通讯班能够及时完成任务，至少需要3个人。

其送法如下：三个人同时出发，先共同吃第一个人的食物，走了两天后，第一个人只余下两天的食物，而这些食物正好够他在返回的途中食用。第二个人与第三个人再一起前进两天，同吃第二个人的食物，这样，第二个人仅余下四天的食物，又正好够他在返回的途中食用。此时，第三个人还有八天的食物，正好够他穿越平原雪地所余下的八天路程。

巧断作案时间

某市的一位警察A一上班，就接到了一个报警电话，说是车站附近的一家卡拉OK俱乐部里有人被害，希望尽快缉捕凶手。A不敢怠慢，立即带着几名助手来到出事地点。

但见卡拉OK俱乐部里血迹斑斑，杯盘狼藉，桌椅朝天，可以判断出这里曾发生过一场激烈的搏斗。俱乐部老板已被人捅死，凶手早已逃逸无踪。俱乐部的一只老式钟（有摆的报时钟）掉在地上，长、短针都不见了，看来是凶手存心做了加工，使人无法判断出他的作案时间，以便他从容搞到一个不在现场的证明，从而逃避罪责，逍遥法外。

但是A心细如发，他仍然把那只钟带回警察局。原来，钟面上的长、短针虽然都已被人拿掉了，但钟的内部结构却完好无损。因此，只要通过简单的办法就可以查出凶犯的作案时间。你知道他用的是什么办法吗？

答案

A对着自己的手表，开始使卡拉OK俱乐部里的那只钟恢复摆动。然后，他坐在旁边耐心等待，同时注视着自己的手表。当听到那只钟敲响时，他就可以根据经过的时间断定钟停在几点几分上。这正是凶手的作案时间。

这是利用"时间差保持恒定"的原理。

免除一死

从前有一个暴君，杀人不眨眼。为了让自己的生活更有趣，他设定了一个很残忍的制度：每天都要一个人来答他一个问题。如果回答对了，就可以免去一死，但如果回答错了，就必死无疑，他的问题就是："你猜我最想做什么？"

你要怎样回答才能幸免一死呢？

答案

你可以回答"你要杀死我。"

如果暴君证明你回答错了，就不能杀你。但同样如果这样的答案是正确的，根据约定，暴君还是不能杀你。

凶手是谁

一位家财万贯的商人被杀了，凶手不知去向。经过几天的侦查，警察抓到了甲、乙两名嫌疑人，另外还有4名证人。

A证人张先生说："甲是清白的。"

B证人李先生说："乙为人光明磊落，他不可能杀人。"

C证人赵师傅说："前面两位证人的证词中，至少有一个是真的。"

D证人王太太说："我可以肯定赵师傅的证词是假的。至于他有什么意图，我就不知道了。"

最后警察经过调查，证实王太太说了实话。

请问：凶手究竟是谁？

答案

甲和乙都是凶手。

因为王太太说了真话，由此可以推断赵师傅说的是假话，所以张先生和李先生说的都是假话，从而可以判断甲和乙都是凶手。

谁最先发现

A、B、C三人在路上走，捡到了一个钱包，就交给了警察。警察问他们三人：谁最先发现的钱包？

A说：不是我发现的，也不是B。

B说：不是我，也不是C。

C说：不是我，我也不知道是谁发现的。

三个人又告诉警察，他们每个人说的两句话中，都有一句真话，一句假话。警察很快就判断出钱包是谁最先发现的了。

你知道是谁吗？

答案

钱包是B发现的。

因为三个人都在场，所以C说他不知道谁发现的，是假的。那么C说不是他，是真的。所以B的第二句话是真的，第一句话是假的。因此是B最先发现的钱包。

三位青年

甲、乙、丙三位青年，一个当了律师，一个考上大学，一个当了医生。现已知：

条件1：丙的年龄比医生的大；

条件2：大学生的年龄比乙小；

条件3：甲的年龄和大学生的年龄不一样。

请问：三个人中谁是律师？谁是大学生？谁是医生？

答案

乙是律师；丙是大学生；甲是医生。

因为根据条件2，可以知道乙不是大学生，而根据条件3也可以知道甲不是大学

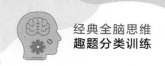
生，所以丙是大学生。而根据条件1，丙的年龄比医生的大，条件2中，丙比乙的年龄小，那么，甲就应该是医生。所以乙是律师。

偷吃糖果

家里要来客人，妈妈准备待客用的水果被偷吃了，妈妈很生气，就盘问4个孩子，下面是他们的回答。

A：是B吃的。

B：是D吃的。

C：我没有吃。

D：B在说谎。

现在已知这4个人中只有1个人说了实话，其他的3个人都在说谎，那么偷吃糖果的人是他们中的谁呢？

答案

是C偷吃了水果。

可以看出，B和D所说的话是相互矛盾的，所以，必然一真一假。由只有1个人说了实话，所以，A和C说的都是假话，所以，是C偷吃了糖果。只有D说了实话。

奖学金获得者

对A、B、C三个同学来说，下列事实成立，问谁是本学期奖学金获得者？

（1）A、B、C中至少一人获得奖学金。

（2）若A获得奖学金，则B、C也获得奖学金。

（3）若C获得奖学金，则A、B也获得奖学金。

（4）若B获得奖学金，则A、C没有获得奖学金。

（5）A、C中至少一人没有获得奖学金。

答案

由（2）、（3）、（5）知道A、C都没有获得奖学金。

由（1）知道A、B、C至少有1个人获得奖学金，那么B获得奖学金。

由（4）知道只有B 1个人获得奖学金。

探险者之旅

在大山的深处，有一个非常奇怪的村庄，村庄里的一些人是诚实者，一生都只会说实话，而另一部分人则是说谎者，只会说谎话。

在一个阴雨连绵的一天，村庄里面来了一个探险者，他在半路上遇到了野兽，为了逃命，将身上所有的东西都丢掉了。探险者又饿又渴。来到了村庄之后，看到了一条清澈的小溪。为了确定这里的水是不是能喝，他便问了一下正好路过这里的村庄里的人。

"今天的天气真是太坏了！"

那个人看了他一眼，回答道："是的。"

"请问，这条小溪里的水可以喝吗？"

那人点了点头："是的。"

在得到了确定的回答之后，探险者还是不放心。他早就听说了这里有个古怪的村庄，里面有诚实者与说谎者两种人。他等那个人走了之后，坐在地上细细地思索了一下，立即便知道小溪里的水是不是能喝了。

请问，探险者是如何得知这里的水是不是能喝呢？他最后喝水了吗？

答案

探险者是从两人的对话中得知对方是否是诚实者，当天的天气阴雨连绵，探险者在针对天气进行了提问之后，对方回答的是"是的"，说明他是一个诚实的人。自然，他关于溪水的回答也是真话了。在想明白了这一点之后，探险家便放心地开怀畅饮了。

🧠 机智的老板

三个生意人一起出钱在外地购买了一颗价值连城的珍珠，但由于三个人谁也不相信谁，于是便将珍珠暂存于忠厚老实的旅店老板那里，并且向旅店老板说好："只有我们三个人同时在场的时候，你才可以将珍珠交给我们，少一个人都不行！"

一天三个人一起外出，心计颇深的C便向三人建议说带上些水，以便于路途上喝。另外两人便同意了。但C找到旅店老板之后却说要取回珍珠，老板向另外两人发问说："是你们一起要带的吧？"另外两人以为他说的是带水的事，便点头称是。于是旅店老板便将珍珠交给了C，C得到了珍珠之后立即找借口溜掉了，但另外两人还被蒙在鼓里。等到他们两人回过神后才发现自己上当了，便找到了旅店老板，要求他赔偿自己的损失。

旅店老板说："当时明明是征得了你们同意我才交给了他的，怎么现在又找我要珍珠来了？"但二人却坚持不依地说都是因为老板的误导，他们才上了C的当。

这时旅店老板灵机一动："……"两人听了之后，垂头丧气地走了。

聪明的读者朋友，你知道旅店老板究竟说了什么吗？

答案

旅店老板说的是："珍珠还在我这里，不过要三个人一起来取我才能给你们，当时约好了少一个也不行。你们三个人一起来吧！"另外两人根本没有办法找到第三个人所以才想要旅店老板赔偿的，但旅店老板的这句话使他们无计可施了。

谁的责任

A、B、C、D四人同住在公司的宿舍里。一天，他们在办公室加班很晚，最后离开办公室的那个人，忘记了锁办公室门。事有凑巧，当晚小偷光顾了该办公室。第二天早上，写字楼管理人员发现后，经过调查，证实当晚在该办公室加班的人是他们四个人，并且了解到他们离开办公室后是直接回宿舍的。于是管理员就问他们是谁最后离开办公室的。

A说："我回来路过C房间时，看见C还未睡。"

D说："我和B住同一间房，我回来时看见他已睡了，我也跟着就睡了。"

C说："我经过D房间时，他正准备上床睡觉。"

B说："我已经睡着了，根本不知道是谁最后回来的。"

如果他们讲的都是事实，那么管理员根据他们所说的情况，能判定最后离开办公室的人是谁？

答案

管理员根据A、D、C所说的话，即得到如下三个关系判断：

A迟于C。

D迟于B。

C迟于D。

从中就可以推出A是最后离开办公室的。

被搞混的鞋子

小明在帮妈妈刷鞋油之后，将妈妈的三双同一款式的高档皮鞋给搞混装进了三个箱子里，他分别贴上了"左左""右右""左右"的标签装入了箱中。但妈妈取出来了之后，发现鞋子与小明所贴的标签完全不同。

请问：如果让你打开任意一个箱子，在取出一只鞋子，看看是鞋子的左脚还是右脚之后，能否猜出全部箱子里的鞋子是左脚还是右脚？

答案

　　想要猜出全部箱子里的鞋子，可以先取出标有"左右"的箱子里的鞋子。因为妈妈发现鞋子与小明所贴的标签完全不同，所以这只箱子里装的应该是"右右"或"左左"的鞋子。如果拿出的那只鞋子为右脚，可见这箱子里是"右右"；如果拿出的鞋子是左脚，那么箱子里装的便是"左左"的鞋子。

　　如果此箱里是"右右"的话，根据箱上所贴标签不同这一办法可以推测出："左左"的鞋子应放于贴有"右右"标签的箱子里。

　　最后，剩下的"左右"当然便是在贴有"左左"标签的箱子里了。

　　如果最初拿出的是"左左"的箱子，也可以同一个思考方式来进行思考，一样可以得出上述结论。

多少人过了级

　　关于一个班的英语六级通过情况有如下陈述：

　　（1）班长通过了；

　　（2）该班所有人都通过了；

　　（3）有些人通过了；

　　（4）有些人没有通过。

　　经过详细调查，发现上述断定只有两个是正确的。可见：

　　A. 该班有人通过了，但也有人没有通过。

　　B. 班长通过了。

　　C. 所有人都通过了。

　　D. 所有人都没有通过。

答案

　　选A。

　　陈述中（2）项如果为真，则（1）、（3）项必为真，这与题干"上述断定只有两个是真的"不一致，所以（2）项必为假，又因为（2）项和（4）项为矛盾命题，即"必有一真一假"。（2）项为假，则（4）项必为真。又根据题干"上述断定只有两个是真的"，（2）、（4）一假一真。所以（1）、（3）必有一真一假。显然，如果（1）真那么（3）必真，这与命题不符，所以（1）为假，（3）为真。

储物间凶杀案

在国外某个城市里发生了一件可怕而又诡异的凶杀案，一个儿童被残忍地勒死在了一间空房间子里，已经死了十几天才被发现。之所以会拖了这么长时间才发现被害人的尸体是因为儿童是在一间存放杂物的储物间中被勒死的，但是最让人感觉到诡异的地方是：门是从里面反锁的，而且由于是存放杂物的地方，所以房间里连一个窗户也没有。四周全是壁板墙。每个墙板上都可以见到无数个铁钉的钉帽。这是一间密室，大概罪犯并不希望让人那么快就发现所以故意选择了到这里杀人。

但如果是这样的话，勒死儿童的罪犯是从哪里离开房间的呢？负责调查此案的警察们在进入这间诡异的房间之后，将墙上的壁板全部撬开了，随之便发现了罪犯的秘密。请问，罪犯的秘密是什么？

答案

储物间的壁板墙都是从里侧用钉子钉上去的。其中有两三张的壁板并非封死，而是使用了强力胶粘上去的。当罪犯将这张壁板取下来之后，将儿童带进了储物间勒死之后反锁了门，然后又从缺口处离开，将取下的壁板涂上了强力胶，再粘到了原来的位置上。因为壁板上留有旧的铁钉帽，所以从外面猛地一看，整个储物间都是密封的，让人感觉到一种诡异。不过这个秘密也只有将墙壁撬开才能够发现，从外表上是看不出来的。

自杀还是他杀

住在13幢楼上的人发现二楼一间出租房中传出一股浓重的恶臭味道，在敲门许久没有回应之后，邻居决定报警。

警察们小心地把原本从里面反锁起来的门撬开，进到房间里面，发现李·斯特倒在床上已经死去多时，他的手边放着一封遗书和一把开过火的手枪。经过法医检查，他是中弹而死的。而遗书上则写着："我因为生意失败，不想再活下去了，所以决定终结自己的生命。"

警察们初步检查现场之后并没有发现相关的疑点，便准备定性为自杀案件。但正在这时，著名的福尔摩斯侦探却来到了现场。警官们向他说了一下自己的意见并做了一些解释："在了解相关情况的时候，路边的花店老板反映说李·斯特每个星期一的早上都要到他那里买十朵百合花，这种习惯已经维持了将近二十年，从来没有间断过，但这一个月之中他都没有去过花店。花店老板担心他出事了，便给房东打了电话，房东这才想起来周围邻居说李·斯特的房间中传来了一阵阵的恶臭。敲门又没有人答应，只好给我们打了电话。初步看起来，李·斯特好像从里面将门与窗户都反锁了之后，写好了遗书，然后坐在床上用这把枪自杀了。他向自己的太阳穴开枪之后立即就死了，手枪掉到了床上，而开门的钥匙依然在他的衣服口袋里面放着，没有任何人动过。"

福尔摩斯轻轻笑了一下，不置可否地问道："那么他一个月前买的那十朵百合花在哪里？"

警察们奇怪地看着福尔摩斯，很惊讶他为什么问出这样的问题，但出于礼貌还是回答了："那些百合都放在窗台的花瓶里，由于买了太长时间，所以现在只剩下了一些花的枝蔓。另外，据我们分析，李·斯特已经死了将近三个星期了。上帝保佑，都是由于这一个月的天气不是太过炎热，才使得他的尸体在这个星期才发臭了起来。"

"那么整个屋子里有没有发现血迹之类的东西呢？"

"没有，只有一点灰尘，整间屋子显得很干净，不过床上有当时他自杀时遗留下来的血迹。"

"那你最好再派人查问一下这一个多月李·斯特都和什么人交往了。"福尔摩斯说道："看起来好像是有人配了一把李·斯特屋子里的钥匙，然后开门进去，开枪打死了正在屋子里的李·斯特，然后凶手打扫了屋子之后又将尸体挪到了床上，使他看上去就像是自杀一样。"

警察们都有些不太信服，但当福尔摩斯说出自己的理由之后，他们纷纷为自己的疏忽大意而向福尔摩斯表示了抱歉。

请问：为什么福尔摩斯会说李·斯特不是自杀呢？

答案

因为放在窗台上的十朵百合花在房间里放了一个月之后肯定早已因为枯萎而凋谢掉了，但福尔摩斯与警察们却没有发现屋子里的任何角落有花瓣的存在。而且过了一个月的时间后，室内不可能只会有一点灰尘。所以福尔摩斯认为凶手在杀害了李·斯特之后进行了一次大扫除，不仅将自己的作案痕迹去掉了，而且还将那些凋落的花瓣也一同打扫了。不过他聪明反被聪明误，这正好为警察们找到了李·斯特并非自杀的说明。

奇怪的立方体问题

一天，在课堂上，老师给大家布置了一道这样的题目：假设你的面前有一个

3×3×3的立方体结构。它含有27个立方块。而每张三维多米诺牌都含一黑一白的立方块。现在将27个立方块中拿走一个，而让留下的26个立方块，换成13张三维多米诺牌。

请问，如果要使这种替换成为可能的话，在这27块立方体中，我们可以拿走哪一块？又不可以拿走哪一块？

聪明的读者，你知道答案吗？

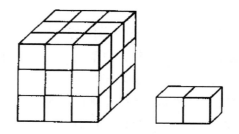

答案

其实，这个问题的解答过程非常简单，观察图形之后，我们如果将它交替上色的话，就不难发现在中央的立方块肯定是白色。

这样一来，我们就有了14个黑色立方块和13个白色立方块。而13张三维的多米诺牌，包含13个黑色的和13个白色的立方块。

为了满足题中条件，我们必须从整个结构中拿走一个黑色的立方块，使留下的13个黑的和13个白的立方体，相应于13张多米诺牌。至于拿走哪一个黑色的立方块则无关紧要。

假如拿走的那张是白色的立方体的话，就会留下14个黑的和12个白的立方块，要想用13张多米诺牌来替换所有的立方块，则是完全不可能做到的。

单张的牌

米多、米拉和米奇在玩一种纸牌游戏，共有35张牌，其中有17个对子，还有一个单张的。

（1）米多发牌，先给米拉一张，再给米奇一张，然后给自己一张；如此反复，直至发完所有的牌为止；

（2）每个人把手中成对的牌打出以后，手中均至少余下一张牌，而三人手中的牌共有9张；

（3）在余下的牌中，米多与米拉手中的牌加在一起能配成的对子最多，而米多与米奇的牌加在一起能配成的对子最少。

由此可知，那张单张的牌到底发给了谁？

答案

依据（2）可知，三人手中余下的牌可配成4对；再根据（3），米多与米拉手中的牌加在一起能够配成3对，米多与米奇手中的牌加在一起能配成1对，而米拉与米奇手中的牌加在一起一对也配不成。

根据以上的推理，各个对子的分布（如A、B、C和D均代表每个对子中的一张）如下：

米拉手中的牌是ABCD；

米多手中的牌是ABC，而米奇手中的牌是D。

依据（1）与共有35张牌的事实，米拉与米奇各分得12张牌，米多分得11张牌，所以，把成对的牌打出以后，米多手中余下的牌是奇数，而米拉与米奇手中余下的牌是偶数，于是，单张的牌必定在米奇的手中。

逃跑路线

几个罪犯在抢劫之后为了逃跑，必须连续越过三条河。每座桥对面不远处有岔道，可以往前、往左、往右走。警察迅速地捉住了他们的同案犯，审讯了罪犯逃跑的方向，得到这样的公诉："过第一座桥后向右走，过第二座桥不向右走，过第三座桥不向左走。"

假设三个口供有两个是假的，而且罪犯通过三座桥的方向不相同。那么，罪犯的逃跑路线是怎样的？

答案

根据条件，罪犯三次过桥的方向不同，可得出六条逃跑路线：

（1）向右，向左，向前，

（2）向右，向前，向左，

（3）向左，向右，向前，

（4）向左，向前，向右，

（5）向前，向右，向左，

（6）向前，向左，向右，

如果采用（1）路线，那么三个口供都是真的，而事实不是这样。

如果采用（2）路线，那么有两个口供是真的。

如果采用（3）路线，那么有个口供是假的。

如果采用（4）路线，有两个口供是真的。

如果采用（5）路线，一个真实的口供都没有。

如果采用（6）路线，两个口供是真的。

由此可得出，罪犯逃跑的路线是第（3）条，即过第一座桥后向左，过第二座桥后向右，过第三座桥后向前逃跑。

污染的药丸

小竹是个药检员，一天在快要下班的时候，小竹在装最后五瓶药的时候，不小心将其中一瓶药给污染了。慌乱之中的小竹已经记不得到底是哪瓶药被污染了，这些药都是很名贵的药，如果全部扔掉，损失一定很大，可是，如果就这样装起来，就会对病人的身体造成很大的损害。

这里的每个药丸重10克，而受到污染的药丸重量会发生变化，每个药丸重9克。如果给你一个天平，你怎样一次就能测出哪一瓶是受到污染的药呢？

答案

（1）给5个瓶子标上1、2、3、4、5；

（2）从1号瓶中取1个药丸，2号瓶中取2个药丸，3号瓶中取3个药丸，4号瓶中取4个药丸，5号瓶中取5个药丸；

（3）把它们全部放在天平上称一下重量；

（4）现在用$1 \times 10 + 2 \times 10 + 3 \times 10 + 4 \times 10 + 5 \times 10$的结果减去测出的重量；

（5）结果就是装着被污染的药丸的瓶子号码。

跨国婚姻

在丈夫或妻子至少有一个是中国人的夫妻中，中国女性比中国男性多2万。

如果上述断定为真，则以下哪项一定为真？

Ⅰ. 恰有2万中国女性嫁给了外国人。

Ⅱ. 在和中国人结婚的外国人中，男性多于女性。

Ⅲ. 在和中国人结婚的人中，男性多于女性。

A. 只有Ⅰ

B. 只有Ⅱ

C. 只有Ⅲ

D. 只有Ⅱ和Ⅲ

E. Ⅰ、Ⅱ和Ⅲ

答案

选D。

丈夫或妻子至少有一个是中国人的夫妻有三种情况，列表如下：

丈夫（男性）	中国人P	中国人Q	外国人R
妻子（女性）	中国人P	外国人Q	中国人R

题干可表示为（P＋R）－（P＋Q）＝2；即R－Q＝2

Ⅰ可表示为R＝2；这从题干推不出来。

Ⅱ可表示为R＞Q；这可以从题干必然推出。

Ⅲ可表示P＋R＞P＋Q；这可以从题干必然推出。

四对亲兄弟

有一个楼里住着四户人家，每家各有两个男孩。这四对亲兄弟中，哥哥分别是甲、乙、丙、丁，弟弟分别是A、B、C、D。一次，有个人问："你们究竟谁和谁是亲兄弟呀？"

甲说："乙的弟弟不是A。"

乙说："丙的弟弟是D。"

丙说："丁的弟弟不是C。"

丁说："他们三个人中，只有D的哥哥说了实话。"

丁的话是可信的，那人想了好半天也没有把他们区分出来。你能区分出来吗？

答案

甲的弟弟是D，乙的弟弟是B，丙的弟弟是A，丁的弟弟是C。

在甲、乙、丙3个人中只有一个人说了实话，而且这个人是D的哥哥，因此乙说的是假话，乙不可能是D的哥哥。由乙说的话得知，丙也不可能是D的哥哥，所以丙说的也是假话，由此可得，丁的弟弟是C。由于甲、乙两人都说了谎，而丁又不是D的哥哥，因此甲一定是D的哥哥，甲说的是实话。即：乙的弟弟是B，丙的弟弟是A。

餐馆谋杀案

在一家餐馆里，发生一起谋杀案，医生对死者尸体进行检查后，说："此人死亡的原因，是有人从最近的距离向心脏开了一枪造成的。"

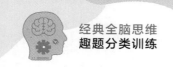
警察立刻组织调查小组，对此事进行调查。最后发现了三位嫌疑人，分别是A、B、C，对他们分别问讯的过程中，三人作出了如下的证词：

A：死者不是B杀的，是自杀的；

B：死者不是自杀的，他是A杀的；

C：死者不是我杀的，他是B杀的。

后来，经过警察的多方面调查，证实了三人中的话都只有一半是正确的。据此，请说出凶手是谁？

答案

凶手不是自杀，也不是这三个嫌疑人所杀，而是死于医生之手。

做此题，可用假设法：

① 设死者是自杀。就会推出C承认自己杀了人，从而出现不合逻辑的情况。

② 假设死者不是自杀。A说"死者不是B杀的"是真的；B说"他是A杀的"是假，即不是A所杀；C说"死者不是我杀的"是真。既然凶手不是A、B、C所提及的人，那么只剩下医生了，因此得出医生就是凶手的结论。

🧠 有几个天使

有一天，一个旅行家在深山中行走，突然出现了一个美女，分别为A、B、C，她们要他判断她们之中有几个天使。可是他实在不知道哪个是天使，哪个是魔鬼。在他的心目中，天使常常说真话，而魔鬼则只会说假话。

A说："在B和C之间，至少有一个是天使。"

B说："在C和A之间，至少有一个是魔鬼。"

C说："我告诉你正确的消息吧。"

那么，你能从她们的话中，判断有几个天使吗？

答案

有两个天使。分析如下：

假设A是天使，那么A说的是真的。在B和C直间至少有一个是天使。那么B说法有两种可能性。

一种B的确也是天使，也就是说B说的也是真话，这样只能说明；C是魔鬼。

第二种情况是B是魔鬼，所以B说的是假话，也就说A和C之间至少有一个天使。而在假设A是天使前提下通过A的话我们可以断定C一定是天使。

所以，从以上的假设和可能出现的两种情况可以推断出A、B、C中一定有两位天使。

颜色的逻辑

有五个外表一样的药瓶，里边分别装有红、黄、蓝、绿、黑五色的药丸，现在由甲、乙、丙、丁、戊五个人来猜药丸的颜色。

甲说：第二瓶是蓝色，第三瓶是黑色。

乙说：第二瓶是绿色，第四瓶是红色。

丙说：第一瓶是红色，第五瓶是黄色。

丁说：第三瓶是绿色，第四瓶是黄色。

戊说：第二瓶是黑色，第五瓶是蓝色。

事实上，五个人都只猜对了一瓶，并且每人猜对的颜色都不同。请问，每瓶分别装了什么颜色的药丸？

答案

因为五个人都猜对了一瓶，并且每人猜对的颜色都不同。所以猜对第一瓶的只有丙，也就是说第一瓶是红色。那么第五瓶就不是黄色的，所以只有第五瓶是蓝色。戊说的第二瓶是黑色的也就不对了。既然第二瓶不是黑色的，那就应该如第一个人所说，第三瓶是黑色的。所以第二瓶就不能是蓝色的，只有第二瓶是绿色的了。

所以说：第一瓶是红色，第二瓶是绿色，第三瓶是黑色，第四瓶是黄色，第五瓶是蓝色。

谁可以今天点鸡

甲、乙、丙三个人晚上经常一起去餐厅吃饭，他们每个人要的菜不是鱼就是鸡。后来他们发现：

（1）如果甲要的是鱼的话，那么乙要的就是鸡；

（2）甲、丙两人喜欢的是鱼，但是两个人不会同时都要鱼；

（3）乙、丙两个人不会都要鸡。

那么根据这些，你能判断出，谁可以今天点鸡吗？

答案

乙可以。根据（1），如果甲要鱼的话，那么乙要的就是鸡。这时，根据（2），丙要的也是鸡。这和（3）相矛盾。所以，甲能要的只能是鸡。再根据（2），丙要的只能是鱼。再从题意中看，发现乙既可以要鸡也可以要鱼。所以只有他能今天点鸡。

真假话部落

有十个人，每人都讲了一句话。

赵："我们十个人中只有一个人讲假话。"

钱："我们十个人中有两个人讲假话。"

孙："我们十个人中有三个人讲假话。"

李："我们十个人中有四个人讲假话。"

周："我们十个人中有五个人讲假话。"

吴："我们十个人中有六个人讲假话。"

郑："我们十个人中有七个人讲假话。"

王："我们十个人中有八个人讲假话。"

冯："我们十个人中有九个人讲假话。"

陈："我们十个人讲的全是假话。"

亲爱的读者，您能否判断这十个人中，究竟谁讲的是真话？

答案

从原题中，知道十个人所讲的话各不相同。讲真话的只能是一人。我们先假定：如果老赵讲的"十个人中只有一个人讲假话"这句话是真话，那么还应该有八个人也讲真话。而原题中找不出来，可见这一假设不成立。我们又假定：如果老钱说的"十人中有两个人讲假话"是句真话。那也应该还有七个人讲真话，而原题中也无法找出。可见这个假设也不成立。

以此类推，孙、李、周、吴⋯⋯的话都被排除。只有老冯所说"十人中有九人讲假话"与原题不相矛盾，他的话才是真实可信的。

谁有罪

珠宝商店被冒充顾客的抢劫犯光顾，一下子损失了几百万美金的首饰。据目击者报告，罪犯抢劫后携赃驾车逃走。警察局经过侦查，终于拘捕了三个重大嫌疑犯。他们是彼得、亨利、约翰。又经过审问，查明如下事实：

（1）罪犯就是这三个人中的某个家伙。

（2）不伙同彼得，约翰就不能到该商店作案。

（3）亨利不会开汽车。

你能不能猜出，在这个案子里，谁有罪呢？

答案

彼得有罪。

题意告诉我们，罪犯就在这三个人里，那么，彼得或者有罪，或者无罪。只要通过对亨利是否有罪的分析，就可断定：

如果亨利无罪，那么或者彼得有罪，或者约翰有罪。如果约翰有罪，根据事实（2），那么他定伙同彼得作案。所以，在亨利无罪的情况下，彼得有罪。

如果亨利有罪，根据事实（3），那么他一定要伙同别人去作案。他或者伙同彼得，或者伙同约翰。如果是伙同彼得，那么彼得当然有罪，如果是伙同约翰，根据事实（2），那么彼得还是有罪。

法官的判断

法庭上，法官正试图对甲、乙、丙三个嫌疑犯的身份作出判断。他们三个人要么是专说假话的小偷，要么是绝对诚实的君子。法官依次向他们提出问题。他先问甲："你是什么人？"甲说的是地方方言，法官听不懂，于是法官问乙和丙："甲回答的是什么？"对此，乙说："甲说他是君子。"丙则答道："甲说他是小偷。"

根据以上情况，法官对乙和丙的身份作出了正确的判断。他的判断是什么？

答案

法官首先询问的是甲，不管甲是小偷说假话，还是甲是君子说真话，他的回答总是"我是君子"，对此，法官心中是有数的。

然后，法官又向乙、丙询问甲的回答是什么，乙回答说："甲说他是君子"，显然，乙如实地反映了甲的回答，他是说真话的，由此可以断定乙是君子；丙回答说："甲说他是小偷"，显然，丙未如实地反映甲的回答，他说的是假话，由此可以断定，丙是小偷。

说谎岛

在大西洋的"说谎岛"上，住着X，Y两个部落。X部落总是说真话，Y部落总是说假话。

有一天，一个旅游者来到这里迷路了。这时，恰巧遇见一个土著人甲。旅游者问："你是哪个部落的人？"甲回答说："我是X部落的人。"旅游者相信了甲的回答，就请他做向导。

他们在路途中，看到远处的另一位土著人乙，旅游者请甲去问乙是属于哪一个部

落的？甲回来说："他说他是X部落的人。"

旅游者糊涂了。他问同行的逻辑博士：甲是X部落的人，还是Y部落的人呢？能判断出乙来吗？

如果你是逻辑博士，你该怎样回答他？

答案

甲当然是X部落的人，他总是说真话的。但乙不能确定。问题的关键在"他说他是X部落的人"这句话上。不管甲碰到的是哪个部落的人，那个人肯定都会说自己是X部落的人，绝不会说自己是Y部落的人。这样的话，甲引用这句话就是正确的，所以他说了真话，他就应该是X部落的人。

三个人的交谈

岛上有三个人A，B和C。互相交谈中，有这样一段对话：

A说：B和C两人都说谎；

B说：我没有说谎；

C说：B确实在说谎。

你能知道他们三个人中，有几个人说谎，有几个人说真话吗？

答案

此题可以严格地进行表格推理，但也可以找出矛盾所在。B，C二人所说的便是矛盾的，于是表示其中有一个人说真话，有一人说假话。而A所说的肯定是不对的。我们只需要知道说真话的有几个，说假话的有几个即可，并不需要确定具体哪一个，于是一共有2个人说假话，1个人说真话。

谁说了假话？

张、王、李、赵四人的血型各不相同，张说：我是A型。王说：我是O型。李说：我是AB型。赵说：我不是AB型。这四个人中只有一人说了假话。

请问：以下哪项成立？

A. 不管谁说了假话，都能推出四个人的血型情况。

B. 王的话假，可以推出。

C. 李的话假，可以推出。

D. 赵的话假，可以推出。

答案

选B。

1. 如果赵不是AB是假的，则其余必真，赵是AB型与李也是AB型，血型各不相同矛盾：所以丁必真。

2. 如果李是AB是假的，则其余真，即李必为B型，但赵不是AB真也必为B型矛盾：所以李必真。

3. 如果王假甲真，其余真，（张A，李AB）丁O，王B是可以的。

4. 如果张假王真，其余真，（王O，李AB）丁A，张B是可以的。

综上所说，3和4都无法确定谁真谁假，张假可以推出，王假可以推出，但李、赵说假话的题目就错了，什么都推不出。A无论谁说假话范围太大，应该说无论张、王哪个说假话都可以推出：A、B、C、D只有一个正确答案，那就是B。

共有几条病狗?

一个村子里一共有50户人家，每家每户都养了一条狗。村长说村里面有病狗，然后就让每户人家都可以查看其他人家的狗是不是病狗，但是不准检查自己家的狗是不是病狗。当这些人如果推断出自家的狗是病狗的话，就必须自己把自家的狗枪毙了，但是每个人在看到别人家的狗是病狗的时候不准告诉别人，也没有权利枪毙别人家的狗，只有权利枪毙自家的狗。然后，第一天没有听到枪声，第二天也没有，第三天却传来了一阵枪声。

请问：这个村子里一共有几条病狗，请说明理由？

答案

3条病狗。

1. 假如有1条病狗，那主人肯定不能看自己家的狗，出去没有发现病狗，但村长却说有病狗。他就会知道自己家的狗是病狗，那么第一天就应该有枪声，但是事实上大家并没有听到枪声，因此推出病狗不是一条。

2. 假如有2条病狗，设为甲家和乙家。第一天甲和乙各发现对方家的狗是病狗，但是第一天没有听到枪响。第二天就会意识到自己家的狗也是病狗。接着第二天就应该有枪响，但事实上也没有，所以2条病狗也不对。

3. 假设有3条病狗，设为甲、乙、丙家。第一天甲、乙、丙各发现2条病狗，他们就会想第二天晚上就会有枪响，但是第二天晚上没枪响，第三天晚上他们就会意识到自己家的狗也有病，所以开枪杀狗。因此通过假设，我们可以看出这个村里有3条

病狗。

如何找出不标准的球？

有80个外观一致的小球，其中一个和其它的重量不同，（不知道更轻还是更重）。现在给你一个天平，允许你称四次，把重量不同的球找出来，怎么称？

答案

第1次称量：天平左端放27个球。右端也放27个球。有2种可能性：A平衡、B不平衡。如果平衡了，那么下一次就以余留的80－27－27＝26个球作为研究对象。如果不平衡，那么选择轻的一端的27个球作为第二次称量的物品。

第2次称量：天平左右两边都放9个球。研究对象中还有8～9个球没有放入天平中。有2种可能性：A平衡、B不平衡。如果平衡了，那么下一次就以余留的8～9个球作为研究对象。如果不平衡，那么就选择轻的一端的9个球作为下次称量的物品。

第3次称量：左右两边各放3个球。研究对象中还有23个球没有放入天平中。有2种可能性：A平衡、B不平衡。如果平衡了，那么下一次就以余留的2～3个球作为研究对象。如果不平衡，那么就选择轻的一端的3个球作为下一次称量的物品。

第4次称量：天平的左右两边各放1个球。研究对象中还有0～1个球没有放入天平中。有2种可能性：A平衡、B不平衡。如果平衡了，那么余留的另一个球就是要找的球。如果不平衡，那么轻的一端就是你要找的球。

三个儿子的年龄

旅游者和逻辑博士聊到了前者的三个儿子。

旅游者：你逻辑这么厉害，那你来猜猜我三个儿子的年龄吧。

逻辑博士：没问题，先给点提示，因为我都没见过他们。

旅游者：他们三个的年龄之积是36，年龄之和是今天的日期（××日）。

逻辑博士：我还不能确定，能再给点提示吗？

旅游者：好吧，再告诉你点，我小儿子的眼睛是蓝色的。

逻辑博士：够了！我知道答案啦！

聪明的你知道了吗？

答案

三数乘积为36。可以找到多组解，如：1·6·6，2·3·6，3·3·4，2·2·9（其他不靠谱的不予考虑）。年龄之和告诉逻辑博士后，博士表示还不能确定，意味着有两种以上可能，将这四组数字分别相加后，发现"1，6，6"和"2，2，9"这两组的和都是13。根据"小儿子"这个关键词，我们得到"1，6，6"是正解。

来自什么星球

有4个人，他们分别来自海王星或者是冥王星。下面所作的陈述不管是谁，如果他们是针对同一颗星球来的人，那么他的发言就是真的，反之就是假的。

A："B来自P。"

B："C来自Q。"

C："D来自R。"

D："A来自S。"

（P、Q、R、S分别表示海王星或者冥王星）

那么，4人分别来自什么星球？

答案

4人不管是谁，都来自在自己发言中出现的星球。（即，A：来自P；B：来自Q；C：来自R；D：来自S。）

设A来自的星球为X，另一颗星球为Y。

1. 如果B来自X，由于A必须说真话，A的发言应为"B来自X"，即A的发言中的P就是A自己的星的名。

2. 如果B来自Y，由于A必须说假话，A的发言应为"B来自X"，即A的发言中的P就是A自己的星的名。

所以，无论是哪一种情况，A的发言中的星就是A自己的星。

至于剩下的3人，由于同样可以这样分析，因此可以说"4人不管是谁，都来自在自己的发言中出现的星球"。

美酒和毒酒

战国时期，秦国实行商鞅变法，法度严明。秦孝公有一幕僚，号称天下第一智者，犯下过失，按律当斩。秦孝公惜才，想救他一命，但又不能破秦律。于是，他设计了一个特殊的行刑方式，希望智者能运用自己的智慧来拯救自己的生命。刑场上站着两个武士，手中各拿着一瓶酒。秦孝公告诉智者：

第一，这两瓶外观上看不出区别的酒，一瓶是美酒，一瓶是毒酒；

第二，两个武士有问必答，但一个只回答真话，另一个只回答假话，并且从外表

上无法断定谁说真话，谁说假话；

第三，两个武士彼此间都互知底细，即互相之间都知道谁说真话或假话，谁拿毒酒或美酒。现在只允许智者向两个武士中的任意一个提一个问题，然后根据得到的回答，判定哪瓶是美酒并把它一饮而尽。

听完之后，智者提出了一个巧妙的问题，并喝下了美酒。结果，他被免于一死。

你知道智者是怎么回答的吗？

答案

智者可以向两个侍者中的任意一个，不妨向侍者甲提出如下这个问题：请告诉我，侍者乙将如何回答他手里拿的是美酒还是毒酒这个问题？如果甲说乙回答他手里拿的是毒酒，则事实上乙手里拿的肯定是美酒。因为如果甲说真话，则事实上乙确实回答他手里拿的是毒酒，又因为此情况下乙说假话，所以事实上乙拿的是美酒；如果甲说假话，则事实上乙回答的是他手里拿的是美酒，又因为此情况下乙说真话，所以事实上乙拿的是美酒。也就是说，不管甲乙两人谁说真话谁说假话，只要智者得到的回答是乙手里拿的是毒酒，则事实上乙手里拿的肯定是美酒。

同理，如果甲说乙回答他手里拿的美酒，则事实上乙手里的肯定是毒酒。

智者设计的这个问题，妙就妙在他并不需要知道两个侍者谁说真话谁说假话，就能确定得到的一定是个假答案。因为如果甲说真话，乙说假话，则情况就是甲把一句假话真实地告诉智者，智者听到的是一句假话；如果甲说假话，乙说真话，则甲就把一句真话变成假话告诉智者，智者听到的还是一句假话。总之，智者听到的总是一句假话。

🧠 红帽子蓝帽子

有一个奴隶主逮住了一批逃跑的奴隶，共有20人。奴隶主把这20人绑起来排成一竖排，并对这批奴隶说，将要在他们每个人头上都放上一顶帽子，帽子的颜色或者是红色的或者是蓝色的。

最后一个人能够看到前面19个人的帽子颜色，倒数第二个人能够看到前面18个人的帽子颜色，以此类推，第一个人什么也看不到。

他给这批奴隶十分钟时间商量一种策略，让他们从后面往前报自己帽子的颜色。

每个人只能说一次，并且只能说"蓝"或者"红"。如果报对了自己帽子的颜色，就可以得到释放，报错了就要被处死。10分钟后开始放帽子并执行，那时不许再说话。

　　有一个奴隶设计出了一种方案：编号为偶数的人报前一个人的帽子颜色，编号为奇数的人将听到的颜色报出来，这样，至少有10个人报对了自己帽子的颜色。

　　但是一半的人能获得生存太少了，可以采取什么更好的策略能让报对自己帽子颜色的人至少有19人吗？

答案

　　让这批人约定好，第一个开始报的人。也就是站在最后面的那个人报的是前面所有人中戴蓝帽子的情况。"蓝"代表有奇数个人戴蓝帽子，"红"代表前面有偶数个人戴蓝帽子。这样，从第19个人开始，每一个人就可以根据前面报的颜色和他所看到前面的人戴的蓝帽子的个数，算出自己帽子的颜色，所以前面的19个人都能报正确而获得生存。如果幸运的话，第一个开始报的人恰巧报对了，因为他报对的概率也有二分之一。

分析力

　　分析就是将问题系统地组织起来，对事物的各个方面和不同特征进行系统地比较，认识到事物或问题在出现或发生时间上的先后次序，在面临多项选择的情况下，通过理性分析来判断每项选择的重要性和成功的可能性以决定取舍和执行的次序，以及对前因后果进行线性分析的能力等。

　　一个看似复杂的问题，经过理性思维的梳理后，会变得简单化、规律化，从而轻松、顺畅地被解答出来，这就是分析能力的魅力。良好的逻辑能力是分析的必要条件，提高分析力就要从所给的信息中辨认出具有相互关系的结构，通过把整体分解为部分进行认识和思维，深入到事物内部探求其本质。

谁忘了插门

　　A、B、C、D四个人同住一间屋子。每个人晚上回来的时间都不一样，有迟的，有早的。这天四个人早上醒来时，发现昨晚的门没关，大家都很惊讶。

　　A说：我回来的时候，C还没有睡。

　　B说：我回来的时候，D已经睡了。

　　C说：我进门的时候，B准备上床休息。

　　D说：我一挨枕头就睡着了，什么也不知道。

　　那么，究竟是谁最后进的门，又忘了关门呢?

答案

最后进门的是A。

只要知道彼此时间上的早晚关系，一切问题就迎刃而解了。

按照他们各自的陈述，早晚问题可以这样推测：

（1）A比C晚进门。

（2）B比D晚进门。

（3）C比B晚进门。

（4）D不知道早晚。

由此，我们可以推断（1）和（3），A比C晚，比B晚，又比D晚，所以A最晚。

🧠 是什么职位？

一次聚会上，赵云遇到了宋河、代涛和王国三个人，他想知道他们三人分别是干什么的，但三人只提供了以下信息：三人中一位是警员、一位是设计师、一位是作家；王国比作家年龄大，宋河和设计师不同岁，设计师比代涛年龄小。

请问：三人的职业各是什么？

答案

从题意中可知，王国比作家大，说明他不是作家，宋河和设计师不同岁，说明宋河不是设计师，设计师比代涛小，说明代涛也不是设计师。

🧠 密码游戏

有两个小伙伴一起玩密码游戏，甲让乙看了一下卡片，卡片上写着"橘子橙子香蕉梨"，意思是"星期六游乐场碰面"；而另一张卡片上写着"橙子李子猕猴桃"，意思是"我们游乐场玩耍"；然后又让他看了一下最后一张卡片，上面写着"栗子橘子火龙果"，意思是"星期六游乐场玩耍"。

那么"香蕉梨"的意思是什么？

答案

碰面。

因为第一句和第二句的原意都有"橙子"，而解释的两句的意思里都有"游乐场"，第一句和第三句里都有"橘子"，解释的意思里都有"星期六"，所以"香蕉梨"的意思就是"碰面"。

🧠 哪种说法正确

在人口统计调查的过程中，男女比例相当，但是，黄种人跟黑种人相比多得多。在白种人中，男性比例大于女性，由此可见，请选择以下正确的说法：

A. 黄种女性多于黑种男性

B. 黑种女性少于黄种男性

C. 黑种男性少于黄种男性

D. 黑种女性少于黄种女性

答案

选A

在世界总人口中，男女比例相当，但是，黄种人跟黑种人相比多得多。在白种人中，男性比例大于女性，由此可见：

1. 黄男＋黄女＞黑男＋黑女

2. 黄男＋黑男＋白男＝黄女＋黑女＋白女

3. 白男＞白女

通过3，2

推出4：黄女＋黑女＞黄男＋黑男

结合1，4相加，

得出5：黄男＋黄女＋黑女＋黄女＞黑男＋黑女＋黄男＋黑男

所以：黄女＞黑男

下火车的窃贼

一天，李经理从北京出发去广州办事。他乘坐的卧铺车厢里的其他三人分别去往郑州、长沙和武汉。

列车运行到石家庄站的时候，停车15分钟，四人均离开了自己的铺位。在列车重新启动前，李经理回到铺位，却发现自己的手提包不见了。他急忙去报告乘警，乘警调查了其他三位乘客。

去郑州的乘客说，停车时他下去买了些早点；去长沙的乘客说，他到车上的厕所方便去了；去武汉的乘客说，他去另一车厢看望同行的朋友了。

听完他们的叙述，乘警认定去长沙的人偷了李经理的提包。

你知道为什么吗？

答案

因为列车在停靠车站时，为了保证站内卫生，厕所一律锁门，禁止乘客使用。去长沙的乘客说他在上厕所是在撒谎。

买了什么车

吉米、瑞恩、汤姆斯刚新买了汽车，汽车的牌子分别是奔驰、本田和皇冠。他们一起来到朋友杰克家里，让杰克猜猜他们三人各买的是什么牌子的车。杰克猜道："吉米买的是奔驰车，汤姆斯买的肯定不是皇冠车，瑞恩自然不会是奔驰车。"很可惜，杰克的这种猜测，只有一种是正确的，你知道他们各自买了什么牌子的车吗?

答案

　　从杰克的猜测中，我们可知只有"汤姆斯买的肯定不是皇冠车"这种猜测是正确的，那么他买的就只能是本田或奔驰。吉米应该买的不是奔驰，只能是皇冠或本田，那么吉米买的是皇冠车，瑞恩买的是奔驰车，汤姆斯买的是本田车。

座位的安排

　　小张在一家国际大企业中工作，一次，上司告诉他来了四个国家的五位领导，需要小张安排其同坐一张圆桌以方便交谈。但由于语言的不相通，还需要使五位领导可以双双交谈，上司只把这样一张清单交给小张，让其安排妥当。

　　清单：甲是中国人，会说英语；乙是法国人，会说日语；丙是英国人，会说法语；丁是日本人，会说汉语；戊是法国人，会说德语。

　　小张看着清单，实在不知如何安排，聪明的读者，如果你是小张，要如何安排呢?

答案

　　座位安排如图所示：

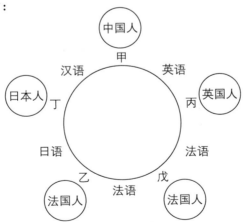

新领导

　　小陈的单位换了新的领导，大家都很好奇。有好事者就调查了很多信息回来报告，结果5个人说出了5种不同的调查信息：

　　甲说：新来的领导是个女的，姓秦，55岁，四川人。

　　乙说：新来的领导是个男的，姓齐，50岁，重庆人。

丙说：新来的领导是个女的，姓戚，55岁，四川人。

丁说：新来的领导是个男的，姓陈，50岁，湖南人。

戊说：新来的领导是个男的，姓陈，60岁，重庆人。

丁秘书刚好听到这些描述，觉得很有意思，他对大家说："你们五个人，没有一个人是全对的，但是每个人都只说对了其中的一项，而且还有两个人共同说准了一项。"

你能替小陈他们猜猜新领导到底是什么样的吗？

答案

新来的领导姓齐，女性，60岁，湖南人。

五个人每个都只说对了一项，有两个人说对同一项，综合起来五个人共说对了四项。那新领导肯定是女的而不是男的，因为如果是男的，就会有三个人说对同一项。既然是女的，那么可以肯定新领导不姓秦也不姓戚，也不是55岁，四川人的说法也是错的。剩下的每一个人都只说对了一项，所以这位领导也不是50岁，因为不可能再有2个人猜对同一项了，所以女领导是60岁。这样，新领导也不会姓陈，也不是重庆人。

小魔女们的小狗

小林子、小欢子、小安子、小丹子4个小魔女每人都养了乌龟，但每个人养的数量各不相同，并且她们眼睛的颜色和她们中意的魔女服装的颜色也各不相同。

乌龟的数量有：1只、2只、3只、4只。

眼睛的颜色分别是：灰色、绿色、蓝色、黄色。

服装的颜色分别是：黑色、红色、紫色、茶色。

请根据如下条件判断她们每个人眼睛的颜色、服装的颜色、饲养乌龟的数量。

1. 灰色眼睛的魔女和黑色服装的魔女和小欢子3人共有8只乌龟。

2. 绿色眼睛的魔女和红色服装的魔女和小安子3人共有9只乌龟。

3. 黄色眼睛的魔女和茶色服装的魔女和小丹子3人共有7只乌龟。

4. 紫色服装的魔女的眼睛不是灰色的。

5. 小安子的眼睛不是蓝色的。

6. 小欢子的眼睛是黄色的。

答案

小林子的眼睛是绿色的，穿着黑色服装，养了3只乌龟；

小欢子的眼睛是黄色的，穿着紫色服装，养了1只乌龟；

小安子的眼睛是灰色的，穿着茶色服装，养了4只乌龟；

小丹子的眼睛是蓝色的，穿着红色服装，养了2只乌龟。

考试名次

在一场测验中，A、B、C、D、E、F、G、H八个人，他们的名次关系如下：B、C、D三人中B最高，D最低，但D不是第八名；F的名次为A、C名次的平均数，A比C的名次高；F又比E高四个名次；G排在第四名。那么，请你判断他们分别是第几名吗？

答案

根据上面的条件可以画出下表。

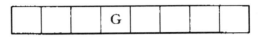

因为在B、C、D三人中B的最高，D的最低，但D又不是第八名，那么C大于第七名。F的名次为A、C名次的平均数且A比C的名次高，而且在B、C、D中，C排在中间，所以C前面至少有A、B、F三个，于是说C的位置只可能在第五或者第六。如果C在第六，那么D只能在第七；F又比E高四个名次，只能F在第一，E在第五；但是这与F为A、C平均数矛盾。那么C只能在第五位。F又是A、C的平均数，由此得出F在第三位，A在第一位；F比E高四个名次，E在第七位，所以F在第三位；D不在最后，D在第六位；B在第二位，最后剩下H在最后。

因此名次顺序为：A、B、F、G、C、D、E、H。

体育竞赛

有一场体育比赛中，共有N个项目，有运动员1号，2号，3号参加。在每一个比赛项目中，第一，第二，第三名分别得A，B，C分，其中A，B，C为正整数，且A＞B＞C。最后1号选手共得22分，2号与3号均得9分，并且2号在百米赛中取得第一。

最后，求N的值，并分析出谁在跳高中得第二名。

答案

因为1号、2号、3号三人共得分为22＋9＋9＝40分，又因为三名得分均为正整数且不等，所以前三名得分最少为6分。40＝5×8＝4×10＝2×20＝1×40，不难得出项目数只能是5。即N＝5。

1号总共得22分，共5项，所以每项第一名得分只能是5，22＝5×4＋2，故1应得4

个一名1个二名。第二名得1分，又因为2号百米得第一，所以1只能得这个第二。

2号共得9分，其中百米第一5分，其它4项全是1分，9＝5＋1＝1＋1＋1。即2号除百米第一外全是第三，跳高第二必定是3号所得。

 ## 来自纽约的船

问题内容：一般在每天中午的时间，从法国塞纳河畔的勒阿佛有一艘轮船驶往美国纽约，在同一时刻纽约也有一艘轮船驶往勒阿佛。已经知道的是，每次横渡一次的时间是7天7夜，以这样的时间匀速行驶，可遇到对方的轮船。

问题是：今天从法国开出的轮船能遇到几艘来自美国纽约的轮船？

答案

一共有15艘船。

首先我们先想一下，从美国纽约开往勒阿佛的海航线上总会有7艘轮船，只有每天中午时，只有6艘轮船，每两艘轮船相距一天路程。今天中午从勒阿佛开出的船每半天（12小时）会遇到一艘从纽约来的船横渡一次的时间是7天7夜，本应是会遇到14艘，可是从勒阿佛开出的船是中午开出。因此最后一艘是在美国纽约遇到的，第一艘是在法国勒阿佛遇到的，所以正确答案是：路途中遇到13艘从纽约来的船。然后，还要加上在勒阿佛遇到的刚刚到达的从纽约来的一艘船，还要加上在美国遇到的准备出发的一艘船。

赎尸博弈

春秋时期，有一年郑国发洪水，一个富商不小心溺水身亡。

有人碰巧得到了这位富商的尸体，富商的家属想赎回尸体，但得到尸体的那个人要价很高。

富商的家属问邓析（名家学派的创始人）怎么办，怎么避免出高价，邓析说："不必着急，得尸者不可能把尸体卖给别人的。"

得尸者听说后，着急了，也找到邓析，问他有什么好办法争取得高价。邓析说："不用急，富商的家属在别处是买不到尸体的。"

请问：得尸者和赎尸者最有可能达成什么样的成交价格？

答案

从这个案例中可以看出，邓析清楚地觉察到，得尸者能否以高价卖出尸体有赖于家属是否愿意接受这样的高价，家属能否以尽可能低的价钱赎回尸体有赖于得尸者能否接受这样的低价。邓析的建议是：每个局中人都可以根据自己的目标偏好与对方理性地讨价还价。

我们可分析一下"赎尸博弈"的效用矩阵：

		赎尸者（富商的家属）		
		出高价	出中价	出低价
得尸者	要高价	3，1	2，1	1，1
	要中价	0，0	2，2	1，1
	要低价	0，0	0，0	1，1

可见，这个博弈有三个均衡：

一是（出高价、要高价），这是一个有利于得尸者的结果；如果赎尸者（富商的家属）不能正确判断得尸者的行动选择，就会因急于赎回尸体而出高价，（出高价、要高价）这一均衡就很有可能出现；

二是（出低价、要低价），这是一个有利于赎尸者的结果。如果得尸者不能正确判断赎尸者（富商的家属）的行动选择，他就会因急于卖出尸体而要低价，（出低价、要低价）这一均衡就很有可能出现。

三是（出中价、要中价），这是一个双赢结果；如果得尸者和赎尸者都听从邓析的建议，他们就会在坚持自己的目标偏好的前提下理性地与对方讨价还价，那么，最有可能达成一致的成交价格就是中价（出中价、要中价），最终的结果将达到双赢，使目标冲突转化为合作。

🧠 谁先进校门

有三个同学A、B、C同时来到学校门口，这时A对另外两名同学说："如果B第一个进去，那么我不能最后一个进；如果我是第一个，B不能是最后一个。"

这时，B同学说："如果我不是第一个，那么也不能是最后一个，A也不能比C早。"

C同学说："如果我是最后一个，A不能比B迟；如果我是第一个，A不能比B早。"

根据这三个同学所说的话，请帮助他们排一下进学校的顺序，同时使他们每个人的愿望都得以实现。你能想出来吗？

答案

C第一个进，B第二个进，A最后一个进。

进入学校的顺序可以有以下6种情况，即：

1. ABC

2. ACB

3. BCA

4. BAC

5. CAB

6. CBA

A所说的话，可以把第2种与第3种情况排除；

而B的话又可以把第1种排除；

C的话可以把第4种和第5种排除；

所以只能是第6种情况，即选择C第一个进，B第二个进，A最后一个进的方法。

新区规划

某乡镇进行新区规划，决定以市民公园为中心，在东南西北分别建设一个特色社区。这四个社区分别定位为：文化区、休闲区、商业区和行政服务区。已知，行政服务区在文化区的西南方向，文化区在休闲区的东南方向。

根据以上陈述，可以得出以下哪项？

A. 市民公园在行政服务区的北面。

B. 休闲区在文化区的西南方向。

C. 文化区在商业区的东北方向。

D. 商业区在休闲区的东南方向。

E. 行政服务区在市民公园的西南方向。

答案

答案选A

根据题干条件，显然可得出下表：

可见，市民公园在行政服务区的北面。

🧠 朋友的生日

A、B、C、D、E五个朋友的生日是挨着的，但并非按下述次序排列：A的生日比C的生日早的天数正好等于B的生日比E的生日晚的天数；D比E大两天；C今年的生日是星期三；那么，其他四个人今年的生日都在星期几？

答案

A的生日是星期一；B的生日是星期四；D的生日是星期日；E的生日是星期二。

🧠 怎么买花

情人节的黄昏，你站在一条陌生的街道上，想要找一家花店为你的她买一大束鲜艳的玫瑰。在你的对面是五家连在一起的店，都没有招牌也没有玻璃橱窗。你看不到里面的任何东西。

你知道这五家店分别是茶店、书店、酒店、旅店和你要找的花店，并且知道：

1. 茶店不在花店和旅店的旁边；
2. 书店不在酒店和旅店的旁边；
3. 酒店不在花店和旅店的旁边；
4. 茶店的房子是上了颜色的。

你的另一半还在等着你，你没有足够的时间每家都进去看，你能在最短的时间里找出花店，买到花么？

答案

花店就是从右边数的第二家。

根据所给的条件，旅店不在茶店、书店和酒店的旁边；所以旅店应该是两头的两家店里的一家。而它的旁边就是茶店、书店和酒店以外的花店了。花店的旁边不是茶店或酒店，那就是书店了。

根据第二个条件，酒店不在书店的旁边，所以下一家应该是茶店。那么，剩下的酒店就是在两头的两家店中的一家。但是，茶店的墙是上了颜色的，所以茶店应该是左数过来的第二家。

以此类推，就可以推出顺序了。

🧠 拥有古物的是谁？

孙某和张某是考古学家老李的学生。有一天，老李拿了一件古物来考验两人，两

人都无法验证出来这件古物是谁的。老李告诉了孙某拥有者的姓，告诉张某拥有者的名，并且在纸条上写下以下几个人的人名，问他们知道谁才是拥有者？

纸条上的名字有：沈万三、岳飞、岳云、张飞、张良、张鹏、赵括、赵云、赵鹏、沈括。

孙某说：如果我不知道的话，张某肯定也不知道。

张某说：刚才我不知道，听孙某一说，我现在知道了。

孙某说：哦，那我也知道了。

请问：那件古物是谁的？

 答案

岳飞。

孙某说："如果我不知道的话，张某肯定也不知道。"那名字和姓肯定有多个选择的，排除沈、万、三和张良，把姓沈和姓张也同时排除。现在剩下：赵括、赵云、赵鹏、岳飞、岳云。张某说："刚才我不知道，听孙某一说，我现在知道了。"所以肯定是多选的排除：那就是"云"，剩下：赵括、赵鹏、岳飞。

最后：孙某说："哦，我也知道了。"那姓肯定是唯一的，那只有"岳飞"了。

🧠 导演是谁

甲、乙、丙三个导演分别拍了三部电影：《黄手帕》、《孙悟空新传》和《白莲飘飘》。一天，这三个导演聚餐。席间，拍《黄手帕》的甲导演说："真是有趣。咱们3个人的姓分别是三部电影片名的第一个字，可是我们每个人的姓同自己所拍的电影的片名的第一个字又不一样。"

孙导演笑着说："果真是这样啊，你观察得挺仔细的。"

你说这三个导演分别姓什么呢？

答案

《黄手帕》的导演姓白，《孙悟空新传》的导演姓黄，《白莲飘飘》的导演姓孙。

甲导演拍了黄手帕，所以甲不会姓黄，他又不姓孙，所以他只能姓白。

《孙悟空新传》的导演不姓黄就姓白，可是甲已经姓白了，所以他姓黄。剩下的《白莲飘飘》的导演只能姓孙了。

🧠 坐火车去旅游

张霞、李丽、陈露、邓强和王硕一起坐火车去旅游，他们正好在同一车厢相对两排的五个座位上，每人各坐一个位置。第一排的座位按顺序分别记作1号和2号。第2排的座位按序号记为3、4、5号。座位1和座位3直接相对，座位2和座位4直接相对，座位5不和上述任何座位直接相对。李丽坐在4号位置；陈露所坐的位置不与李丽相邻，也不与邓强相邻（相邻是指同一排上紧挨着）；张霞不坐在与陈露直接相对的位置上。

根据以上信息，张霞所坐位置有多少种可能的选择？

A. 1种   B. 2种   C. 3种

D. 4种   E. 5种

答案

答案选D

根据题干条件，李丽坐4号位置，陈露不与李丽相邻，所以只能坐1或2号位；

陈露也不对邓相邻，所以邓只能坐3或5号位。

由于张霞不坐在与陈露直接相对的位置上。假设陈露坐1号位，张霞可以坐2或5号位；

假设陈露坐2号位，则张霞可坐1、3或5号位。

综合来看，张霞可有1、2、3、5号位共4种可能的位置。

1	2	
3	4 李	5

身份归位

三位老师，李老师、向老师、崔老师，他们每人分别担任生物、物理、英语、体育、历史和数学六科中两门课程的教学工作。我们已经知道：

1. 物理老师和体育老师是邻居；

2. 李老师在三人中年龄最小；

3. 崔老师、生物老师和体育老师三个人经常一起从学校回家；

4. 生物老师比数学老师年龄要大些；

5. 假日里，英语老师、数学老师与李老师喜欢一起打排球。

请问，这三位老师各担任哪些课程呢？

答案

李老师教历史和体育，向老师教英语和生物，崔老师教数学和物理。

四人班组

张明、李英、王佳和陈蕊四人在一个班组工作，他们来自江苏、安徽、福建和山东四个省，每个人只会说原籍的一种方言。现已知福建人会说闽南方言，山东人学历最高且会说中原官话，王佳比福建人的学历低，李英会说徽州话并且和来自江苏的同事是同学，陈蕊不懂闽南方言。

根据以上陈述，可以得出以下哪项？

A. 陈蕊不会说中原官话。

B. 张明会说闽南方言。

C. 李英是山东人。

D. 王佳会说徽州话。

E. 陈蕊是安徽人。

 答案

答案选B

根据题干条件，4个人分别来自4个省，由福建人会说闽南方言，陈蕊不懂闽南方言。推出，陈蕊不是福建人。

再由王佳比福建人的学历低，推出，王佳不是福建人。

又由，每个人只会说原籍的一种方言，李英会说徽州话，推出，李英不是福建人。

所以，福建人只能是张明，他会说闽南方言。

上述推理可列表如下：

	江苏人	安徽人	福建人	山东人
			闽南方言	中原官话
张明			√	
李英	×		×	
王佳			×	×
陈蕊			×	

汽车是谁的

凯特、丽萨和玛丽每人都拥有3辆车：一辆双门、一辆四门、一辆五门。每个人也都分别有一辆别克、一辆现代、一辆奥迪牌汽车。但是，同一品牌的汽车的门的数量却各不相同：凯特的别克汽车的门的数量与丽萨的现代汽车的门的数量一样；玛丽的别克汽车的门的数量与凯特的现代汽车的门的数量一样；凯特的奥迪汽车为双门，而丽萨的奥迪汽车则有四门。请问：

1. 谁拥有一辆双门的别克汽车？
2. 谁拥有一辆四门的别克汽车？
3. 谁拥有一辆五门的别克汽车？
4. 谁拥有一辆五门的现代汽车？
5. 谁拥有一辆五门的奥迪汽车？

答案

1. 丽萨；2. 玛丽；3. 凯特；4. 丽萨；5. 玛丽

分析如下：

由凯特的奥迪汽车为双门，而丽萨的奥迪汽车则有四门，推出：玛丽的奥迪有五门；

凯特的别克汽车的门的数量与丽萨的现代汽车的门的数量一样，那这两辆车不可能是双门和四门，那只能是五门；

玛丽的别克汽车的门的数量与凯特的现代汽车的门的数量一样，那这两辆车不可能是双门和五门，那只能是四门；

那剩下的丽萨的别克和玛丽的现代就是双门。

	凯特	丽萨	玛丽
别克	五门	双门	四门
现代	四门	五门	双门
奥迪	双门	四门	五门

 招录考试

在某科室公开选拔副科长的招录考试中，共有甲、乙、丙、丁、戊、己、庚7人报名。根据统计，7人的最高学历分别是本科和博士，其中博士毕业的有3人；女性3人。已知，甲、乙、丙的学历层次相同，己、庚的学历层次不同；戊、己、庚的性别相同，甲、丁的性别不同。最终录用的是一名女博士。

根据以上陈述，可以得出以下哪项？

A. 甲是男博士。

B. 己是女博士。

C. 庚不是男博士。

D. 丙是男博士。

E. 丁是女博士。

答案

答案选E

根据题干断定，7人的最高学历分别是本科和博士，这说明，己、庚的学历一个是本科，一个是博士；再加上，甲、乙、丙的学历层次相同。意味着甲、乙、丙，再加上己、庚中的某一人这4人的学历层次相同；题干又断定，博士毕业的有3人；从而推出：甲、乙、丙必然是本科，丁、戊是博士。

再根据题干断定，7人中女性3人。戊、己、庚的性别相同，甲、丁的性别不同。意味着甲、丁为一男一女，戊、己、庚必为男性，剩下的乙、丙为女性。

又根据题干断定，最终录用的是一名女博士。从学历上排除了甲、乙、丙，从性别上排除了戊、己、庚；因此，女博士只能是丁。

上述推理可列表如下：

	甲	乙	丙	丁	戊	己	庚
学历	本科	本科	本科	博士	博士		
性别		女	女		男	男	男

男孩还是女孩

一对夫妻带着他们的一个孩子在路上碰到一个朋友。朋友问孩子："你是男孩还是女孩？"

朋友没听清孩子的回答。孩子的父母中某一个说，我孩子回答的是"我是男孩"，另一个接着说："这孩子撒谎，她是女孩。"这家人中男性从不说谎，而女性从来不连续说两句真话，也不连续说两句假话。

如果上述陈述为真，那么，以下哪项一定为真？

Ⅰ. 父母俩第一个说话的是母亲。

Ⅱ. 父母俩第一个说话的是父亲。

Ⅲ. 孩子是男孩。

A. 只有Ⅰ。

B. 只有Ⅱ。

C. 只有Ⅰ和Ⅲ。

D. 只有Ⅱ和Ⅲ。

E. 不能确定。

答案

答案选A。

假设父母俩第一个说话的是父亲，则第二个说话的是母亲。由于这家人中男性从不说谎，因此，由父亲说的话可推知，孩子的回答确实是"我是男孩"。如果孩子是男孩，则母亲连续说了两句假话；如果孩子是女孩，则母亲连续说了两句真话。这与题干的断定矛盾。

因此，假设不成立，即父母俩第一个说话的不是父亲，而是母亲，即Ⅰ项为真，Ⅱ项为假。因为父母俩第二个说话是父亲，又男性都说真话，因此事实上孩子是女孩，即Ⅲ项为假。

🧠 选课情况

为了加强学习型机关建设，某机关党委开展了菜单式学习活动，拟开设课程有"行政学""管理学""科学前沿""逻辑""国际政治"等5门课程，要求其下属的4个支部各选择其中两门课程进行学习。已知：第一支部没有选择"管理学""逻辑"，第二支部没有选择"行政学""国际政治"，只有第三支部选择了"科学前沿"。任意两个支部所选课程均不完全相同。

根据上述信息，关于第四支部的选课情况可以得出以下哪项？

A. 如果没有选择"行政学"，那么选择了"管理学"。

B. 如果没有选择"管理学"，那么选择了"国际政治"。

C. 如果没有选择"行政学"，那么选择了"逻辑"。

D. 如果没有选择"管理学"，那么选择了"逻辑"。

E. 如果没有选择"国际政治"，那么选择了"逻辑"。

答案

答案选D。

从题干的条件得知，各支部选择课程情况如下：

第一支部	第二支部	第三支部	第四支部
行政学、国际政治	管理学、逻辑	科学前沿	

下面用代入排除法推理：

如果第四支部没有选择"行政学"，再根据只有第三支部选择了"科学前沿"，得知第四支部只能选择"管理学"、"逻辑"和"国际政治"中的两门，再根据不能与第二支部所选课程完全相同，得出一定选国际政治，剩下的一门选管理学或逻辑都可以。因此选项A和选项C不能必然推出，均排除。

如果第四支部没有选择"管理学"，得知第四支部只能选择"行政学"、"逻辑"和"国际政治"中的两门，再根据不能与第一支部所选课程完全相同，得出一定选逻辑。因此，得出正确答案为D。剩下的一门选行政学或国际政治都可以。因此，排除选项B。

如果第四支部没有选择"国际政治"，得知第四支部只能选择"行政学"、"逻辑"和"管理学"中的两门，再根据不能与第二支部所选课程完全相同，得出一定选行政学，剩下的一门选管理学或逻辑学都可以。因此选项E不能必然推出，排除。

来自哪个学院

在东海大学研究生会举办的一次中国象棋比赛中，来自经济学院、管理学院、哲学学院、数学学院和化学学院的5名研究生（每学院1名）相遇在一起。有关甲、乙、丙、丁、戊5名研究生之间的比赛信息满足以下条件：

（1）甲仅与2名选手比赛过；

（2）化学学院的选手和3名选手比赛过；

（3）乙不是管理学院的，也没有和管理学院的选手对阵过；

（4）哲学学院的选手和丙比赛过；

（5）管理学院、哲学学院、数学学院的选手相互都交过手；

（6）丁仅与1名选手比赛过。

根据以上条件，请问丙来自哪个学院？

A. 管理学院

B. 化学学院

C. 数学学院

D. 哲学学院

　　E. 经济学院

答案

　　选C。

　　丁仅与1名选手比赛过，根据条件（2）化学学院的选手和3名选手比赛过和条件（5）管理学院、哲学学院、数学学院的选手相互都交过手；则丁为经济学院的选手。

　　乙不是管理学院的，也没有和管理学院的选手对阵过，结合（5）管理学院、哲学学院、数学学院的选手相互都交过手，则乙不是管理学院，不是哲学和数学学院，则乙属于化学学院的。

　　哲学学院的选手和丙比赛过，那丙属于数学或是管理学院的选手。

选手	甲	乙	丙	丁	戊
学院		化学	数学／管理	经济	

　　化学学院的选手和3名选手比赛过并且没有跟管理学院交手，则化学学院与哲学、数学和经济学院都交过手。

　　这说明，数学学院与化学、管理、哲学学院交过手；而且，哲学学院与化学、管理和数学学院交过手，根据（1）甲仅与2名选手比赛过，所以甲不属于数学学院，也不属于哲学学院，因此，甲只能是管理学院。

　　由此推出丙属于数学学院的。

选手＼学院	经济	管理	哲学	数学	化学
甲	×	√	×	×	×
乙	×	×	×	×	√
丙	×	×	×	√	×
丁	√	×	×	×	×
戊	×	×			×

🧠 暑假旅游

　　三名中国学生张林、赵强、李珊和三名外国留学生约翰、杰西、安娜暑假外出旅游，可供选择的旅游地有西安、杭州、大连和张家界。已经知道；

（1）每人只能去一个地方

（2）有中国学生去的地方，也有外国留学生去。

（3）有外国留学生去的地方，也有中国学生去。

（4）约翰去西安或者杭州，赵强去张家界

1. 如果杰西去大连，则以下哪项一定为真？

A. 安娜去张家界

B. 张林去大连

C. 李珊去西安

D. 约翰去杭州

2. 如果题干断定为真，则去杭州的人中不可能同时包含哪两位？

A. 张林和李珊

B. 李珊和安娜

C. 杰西和安娜

D. 张林和杰西

 答案

1. 正确答案是A

每人只能去一个地方，而约翰去西安或者杭州，所以约翰不去张家界。

有中国学生去的地方，也有外国留学生去，赵强去张家界，约翰不去张家界，所以必须有杰西或安娜之一去张家界，现在杰西去大连，那么安娜必须去张家界，A正确。

国别	中国人			外国人		
姓名	张林	赵强	李珊	约翰	杰西	安娜
西安		×		可能去		
杭州		×		可能去		
大连		×		×	√	
张家界	√				×	√

2. 正确答案是C

有中国学生去的地方，也有外国留学生去，赵强去张家界，约翰不去张家界，所以必须有杰西或安娜之一去张家界，而每人只能去一个地方，因此杰西和安娜不可能都去杭州，C正确。

高个与矮个

有100个身高不一的人任意排成10×10的方阵。先从每行的10人中挑选出这一行里最高的一个人，这样10行共挑出10个高个子人。把这10个高个子人中最矮的挑出来，这个人是"高个儿中的矮子"。然后再让他们回到自己原来的位置，再从每列的10个人中，找出这列最矮的那个，共10个矮个儿。

在这10个矮个儿中找出个最高的，这人是"矮个儿中的高个儿"。现在问："矮个儿中的高个儿"与"高个儿中的矮子"相比，谁更高些？

答案

设："高个儿中的矮子"为A；"矮个儿中的高个儿"为B。

如果让100个人随意排列，且高矮不齐，那么A、B之间的位置关系，有四种可能：

①A、B在同一行，无疑这时高个儿中的矮子也比矮个中的高个儿高，即A＞B，

②A、B在同一列，同样A＞B.

③A、B既在同一行，又在同一列，即A、B是一个人，这时A＝B，

④A、B既不在同一行，又不在同一列。

这种情况下，我们可以找到一个中间人物作参照来比高矮。A所在的那行与B所在的那列相交处的那个人，我们称之为C。在选高个儿时，A、C在一行里，A肯定比C高，否则不会把A挑出来。

再分析B、C所在的那一列，因为B比C矮，所以B被选出来。既然A＞C，C＞B，

当然A＞B。

结论是除A、B是同一个人的情况外，A总是比B高，即高个中的矮子比矮个中的高个儿高。

🧠 孩子数量

某天赵红去同事家里做客，窗户开着，一会儿，从庭院里传来一大群孩子们的嬉笑闹嚷声。赵红不禁非常惊讶："你有几个孩子？为什么家里这么多小孩？"

同事回答道："那些孩子不全是我的，那是四家人家的孩子。我的孩子最多，弟弟的其次，妹妹的再次，叔叔的最少。他们乱嚷着闹成一团，是因为他们不能按每队九人凑成两队，可也真巧，如果把我们这四家孩子的人数相乘，其积数正好是我家的门牌号数，这个数字你是知道的。"

赵红说："让我来试一试，把每家孩子的数目算出来。不过，要解决这个算题，已知数据还嫌不够。请告诉我，叔叔的孩子是一个呢？还是不止一个？"

同事立即回答了这个问题。

赵红听了，很快就准确地计算出这个问题，而且完全正确。

请你指出同事家的门牌号码，并说明这四家每家有几个孩子。

答案

从题中给出的条件孩子们"不能按每队九人组成两队"，便可以得知四家的孩子总数不超过十八人。由于总数有了限制，再加上题中提到叔叔家的孩子最少、妹妹次之、弟弟再次、而赵红同事家最多，可以推理出：叔叔家孩子只能有一个或两个，否则如果叔叔有三个孩子，妹妹至少有四个孩子，弟弟至少有五个孩子，主人家里至少有六个孩子。

由此列出等式：$3+4+5+6=18$（个）与题意明显不符，所以叔叔家中只能有不超过两个的孩子。由于四家人的孩子数目不同，而且总数也不超过18人，我们可以采取逐步排除法，将四家孩子所有的数目都列出来（情况较多，不一一列举）：

：

$2+3+4+5=14$,

$2+3+4+6=15$,

$2+3+4+7=16$,

⋯⋯⋯⋯⋯⋯

$1+4+5+6=16$,

1 + 3 + 6 + 7 = 17,

1 + 4 + 5 + 7 = 17,

……………

将以上情况都相乘之后，只有三种情况的积是相同的，列表如下：

	孩子数	和	积
第一种	2、3、4、5	14	120
第二种	1、3、5、8	17	120
第三种	1、4、5、6	16	120

由于同事的门牌号赵红是知道的，如果乘积不是120的话，赵红就不必再要求知道叔叔家的孩子数"是一个呢？还是不止一个？"。而当赵红知道叔叔的孩子数后，就准确地回答了各家孩子的数目，这说明赵红得到了唯一正确的答案，那必定是第一种情况：叔叔有两个孩子，妹妹有三个孩子，弟弟有四个孩子，同事有五个孩子。如果叔叔家的孩子是一个，就会有第二种、第三种两个不同的答案，赵红就不可能得出唯一正确答案。因此，同事家的门牌号码是"120"。

共需多少座位

17路公共汽车包括起点站与终点站在内，一共有15个站点。如果一辆17路公共汽车在除了终点站以外的地方，每一站上车的乘客中，恰好各有一位乘客到以后每一站下车。

请问，如果要使每一个上车的客人都有座位的话，这辆17路公共汽车上至少要有多少个座位呢？

答案

由于在每一个站台上车与下车的乘客总数并不是相等的，所以，要想使每一个上车的客人都有座位的话，就要去求一下车上最多可以达到多少个乘客。

解这道题的时候，我们可以在第一站开始上车的乘客开始算起。

由于题中已给出了条件：这趟公车沿途一共经过15个站点，"除了终点站以外的地方，每一站上车的乘客中，恰好各有一位乘客到以后每一站下车"，想使答案符合这一要求的话，在第一站的时候就需要14个人上车，多了少了都不行。在以后各站上车的人数也要比前一车站的人数少一个。

由此我们可以得出，车上人数变化情况是：

第一站：上车的有14人，下车的是0人，增加14人；

第二站：上车的有13人，下车的有1人，增加12人；

第三站：上车的有12人，下车的有2人，增加10人；

第四站：上车的有11人，下车的有3人，增加8人；

第五站：上车的有10人，下车的有4人，增加6人；

第六站：上车的有9人，下车的有5人，增加4人；

第七站：上车的有8人，下车的有6人，增加2人；

第八站：上车的有7人，下车的有7人，增加0人；

第九站：上车的有6人，下车的有8人，减少2人；

从这些数据的变化中可以得出，在第一站以后的各个站点中，上车的人数逐渐地呈现出减少的趋势，而下车的人数逐渐地呈现出增加的趋势。在到了第八站的时候，上车的人一共是7个，而下车的人也正好是7个，车上的乘客正好增加了0个人。此时，车上的乘客是最多的。所以，车上的人数为

$$14 + 12 + 10 + 8 + 6 + 4 + 2 = 56（人）$$

所以，要想使每一个上车的乘客在上车之后都有座位可以坐的话，这辆公共汽车内至少要有56个座位。

老师的生日是哪一天？

小刘和小红都是张老师的学生，张老师的生日是M月N日，2人都知道张老师的生日是下列10组中的一天，张老师把M值告诉了小刘，把N值告诉了小红，然后问他们老师的生日到底时哪一天？

3月4日、3月5日、3月8日、6月4日、6月7日、9月1日、9月5日、12月1日、12月2日、12月8日。

1. 小刘说：如果我不知道的话，小红肯定也不知道。

2. 小红说：刚才我不知道，听小刘一说我知道了。

3. 小刘说：哦，那我也知道了。

请根据以上对话推断出张老师的生日是哪一天？

9月1号。

首先，我们来分析一下这10组日期，经观察不难发现，只有6月7日和12月2日这

两组日期的日数是唯一的。由此可以看出，假如小红知道的N是7或者2，那么她肯定知道老师的生日是哪一天。

再次，我们来分析一下小刘说的话，小刘说："如果我不知道的话，小红肯定也不知道"，而该10组日期的月数分别为3，6，9，12，而且相应月的日期都有两组以上，所以小刘得知M后是不可能知道老师生日的。

进一步分析，小刘说："如果我不知道的话，小红肯定也不知道"，通过结论2我们可知小红得知N后也绝不可能知道。

然后，结合1和3的分析，可以推断：所有6月和12月的日期都不是老师的生日，因为如果小刘得知的M是6，而若小红的N＝7，则小红就知道了老师的生日。

同样的道理，如果小刘的M＝12，若小红的N＝2，则小红同样可以知道老师的生日。即：M不等于6和9。现在只剩下"3月4日、3月5日、3月8日、9月1日、9月5日"五组日期。而小红知道了，所以N不等于5（有3月5日和9月5日），此时，小红的N∈（1，4，8）注：此时N虽然有三种可能，但对于小红只要知道其中的一种，就得出结论。所以有小红说：刚才我不知道，听小刘一说我知道了，通过这样的推理，最后就剩下"3月4日、3月8日、9月1日"三个生日。

分析"小刘说：哦，那我也知道了"，说明M＝9，N＝1，（N＝5已经被排除，3月份的有两组）。因此正确答案应该是9月1日。

🧠 抓豆定生死

有五个人犯了死罪，不过警察想给他们一个改过自新的机会，于是把他们从牢房提了出来，不过有个条件，就是抓豆来决定他们的生死。

警察先给他们五个死刑犯编上号，然后让他们在一个大袋子中抓绿豆，在这个大袋子里面一共有100颗绿豆。规定就是每个人最少要抓一颗，等五个人抓完后，检查每个人所抓的数量，最多的和最少的都要处死，而且如果有数量重复的同样也要处死。还有就是他们在抓的过程中不能相互交流，但是在抓的时候可以让其摸出剩下的绿豆数量。

这五个死刑犯都不是坐着等死的人，他们阴险而歹毒，为了能够活命他们可以不择手段。那么，请问他们之中谁的生存概率较大呢？

答案

谁都难逃死罪。

因为他们每个人都想出去，而且阴险歹毒，所以为了自己活命可以不择手段。第

一个人在抓的时候，他知道100颗绿豆，五个人分，最可能活命的数字就应该在20左右，所以他会抓19颗，或者20颗，或者21颗。

第二个人开始抓，他会摸到里面的绿豆的数量，然后以此来确定第一个人抓了多少颗。本着不能重复的原则，他抓的数量也是在19到21之中，但不会和第一个人重复。

第三个人和第二个人思想一样，结果等他抓后，前三个人抓的数量将分别是19颗、20颗、21颗。

第四个人开始抓时，他会摸到剩下的黄豆的数量是40颗，他明白前三个人把死亡的可能推向了他和第5个人。他抓19颗、20颗、21颗都是重复，抓22颗将是最大，抓17颗就是救了第五个人，他要抓18颗，那么剩下的豆子是22颗，第五个人无论抓多少颗都是死，所以不会抓17颗来救第四个人，因为他们都是歹毒的人。因此第四个人抓多少也都是死。所以他一定会选择抓20颗。

第五个人摸到了袋子里剩下20颗豆子，他知道他无论抓多少颗都是死，所以他会抓20颗。这样，抓到20颗的3个人因为重复而被杀，剩下的抓19颗的和21颗的因为最多和最少而被杀，所以到最后是五个人全死。

野鸭蛋的故事

四个旅游家（张虹、印玉、东晴、西雨）去不同的岛屿去旅行，每个人都在岛上发现了野鸡蛋（1个到3个）。4人的年龄各不相同，是由18岁到21岁。已知：

① 东晴是18岁。

② 印玉去了A岛。

③ 21岁的女孩子发现的蛋的数量比去A岛女孩的多1个。

④ 19岁的女孩子发现的蛋的数量比去B岛女孩的多1个。

⑤ 张虹发现的蛋和C岛的蛋之中，有一者是2个。

⑥ D岛的蛋比西雨的蛋要多2个。

请问：张虹、印玉、东晴、西雨分别是多少岁？她们分别在哪个岛屿上发现了多少野鸡蛋？

答案

因为21岁的女孩不是去了A岛（印玉）（③），所以，21岁的是张虹。所以可推断，19岁的是印玉。

姓名	年龄	岛	蛋
张虹	21岁		1个或2个
印玉	19岁	A	1个或2个
东晴	18岁		
西雨	20岁		3个

假设张虹有2个的话，那么印玉就有3个（③），这与④相互矛盾的。所以，张虹是1个，印玉是2个。因此可知，C岛是发现了2个（⑤），去C岛的是东晴。

根据条件⑥可知，张虹去了D岛，剩下的西雨去了B岛。

所以，结果就是：

姓名	年龄	岛	蛋
张虹	21岁	D	1个
印玉	19岁	A	2个
东晴	18岁	C	2个
西雨	20岁	B	3个

❀ 是否交换

有一个智者来到甲、乙两个人的面前，给了他们两个人各一个信封。并说信封里装的是钱，但具体多少钱并没有跟他们说，智者只告诉他们，每个信封里的钱数为5、10、20、40、80、160元中的一个，而且其中一个信封里的钱是另一个信封里的钱的一倍。也就是说，如果甲拿到的信封中有20元钱，那么乙信封中的钱就是10元或者是40元。

甲、乙拿到信封后，各自看到了自己信封中钱的数额，但是他们并不知对方信封中的数额，假如现在给他们一个与对方交换的机会，请问，他们怎么判断是否应当交换呢？

答案

先看极端情况：

如果甲、乙有一人拿到5元的信封，该人肯定愿意换；

如果甲、乙有一人拿到160元的信封，该人肯定不愿意换；

但问题是甲、乙两个信封一个组合；设甲愿意换，则乙不一定愿意换；反过来也是一样的。

接着再看中间状况：从期望收益来看，设若（甲、乙）信封组合实际为（20、40）；

设若甲拿到信封，看到里面有20元，则他面对两种可能，即乙的信封里或为10元（若此，他不愿换），或为40元（若此，他愿意换）。但这两种可能性从概率上说是均等的，即各为1／2（50%）；因此，他若愿意换，则其期望收益为：10×50%＋40×50%＝25元；这比他若"不交换"的所得（信封里的20元）多，因此，理性的甲应当"愿意交换"。

设若乙拿到信封，看到里面有40元，则他面对两种可能，即A信封里或为20元（若此，他不愿换），或为80元（若此，他愿意换）；但这两种可能性从概率上说是均等的，即各为1／2（50%）；因此，他若愿意换，则其期望收益为：20×50%＋80×50%＝50元；这比他若"不交换"的所得（信封里的40元）多，因此，理性的乙也应当"愿意交换"。

他们分别是哪国人

现在有六个不同国籍的人，他们的名字分别叫A、B、C、D、E和F。另外，他们的国籍分别是美国、德国、英国、法国、俄国和意大利，已知：A和美国人的职业是医生；E和俄国人的职业是教师；C和德国人均是技术员；B和F都是军人，而德国人从未当过兵；法国人比A年龄大，意大利人比C年龄大；B同美国人下周要到英国去旅行，而C同法国人下周却要去瑞士度假。根据以上已知条件，你能知道A、B、C、D、E、F各是哪国人吗？

答案

A：意大利人；B：俄国人；C：英国人；D：德国人；E：法国人；F：美国人。

根据已知条件，我们可以列出下表（其中"√"表示正确，"×"表示错误）：

	A（医）	B	C（技）	D	E（教）	F
美（医）	×	×	×		×	
俄（教）	×		×		×	

	A（医）	B	C（技）	D	E（教）	F
德（技）	×	×	×	√	×	×
英			√			
法	×	×	×			
意			×			

由以上表格，可以得出以下结果：

A：俄、德、英、意；

B：俄、法、意；

C：美、俄、英；

D：六国；

E：除俄外五国；

F：除德外五国。

现在，仍然无法判断其国籍。从以上已知中还可以得出A同俄国人和德国人的职业不同，其中不可能是俄国人、德国人，而且，E不可能是美国人、德国人，C不是美国人、俄国人。由此，我们得到下表：

	A（医）	B	C（技）	D	E（教）	F
美（医）	×	×	×	×	×	
俄（教）	×		×	×	×	
德（技）	×	×	×	√	×	×
英	×	×	√	×	×	×
法	×	×	×	×		
意			×	×		

再F开始推断，F只能是美国人。这样，B只能是俄国人，这样很容易可以得出E是法国人，A是意大利人。所以最后的表格应为：

	A（医）	B	C（技）	D	E（教）	F
美（医）	×	×	×	×	×	√
俄（教）	×	√	×	×	×	×
德（技）	×	×	×	√	×	×
英	×	×	√	×	×	×
法	×	×	×	×	√	×
意	√	×	×	×	×	×

🧠 他们都是做什么的

A、B、C、D、E五个人是从小一起长大的好朋友。他们毕业后，其中有四个人分别开设了水果店、理发店、肉店和酒店，而最后一个人成了公司职员。

已知条件是：开水果店的不是C，也不是D，开酒店的不是D。也不是A，C和E住在同一座楼房里，公司职员是他们的邻居。C与理发店老板的妹妹结婚时，B参加了他们的婚礼。另外还知道A和C常常与肉店店主和水果店店主一起打扑克，D、E每隔20天到理发店去会一次面，而公司职员从不到理发店去，总是在自己家里理发刮胡子。

请问：你知道他们分别是做什么的吗？

答案

这道题不仅人物多，而且信息也太杂，在信息多时，要先理一理，看看这些信息都告诉了我们什么。题中告诉我们：

（1）由于水果店老板不是C，也不是D，故只能是A、B、E三人中的一人。

（2）酒店经理不是D，也不是A，故只能是B、C、E三人中的一人。

（3）C、E不可能是公司职员，故公司职员只能是A、B、D三人中的一人。

（4）B、C不是理发店老板，因而理发店老板只能是A、D、E中的一人。

（5）A、C不是肉店老板，也不是水果店老板。

（6）D、E不是理发店老板，也不是公司职员。

接下来，让我们试一试，根据上面信息，可不可以一个个排除，弄清每个人的职业。我们先来看A。在五种职业——水果店老板、理发店老板、肉店老板、酒店经理、公司职员中，由（2）可以看出，A不是酒店经理；由（5）可以看出，A也不是肉店、水果店老板。他可能是理发店老板或公司职员。因为确定不下来他是哪个，我们先来看其他人，也许可以从其他确定的推论中排除掉一个。

下面是B。在水果店老板、理发店老板、肉店老板、酒店经理，公司职员五种职业中，由（4）可以看出，B不是理发店老板。

接着是C。在水果店老板、理发店老板、肉店老板、酒店经理、公司职员五个职业中，由（1）可以看出，C不是水果店老板；由（3）可以看出，他不是公司职员；由（4）可以看出，他不是理发店老板；由（5）可以看出，他不是肉店老板，故他只能是酒店经理。这样，前两位酒店经理的可能性排除。

接下来是D。在水果店老板、理发店老板、肉店老板、酒店经理、公司职员五个职业中，由（1）可知，他不是水果店老板；由（2）可知，他不是酒店经理；由（6）可知，他不是理发店老板和公司职员，可见他是肉店老板。上面其他几位的肉店老板可能性可以排除。

最后是E。在水果店老板、理发店老板、肉店老板、酒店经理、公司职员五种职业中，由（3）可知，他不是公司职员；由（6）可知，他不是理发店老板，又因为上面已知肉店老板是D，酒店经理是C，所以他只能是水果店老板。这样，前面几位水果店老板的可能性可以排除。

因此，我们可以得出B是公司职员，而由此也可以得出A为理发店老板。那么最后的结论就是：

A：理发店老板；

B：公司职员；

C：酒店经理；

D：肉店老板；

E：水果店老板。

精妙的"十五"

一天，老刘头到街上闲逛。走着走着，便看到一群人围在一起，好像是在玩游戏。老刘头也上前凑热闹。原来，大家都在玩一种被叫作"十五点"的游戏，规则是大家轮流将硬币放在从1到9的数字上，不分先后，谁抢先将加起来等于"15"的3个不同的数字压住，那么当次人们所压放的钱便可全部归入其囊中。由于老板放的是银

元，而大家只需要放价值低廉的镍币便可以了，引来了很多观看者和参与者。

老刘头觉得非常简单，而且自认为也非常聪明，于是便上前与开设游戏的老板玩游戏。首先，老刘头将一枚镍币放在数字"7"上（老刘头将数字"7"盖住后，老板就不可再利用数字"7"了，其他任何数字同样是这样）。然后，轮到了老板，只见他拿出一把银元压住了数字"8"。老刘头暗自开心，第二轮开始，他便将一枚镍币放在数字"2"的方格上，他心中想到：下一轮，我再用一枚镍币压住数字"6"，这些钱便全是我的了。但是，老刘头刚有一丝得意，却意识到了危险。因为，老板在第二次放银元的时候便压住了数字"6"，也就是说打乱了老刘头的思路，而且只要老板在接下来的这轮中将银元放在数字"1"上，便赢了。于是，老刘头还没等老板放稳硬币，便用一枚镍币压住了数字"1"。可是，游戏老板却并不慌张，只见他仍旧笑脸相迎，将一枚银元放在了数字"4"上。老刘头看到下轮中只要老板将银元放在数字"5"上便赢了，所谓6 + 4 + 5 = 15。于是，老刘头连忙拿出一枚镍币压住了数字"5"。然而，他却没有想到，老板接下来拿出一枚银元轻轻地放在了数字"3"上，这样他也赢了，因为8 + 4 + 3 = 15。就这样，老刘头不一会儿便失去了珍贵的4枚镍币。

输了钱，老刘头心中非常难过，回到家后一直都在思考问题所在。可喜可贺的是，很快，他便想到了问题的根本，感叹道："我知道游戏老板用了什么秘诀了，哎，我真傻，竟然没想到在这种游戏中，我永远也不会赢！"

请问，是否知道老刘头输的原因，是否知道老刘头为何会发出以上感叹呢？

答案

这个"十五点"游戏，是具有诀窍的，那便是数学上的"井"字游戏的精髓：其建立在3×3魔方的基础上。3×3魔方妙处早在我国古代便已被发现，下面通过一系列的算式组合来演示。

在从1到9的数字中，和等于15的所有3个各不相同的数字的组合有8组：

$1 + 5 + 9 = 15$

$1 + 6 + 8 = 15$

$2 + 4 + 9 = 15$

$2 + 5 + 8 = 15$

$2 + 6 + 7 = 15$

$3 + 4 + 8 = 15$

$3 + 5 + 7 = 15$

$4+5+6=15$

接着，我们来看3×3魔方的情况：

2	9	4
7	5	3
6	1	8

在3×3魔方中也同样存在8组元素，且其8种组合皆分布于8条直线上：三行、三列和两条主对角线。而这8条直线中的任意一条直线上的数字相加都等同于15。这也就是说，在"十五点"游戏中，每组获胜的3个数字，都必定由这方阵中的某一行、某一列或某条主对角线上的数字组合。

很明显，开办"十五点"游戏的老板便深谙此理，其每次与人们玩游戏时候，便将其当作在方阵中玩"井"字游戏，他心中早已画上了一张卡片，或者将这张含义精妙的卡片放在任何只有他可以看到的地方，提醒自己、规范自己。

虽然，这只是一张包含了一种位置的魔方图，但是它却能够延伸出四种不同的组合，而其中的每一种组合形式都能通过反射，进而产生另外四种形式，总共八种组合形式。而这其中的每一种形式皆可被当作取胜的秘诀。

所以，在玩这种"十五点"游戏的时候，早有准备的游戏的老板是绝对不会输的。即便有高手存在，且始终都准确无误地进行，那么最后也只是落得个"和局"的情况。更何况，玩游戏的其他人并不知道其中秘诀，且容易被人性中各种各样的因素所迷惑、干扰。

所以，参透其中奥妙的老刘头才发生那样的感叹：竟然没想到在这种游戏中，我永远也不会赢！

数独游戏

下图是一个9阶方阵，其中包含了81个小格（九行九列）。图中又再次分成九个小正方形，这被称为"宫"，每宫都有九个小格。

如图，现在方阵中已经填入了一些数字，你需要做的是在其他空白的小格中填入1～9的阿拉伯数字，并保证每行、每列、每宫中的数字都不可重复出现。你能做到吗？

	3	7		5				2
	2	1	4	9			3	
		4		8				
	5		8	1				9
3	7	6				2	1	8
1				2	3		6	
				6		9		
	8			3	9	1	4	
2				7		6	8	

答案

通常你可以这样做：

第一，认真分析这些方格信息，根据横行、竖列和宫格的限制条件，排除各个点不可能的数字，试着将1~9的数字逐个填入每个空白的格子中。

第二，观察刚刚的工作，假若你发现某个空格中只有一个数字，那么恭喜你，这个空格的工作最终完成。然后，你根据各种规则，划除相同的数字。

第三，审视刚刚的工作，如果你发现某一个数字在各个横行、竖列或方格中出现的次数只有一次，那么恭喜，这些空格的数字最终确定了。然后，像第二步骤中的同样，划去相同的数字。

第四，观察刚刚的工作，找出相对称的两个数组合的空格（或3个、4个组合），并确定这两个空格（或3个、4个）的数字只可能为这两个数字，也就是说两个数字在某两个空格的位置可以交换，但不可能到该行、该列或该方格的其他位置上。由此结果，你可排除掉相关列或方格中的相关数字的可能性，逐步缩小范围。

第五，继续下去，各个击破，逐步缩小范围，直到最后。

最终，你一定可以成功地完成这个数独游戏。不过，遗憾的是这种方法要消耗掉太多的时间。下面来介绍一种简单的方法：

第一，将每一横行中缺少的数字填入该行的最右侧。

第二，将每一竖列中缺少的数字填入该列的最下方。

第三，审视刚刚的工作，在刚刚填入的备选数字中，确定一个是行、列都所缺少的。恭喜，这个数字可以填入空格了。

第四，按照第三步骤的方法，认真执行即可。

很快，你便能够完成这个数独游戏了。答案如下图：

8	3	7	6	5	1	4	9	2
5	2	1	4	9	7	8	3	6
9	6	4	3	8	2	7	5	1
4	5	2	8	1	6	3	7	9
3	7	6	9	4	5	2	1	8
1	9	8	7	2	3	5	6	4
7	4	3	1	6	8	9	2	5
6	8	5	2	3	9	1	4	7
2	1	9	5	7	4	6	8	3

谁是间谍

有一个间谍，他化妆为一名旅客混坐在一列国际列车的某节车厢内，他们的名字叫做甲、乙、丙、丁，而且他与其他的三名都是不同国籍的人，都身着不同颜色的大衣，坐在同一张桌子的两对面，其中有两个人是靠边坐的，但是，保密局已经知道，他们中有一位身穿蓝色大衣的旅客是国际间谍，而且还知道他们四个人如下的关系：

（1）日本旅客坐在乙先生的左侧；

（2）甲先生穿褐色大衣；

（3）穿黑色大衣者坐在法国旅客的右侧；

（4）丁先生的对面坐着美国旅客；

（5）俄国旅客身穿灰色大衣；

（6）日本旅客把头转向左边，望着窗外。

据此，警察能否知道哪一位是间谍并准确无误地抓住他？

四个人的座次如下图所示：

乙（俄、灰）丁（日、蓝）

窗外

甲（法、褐）丙（美、黑）

所以，就可以看得出来，丁是穿蓝衣的间谍，警察才会准确无误地抓住他。

谁和谁是夫妻

有四对夫妻，赵结婚的时候张来送礼，张和江是同一排球队队员，李的爱人是洪的爱人的表哥。洪夫妇与邻居吵架，徐、张、王都来助阵。李、徐、张结婚以前住在一个宿舍。

请问：赵、张、江、洪、李、徐、王、杨这八个人谁是男谁是女，谁和谁是夫妻？

答案

洪与江、李与王、赵与徐、张与杨为夫妻。

首先分析性别，因为李的爱人是洪的爱人的表哥，所以说明李是女性，当然，与李在结婚前同住在一个宿舍的徐和张也为女性。所以我们得出了：

男：赵、洪、王、杨

女：李、徐、张、江

接下来分析夫妻关系，从洪入手，因为洪夫妇和邻居吵架，徐、张、王来帮忙，说明了洪的对象不能是徐和张。

所以洪的对象有两个可能：李和江。但是由于李的爱人是洪的爱人的表哥，所以否定了李，洪与江是对象。

下来分析李的爱人：因为洪夫妇与邻居吵架，徐、张、王都来助阵，这里只有王是男性，而且李的爱人是洪的爱人的表哥。所以说明王很有可能就是江的表哥，也就是李的丈夫。这样我们分析出了王与李是一对。

剩下的男性还有赵和杨，女性还有张和徐。第一句说了：赵结婚的时候张来送礼，说明赵不是和张结婚，所以赵和徐是夫妻。而张和杨是夫妻。

他们分别是哪里人？

奥林匹克运动会结束后，下面这五个人在进行议论。他们中有一个是讲真话的南区人，一个是讲假话的北区人，一个是既讲真话又讲假话的中区人，还有两个是局外人。他们每个人要么就先说两句真话，再说一句假话；要不然就先说两句假话，再说一句真话。请看以下他们的陈述：

A.

1. 如果运动员都可以围腰布，那我也能参加。

2. B一定不是南区人。

3. D没能赢得金牌。

4. C如果不是因为有晒斑，也能拿到金牌。

B.

1. E赢得了银牌。

2. C第一句话说的是假的。

3. C没能赢得奖牌。

4. E如果不是中区人就是局外人。

C.

1. 我不是中区人。

2. 我就算没有雀斑也赢不了金牌。

3. B的铜牌没有拿到。

4. B属于南区人。

D.

1. 我赢得了金牌。

2. B的铜牌没有拿到。

3. 假如运动员都能围腰布，A本来会参加。

4. C不属于北区人。

E.

1. 我得了金牌。

2. C就算没有晒斑，也拿不到金牌。

3. 我并不是南区人。

4. 假如运动员都能围腰布，A本来会参加。

那么，谁是南区人，谁是北区人，谁是中区人，哪两个是局外人，谁得了奖牌呢？

答案

A是北区人；B是南区人，获得铜牌；C是中区人；D是局外人，获得金牌；E是局外人，获得银牌。

说话者之中有一个是南区人，一个是中区人，一个是北区人，另外两个是局外人。

E第3次说的话是真实的，B的第4次陈述是真实的，因为E可以肯定要么是中区人，要么是两个局外人之一。

C第1次说的可能是虚假的，也可能是真实的。如果是真实的，B要么是南区人，要么是两个局外人之一。如果是假的，那么C就是中区人。

D第4次陈述，即C不是北区人，是真实的。因此，B、C、D、E每个人至少有一次真实的陈述。因此，A是北区人，此陈述是假的。

A第2次陈述，即B不是南区人，是虚假的。那么，B是南区人，此说法是真的。

B第2次陈述，即C的第1次陈述是虚假的，所以C是中区人。

C第1次和第3次是虚假的，第2次和第4次陈述是真实的。以此，也可以推出D和E是两个局外人。

A第3次陈述是虚假的，D赢得了金牌。

B第1次陈述是真实的，E赢得了银牌。

C第3次陈述，即B没有赢得铜牌，是虚假的，B赢得了铜牌。

D第1次和第4次陈述是真实的，第2次和第3次陈述是虚假的。

E第2次和第3次陈述是真实的，第1次和第4次陈述是虚假的。

🧠 火山岛

某国东部沿海有5个火山岛E、F、G、H、I，它们由北至南排列成一条直线，同时发现：

（1）F与H相邻并且在H的北边。

（2）I和E相邻。

（3）G在F的北边某个位置。

1. 五个岛由北至南的顺序可以是：

   A. E、G、I、F、H

   B. F、H、I、E、G

   C. G、E、I、F、H

   D. G、H、F、E、I

2. 假如G与I相邻并且在I的北边，下面哪一个陈述一定为真？

   A. H在岛屿的最南边

B. F在岛屿的最北边

C. E在岛屿的最南边

D. I在岛屿的最北边

3. 假如I在G北边的某个位置，下面哪一个陈述一定为真？

　　A. E与G相邻并且在G的北边

　　B. G与F相邻并且在F的北边

　　C. I与G相邻并且在G北边

　　D. E与F相邻并且在F的北边

4. 假如发现G是最北边的岛屿，该组岛屿有多少种可能的排列顺序？

　　A. 2　　　　　　　B. 3　　　　　　　C. 4　　　　　　　D. 5

5. 假如G和E相邻，下面哪一个陈述一定为真？

　　A. E位于G的北边的某处

　　B. F位于I的北边的某处

　　C. G位于E的北边的某处

　　D. I位于F的北边的某处

答案

5个元素连续排列在5个位置上，如果从北至南依次为1到5号位。

由条件（3）知，F不能在1号位。

由条件（1）知，F不能在5号位。

F也不能在3号位。因为如果F在3号位，则H在4号位，G在1号位，此时I、E占2、5号位，这与条件（2）矛盾，故不可能。

下面分情况考虑：

如果F在2号位，则H在3号位，G在1号位，I、E占4、5号位；这就是第一种情况。

如果F在4号位，则H在5号位，此时G可以在1号位也可以在3号位；这就可以分为第二种情况和第三种情况。

经过以上分析，本题元素的排列情况可列下表：

位置	1	2	3	4	5
第一种情况	G	F	H	I／E	E／I
第二种情况	G	I／E	E／I	F	H
第三种情况	I／E	E／I	G	F	H

1. 答案选C

可以用排除法。A项违反条件（2）；B项违反条件（3）；D项违反条件（1）。只有C项符合以上分析图表的第二种情况。

2. 答案选A

G与I相邻并且在I的北边，这属于表中的第二种情况，当然H在岛屿的最南边。

3. 答案选B

I在G北边，这属于表中的第三种情况，显然可以得到G与F相邻并且在F的北边。

4. 答案选C

G是最北边的岛屿，就是表中的第一和第二种情况，由于每种情况I、E可以互换，所以一共有4种可能的排列顺序，分别是：GFHIE，GFHEI，GIEFH，GEIFH。

5. 答案选D

G和E相邻，这属于表中的第二和第三种情况，这时F、H分别占据4、5号位，因此，I一定位于F的北边的某处。

🧠 录制唱片

一位音乐制作人正在一张接一张地录制7张唱片：F、G、H、J、K、L和M，但不必按这一次序录制。安排录制这7张唱片的次序时，必须满足下述条件：

（1）F必须排在第二位。

（2）J不能排在第七位。

（3）G既不能紧挨在H的前面，也不能紧接在H的后面。

（4）H必定在L前面的某个位置。

（5）L必须在M前面的某个位置。

1. 下面哪一项可以是录制这7张唱片从L到7的顺序？

    A. F，K，G，L，H，J，M

    B. G，F，H，K，L，J，M

    C. G，F，H，K，L，M，J

    D. K，F，G，H，J，L，M

2. 如果M在J之前的某个位置和K之前的某个位置，下面哪一项一定是真的？

    A. K第七

    B. L第三

    C. H或者紧挨在F的前面或者紧接在F的后面

D. L或者紧挨在G的前面或者紧接在G的后面

3. 下面哪一项列出了可以被第一个录制的唱片的完整且准确的清单？

A. G, J, K

B. G, H, J, K

C. G, H, J, L

D. G, J, K, L

4. 录制M的最早的位置是

A. 第一

B. 第三

C. 第四

D. 第五

5. 如果G紧挨在H的前面但所有其他条件仍然有效，下面的任一选项都可以是真的，除了

A. J紧挨在F的前面

B. K紧挨在G的前面

C. J紧接在L的后面

D. J紧接在K的后面

答案

条件表达如下：

（1）F = 2

（2）J ≠ 7

（3）×（GH）

（4）H < L

（5）L < M

一	二	三	四	五	六	七
	F					

1. 答案选B

由（1），F必须排在第二位，可排除A项；

由（2），J不能排在第七位，可排除C项；

由（3），G既不能紧挨在H的前面，也不能紧接在H的后面，可排除D项。

B项符合题干的全部要求，因此，B为正确答案。

2. 答案选C

F处在第二位，则其前面有一个位置，后面有五个位置，由（4）（5）可知H在L和M的前面，由题干M在J之前的某个位置和K之前的某个位置，因此，H后面有至少四个字母，因此H只能有两个位置可以选：紧挨在F的前面或者紧接在F的后面。其余选项均不一定。

一	二	三	四	五	六	七
	F					

3. 答案选B

由（4）（5）可知H在L和M的前面，因此L和M不可以是被第一个录制的唱片，又由（1）F必须排在第二位，因此F不可以是被第一个录制的唱片，其余G，H，J，K均可以被第一个录制。

4. 答案选C

由（4）H必定在L前面的某个位置，由（5）L必须在M前面的某个位置。因此M前面有H和L两张唱片，又由（1）F必须排在第二位，因此F肯定也在M的前面，因此录制M的最早的位置是第四。

5. 答案选D

如果G紧挨在H的前面，则二者应该在F的后面；如果D项为真，即J紧接在K的后面，则二者也在F后面，由（4）（5）可知H在L和M的前面，则L和M也在F的后面，这样F后面需要有6个位置，而事实上F后面只有5个位置，这就存在了矛盾，不可能是真的。

其余选均可以是真的。

🧠 逻辑会议

有6位学者F、G、J、L、M和N将在一次逻辑会议上演讲，演讲按下列条件排定次序：

（1）每位演讲者只讲一次，并且在同一时间只有一位讲演者。

（2）三位演讲者在午餐前发言，另三位在午餐后发言。

（3）G一定在午餐前发言。

（4）仅有一位发言者处在M和N之间。

（5）F在第一位或第三位发言。

1. 如果J是第一位演讲者，谁一定是第二位演讲者？

    A. F   B. G

    C. L   D. M

2. 如果J是第四位演讲者，谁一定是第三位演讲者？

    A. F或M   B. G或L

       C．L或N   D．M或N

3．如果L在午餐前发言并且M不是第六个发言者，紧随M之后的发言者必是：

       A．F   B．G

       C．J   D．N

4．如果M和N的发言被午餐隔开，以下哪项列出了可以安排在M和N之间的所有发言者？

       A．G、J   B．J、L

       C．F、G、J   D．F、G、J、L

5．如果J在F之前发言，N可以排在第几位发言？

       A．第四位   B．第二位

       C．第三位   D．第一位

答案

根据条件（3）（5）可列个表分为四种情况：

	午餐前			午餐后		
	1	2	3	4	5	6
情况一	F	G				
情况二	F		G			
情况三	G		F			
情况四		G	F			

1．答案选B

如果J是第一位演讲者，根据列表，只能是第四种情况，第二位演讲者一定是G。

2．答案选D

如果J是第四位演讲者，再加上条件（4）仅有一位发言者处在M和N之间，因此只能是第一种情况，第三位演讲者只能是M或N。

3．答案选C

如果L在午餐前发言，上午就排满了；那么，在午餐后发言的是M、N、J；再加上条件（4）仅有一位发言者处在M和N之间并且M不是第六个发言者，可推出，M在第4个发言，紧随M之后的发言者必是J。

4. 答案选D

如果M和N的发言被午餐时间隔开，再加上条件（4）仅有一位发言者处在M和N之间，那么M和N在午餐前只能占据2号位和3号位；当M和N在午餐前占据2号位时（情况二、三），F、G可以安排在M和N之间；当M和N在午餐前占据3号位时（情况一），J、L也可以安排在M和N之间。

5. 答案选A

如果J在F之前发言，只能是第三、四种情况，那么，M、N只能在午餐后发言，再加上条件（4）仅有一位发言者处在M和N之间，可推出M、N一定占据4号位和6号位，故选A。

心脏病患与医生

有7名心脏病患者E、F、G、H、I、J、K要分配给4名医生负责治疗，他们是张医生、李医生、王医生和刘医生，每名患者只能由1位医生负责，每位医生最多负责两名患者的治疗，患者中J和K是儿童，其余5个是成年人；E、F和J是男性，其余4个是女性，以下条件必须满足。

（1）张医生只负责治疗男性患者。

（2）李医生只能负责1名患者的治疗工作。

（3）如果某名医生负责治疗1名儿童患者，那么他必须负责与这个患儿性别相同的1名成人患者的治疗工作

1. 根据上面的条件，以下哪项肯定为真？

   A. F由李医生负责治疗

   B. G由刘医生负责治疗

   C. J由张医生负责治疗

   D. H由王医生负责治疗

2. 以下每名患者都可以由李医生负责治疗，除了哪一位？

   A. E   B. G   C. I   D. K

3. 如果E由王医生负责治疗，则以下哪一项肯定为真？

   A. F由李医生负责治疗

   B. G由王医生负责治疗

   C. H由刘医生负责治疗

   D. K由刘医生负责治疗

4. 如果李医生负责治疗G，则以下哪项可能为真。

    A. E和F由刘医生负责治疗

    B. I和K由王医生负责治疗

    C. H和I由刘医生负责治疗

    D. E和K由王医生负责治疗

5. 根据题干，以下哪一项肯定为真？

    A. 王医生至少负责治疗一名女性患者

    B. 王医生至少负责治疗一名儿童患者

    C. 刘医生至少负责治疗一名男性患者

    D. 刘医生至少负责治疗一名儿童患者

答案

首先对本大题进行条件分析，列出下表：

	成人	儿童
男	E，F	J
女	G，H，I	K

由条件（2），李医生只负责一名患者，而每位医生最多负责两名患者的治疗，那么其余的医生就要各负责2名。

1. 正确答案是C

由条件（1），张医生只能治疗E、F、J中的人。

张医生不可能负责E、F，否则违背条件（3），张医生一定治疗J和一名男性成年人（E或F），C正确。

医生名	张	李	王	刘
病人人数	2男	1	2	2
病人名	J，E/F			

2. 正确答案是D

K是女童，由条件（2）李医生只能治疗一个人，所以李医生一定不能治疗K，否则违背条件（3）。

3. 正确答案是D

E由王医生负责治疗，而张医生只能治疗E、F、J中的人，并且由第14题分析可知

张医生一定治疗J和另外一名男性成年人，所以张医生一定治疗F、J，A排除。

E由王医生负责治疗，张医生一定治疗F、J，所以李医生治疗除K之外的另外3名女性之一，因为如果某名医生负责治疗1名儿童患者，那么他必须负责与这个患儿性别相同的1名成人患者的治疗工作，而王医生已经治疗了一名男性成人，所以他只能再治疗一个女性成人，那么剩下一个女性成人和K就只能由刘医生治疗，D正确。

4. 正确答案是B

J和K是儿童，而K是女性，E、F和J是男性，因为如果某名医生负责治疗1名儿童患者，那么他必须负责与这个患儿性别相同的1名成人患者的治疗工作，A、D排除。

如果H和I都由刘医生治疗，而G由李医生治疗，而且如果某名医生负责治疗1名儿童患者，那么他必须负责与这个患儿性别相同的1名成人患者的治疗工作，剩下的女性儿童K将没有人能治疗，C排除。

B正确。

5. 正确答案是A

由第14题得J只能张医生治疗，而且张医生还要治疗一名男性患者，那么只剩下一名男性患者，而李医生只能负责1名患者的治疗工作，因此王、刘两位医生必须各负责2位患者，因为剩下一个男性患者可分配，所以王刘两位都至少要治疗1个女性患者，A正确。

委员会成员

一个委员会工作两年，每年都由4人组成，其中2名成员来自下面4位法官：F，G，H和I，另外2名成员来自下面3位科学家：V，Y和Z。每一年，该委员会有1名成员做主席，在第一年做主席的成员在第二年必须退出该委员会。在第二年做主席的人在第一年必须是该委员会的成员。该委员会成员必须满足下面的条件：

G和V不能在同一年成为该委员会的成员；

H和Y不能在同一年成为该委员会的成员；

每一年，I和V中有且只有一位做该委员会的成员。

1. 下面哪项列出了能够在第一年成为该委员会成员的名单？

A. F，H，V，Z   B. F，G，V，Z

C. G，H，I，Z   D. H，I，Y，Z

2. 如果V在第一年做该委员会主席，下面哪一选项列出了在第二年必须做该委员会成员的两个人？

A. H和I   B. I和Y

C. G和Y   D. V和Y

3. 如果H在第一年做主席，下面哪一位能够在第二年做主席？

A. Y   B. I

C. F   D. G

4. 如果F在某一年是该委员会成员，下面任何一位都可以在那一年是该委员会成员，除了

A. V   B. G

C. H   D. I

5. 下面哪项一定为真？

A. F在第二年是该委员会成员。

B. H在第一年是该委员会成员。

C. Z在第二年是该委员会成员。

D. I在两年之内都是该委员会成员。

<u>答案</u>

根据题目条件，委员会是由法官中的2位和科学家中的2位构成。

法官2	科学家2
F，G，H，I	V，Y，Z

（1）G→V

（2）H→Y

（3）I／V

1. 答案选A

用排除法。B项违背条件（1）；C项中只有1位科学家，不满足委员会组成的要求；D项违背条件（2）。

2. 答案选B

	法官2				科学家2		
	F	G	H	I	V	Y	Z
第一年					√		
第二年			√	√	×	√	√

V在第一年做主席，第二年就必须退出，所以另两位科学家Y，Z必须是第二年的委员；又有条件（3）没V就得有I。

3. 答案选C

	法官2				科学家2		
	F	G	H	I	V	Y	Z
第一年	√	×	√	×	√	×	√

H在第一年做主席，那么在第一年，其他人的情况是，由条件（2）有H则无Y；这样另两位科学家V，Z必须做委员；由条件（1），有V则无G；再由条件（3）有V则无I；这样还剩一位法官F必须做委员。

而在第二年做主席的人在第一年必须是该委员会的成员。在四个选项里面，只有C项中的F在第一年是委员，因此，答案为C。

4. 答案选B

F是某年的委员，G不可能在那年是委员。因为若G也是委员，那法官中的另两位H，I就不是委员。有条件（1），有G则无V；又有条件（3）无I则有V；这就存在矛盾，故不可能。

	法官2				科学家2		
	F	G	H	I	V	Y	Z
第一年	√	√	×	×	×	√	

其余选项不能使题干条件矛盾。

5. 答案选C

	法官2				科学家2		
	F	G	H	I	V	Y	Z
有V	√	×	√	×	√	×	√
无V			×	√	×	√	√

委员会的组成可分为有V和无V两种情况：

若有V，有条件（1）则无G；有条件（3）则无I；因此，法官中的F，H必须是委员。有条件（2）有H则无Y，因此，科学家中的Z必须是委员。

230

若无V，在科学家中的Y，Z必须是委员。

所以，任何情况下，Z都是委员。

医护人员

某位在医院工作的人员说："医院里医务人员，包括我在内，总共是16名医生和护士。下面讲到的人员情况，无论是否把我计算在内，都不会有任何变化。在这些医护人员中：

（1）护士多于医生

（2）男医生多于男护士

（3）男护士多于女护士

（4）至少有一位女医生

请问这位说话的人是什么性别和职务？

A. 男医生　　　　　　　B. 男护士　　　　　　　C. 女医生

D. 女护士　　　　　　　E. 都不可能

答案

选D。

第一步要先确定医务人员数量、构成。医院里所有的医务人员列表如下：

	医生	护士
男	男医生P	男护士Q
女	女医生R	女护士S

根据题目条件，有如下关系：

（1）$Q+S>P+R$

（2）$P>Q$

（3）$Q>S$

（4）$R\geqslant 1$

同时，$P+Q+R+S=16$；结合由（1）可推知$Q+S\geqslant 9$，$P+R\leqslant 7$；

既然$P+R\leqslant 7$，加上（4），可推知：$P\leqslant 6$；

由（2）（3）得：$P>Q>S$

若$P<6$，最大取5，此时，Q最大取4，S最大取3，不能满足条件$Q+S\geqslant 9$。

因此，必然有$P=6$。由此推知，$Q=5$，$S=4$，$R=1$。

	医生	护士
男	男医生6人	男护士5人
女	女医生1人	女护士4人

第二步，再考虑把说话的人排除在外的情况：

如果把一名男医生排除在外，则与（2）矛盾；

如果把一名男护士排除在外，则与（3）矛盾；

如果把一名女医生排除在外，则与（4）矛盾；

如果把一名女护士排除，则与任何条件都不矛盾。

因此，说话的人必然是一位女护士。

哪一张牌

有人从一手纸牌中选定一张牌，他把这张牌的花色告诉甲先生，而把点数告诉了乙先生。两位先生都知道这手纸牌是：黑桃J、8、4、2；红心A、Q、4；方块A、5；草花K、Q、5、4。甲先生和乙先生都很精通逻辑，很善于推理。他们之间有对话如下：

乙先生：我不知道这张牌。

甲先生：我知道你不知道这张牌。

乙先生：现在我知道这张牌了。

甲先生：现在我也知道了。

根据以上对话，你能推测出这是下面哪一张牌？

A. 方块A。　　　　　B. 红心Q。　　　　　C. 黑桃4。

D. 草花5。　　　　　E. 方块5。

答案

选E。

这手牌的情况是：

	2	4	5	8	J	Q	K	A
黑桃J、8、4、2	√	√		√	√			
红心A、Q、4		√				√		√
方块A、5			√					√
草花K、Q、5、4		√	√			√	√	

　　由于乙先生知道这张牌X的点数，如果X的点数是2、8、J、K中的一个，那么乙先生应该知道X是什么牌。因为这些点是13张牌中唯一的点。但乙先生不知道X是一张什么牌。所以X应在黑桃4；红心A、Q、4；方块A、5；草花Q、5、4之中。

　　又由于甲先生确认"我知道你不知道这张牌"，那么X的花色不能是黑桃或草花，因为黑桃或草花里有的点数是唯一的，所以X在红心A、Q、4和方块A、5中。

　　此时双方都已经知道X在五张牌中。如果X的点数是A，由于有两张A，乙先生无法知道X，但乙先生竟说"现在我知道这张牌了"，所以X的点数不是A而是Q、4、5。所以，X在红心Q、4和方块5中。

　　又，如果X的花色是红心，由于还剩两张，那么甲先生也无法知道X，但这时他竟然知道了，所以，X不是红心，而是方块，即方块5。

 ## 多少条疯狗

　　一个村子里有50户人家，每户人家养一条狗，不幸的是村子里有的狗感染了疯狗病，现在要杀死疯狗。杀狗规则如下：

（1）必须确定是疯狗才能杀。

（2）杀狗用猎枪，开枪杀狗人人都听得见，没有聋子。

（3）只能观察其他人家的狗是否得了疯狗病，不能观察自己的狗是否有疯狗病。

（4）只能杀自己家的狗，别人家的狗你就是知道有疯狗病也不能杀。

（5）任何观察到了其他人家的狗有疯狗病都不能告诉任何人。

（6）每人每天只能去观察一遍其他人家的狗是否疯狗。

现在的现象是，第一天没有枪声，第二天没有枪声，第三天响起一片枪声。

从中可以推测第三天杀了多少条疯狗？

A．1条　　　　　　　　B．3条　　　　　　　　C．25条

D．49条　　　　　　　E．50条

答案

　　选B。

　　简单说就是你知道自己家的狗是疯狗才杀之，但你不能观察自己家的狗是否疯。

　　首先不可能是一条疯狗，如果是一条的话，那么该疯狗的主人看到的就都是正常的狗，所以他就知道自己的狗是疯狗，就会第一天（第一次思考）开枪杀掉；

　　如果有两条是疯狗，其中任一疯狗的主人会看到另一条疯狗，并且通过'第一天无人开枪'他已经知道不会只有一条疯狗，第二天（第二次思考）会杀掉自己的狗；

如果有三条疯狗，其中任一疯狗的主人会看到另两条疯狗，并且通过'第一、二天无人开枪'知道不会只有两条疯狗，第三天（第三次思考）会打死自己的狗；

如果为N只疯狗，则需要第N天（第N次思考）才行。

所以，第三天响起一片枪声，一定是杀了三条疯狗。

男女混合双打

刘健、马明、张益三个男同学各有一个妹妹，这天，六个人一起打乒乓球，举行的是男女混合双打，并且规定，兄妹两人不搭伴。

第一盘对局情况是：刘健和小萍对张益和小英。

第二盘对局情况是：张益和小红对刘健和马明的妹妹。

请根据题干的条件，确定以下哪项为真？

A. 刘健和小红、马明和小英、张益和小萍各是兄妹。

B. 刘健和小英、马明和小萍、张益和小红各是兄妹。

C. 刘健和小萍、马明和小英、张益和小红各是兄妹。

D. 刘健和小红、马明和小萍、张益和小英各是兄妹。

E. 刘健和小英、马明和小红、张益和小萍各是兄妹。

答案

选A。

根据题干条件，逐步进行推理：

①一盘对局：由刘健和小萍是搭伴，可知刘健的妹妹不是小萍；由张益和小英是搭伴，可知张益的妹妹不是小英。

②二盘对局：由张益和小红是搭伴，可知张益的妹妹不是小红；由刘健和马明的妹妹是搭伴，可知马明的妹妹不是小红。

可借助下图解题，其中，√和×分别表示是或不是兄妹关系。数字表示推断的步骤：

	小英	小红	小萍
刘健			× ①
马明		× ②	
张益	× ①	× ②	

234

③ 由张益的妹妹不是小英和小红，可知张益的妹妹是小萍；由小红不是张益和马明的妹妹，可知小红是刘健的妹妹。

	小英	小红	小萍
刘健		√ ③	× ①
马明		× ②	
张益	× ①	× ②	√ ③

④ 由小红是刘健的妹妹，可知小英不是刘健的妹妹。由小萍是张益的妹妹，可知小萍不是马明的妹妹。

⑤ 由小英不是张益和刘健的妹妹，可知小英是马明的妹妹。

	小英	小红	小萍
刘健	× ④	√ ③	× ①
马明	√ ⑤	× ②	× ④
张益	× ①	× ②	√ ③

分别会哪两种语言

甲、乙、丙、丁四人分别掌握英、法、德、日四种语言中的两种，其中有三人会说英语，但没有一种语言是四人都会的，并且知道：

（1）没有人既会日语又会法语；

（2）甲会日语，而乙不会，但他们可以用另一种语言交谈；

（3）丙不会德语，甲和丁交谈时，需要丙为他们做翻译；

（4）乙、丙、丁不会同一种语言。

你能说出四个人分别会哪两种语言吗？

A. 甲会英语和日语，乙会英语和德语，丙会英语和法语，丁会法语和德语

B. 甲会英语和日语，乙会英语和法语，丙会英语和德语，丁会法语和德语

C. 甲会英语和德语，乙会英语和日语，丙会英语和法语，丁会法语和德语

D. 甲会英语和德语，乙会英语和法语，丙会法语和德语，丁会英语和日语

E. 甲会英语和法语，乙会英语和德语，丙会法语和德语，丁会英语和日语

答案

选A。

从条件（1）、（2）可知，甲会日语，但不会法语，所以甲会的第二种语言有两种可能：英语或德语。若为德语，则由"有三人会英语"推出乙、丙、丁都会英语，与条件（4）矛盾，所以甲会的第二种语言为英语，得到表1。

表1

	英	法	德	日
甲	√	×	×	√
乙				
丙				
丁				

由条件（3）知，甲、丁不会同一种语言，即丁不会英语和日语，所以丁会法语和德语。得到表2。

表2

	英	法	德	日
甲	√	×	×	√
乙				
丙				
丁	×	√	√	×

再由条件（4）知，甲、乙、丙三人会英语。又由条件（3）知，丙不会德语，又要分别与甲和丁掌握着同一种语言，所以丙和丁只能同会法语，得到表3。

表3

	英	法	德	日
甲	√	×	×	√
乙				
丙	√	√	×	×
丁	×	√	√	×

由条件（2）知，乙不会日语，由条件（4）知，乙不会法语，所以乙会德语。得到表4。

表4

	英	法	德	日
甲	√	×	×	√
乙	√	×	√	×
丙	√	√	×	×
丁	×	√	√	×

至此已经很清楚了，甲会英语和日语，乙会英语和德语，丙会英语和法语，丁会法语和德语。

🧠 哪个地方的运动员

一次羽毛球邀请赛，来自湖北、广东、福建、北京和上海的五名运动员相遇在一起，据了解：

（1）甲仅与另外两名运动员比赛过；

（2）上海运动员和另外三名运动员比赛过；

（3）乙没有和广东运动员交过锋；

（4）福建运动员和丙比赛过；

（5）广东、福建、北京的三名运动员相互都交过手；

（6）丁仅与一名运动员比赛过。

那么戊是哪个地方的运动员？

A．湖北　　　　　　B．广东　　　　　　C．福建

D．北京　　　　　　E．上海

答案

选C。

由（1）、（2）知，甲不是上海运动员；由（4）知，丙不是福建运动员；

由（3）、（5）知，乙不是广东、福建、北京的运动员；

由（2）、（5）、（6）知，丁不是上海、广东、福建、北京的运动员，所以丁是湖北运动员。

得到下表：

	湖北	广东	福建	北京	上海
甲	×				×
乙	×	×	×	×	
丙	×		×		
丁	√	×	×	×	×
戊	×				

由此可知乙是上海运动员。得到下表：

	湖北	广东	福建	北京	上海
甲	×				×
乙	×	×	×	×	√
丙	×		×		×
丁	√	×	×	×	×
戊	×				×

下面分析运动员之间的比赛场次，可知：乙是上海人赛过3场，所以乙和除广东人以外的三个人均比赛过，分别为乙—丁，乙—福建，乙—北京。而福建人至少赛过3场，所以甲不是福建人，故戊是福建人。

	湖北	广东	福建	北京	上海
甲	×		×		×
乙	×	×	×	×	√
丙	×		×		×
丁	√	×	×	×	×
戊	×		√		×

🧠 单循环比赛

四个足球队进行单循环比赛，每两队都要赛一场。如果踢平，每队各得1分，否则胜队得3分，负队得0分。比赛结果，各队的总得分恰好是四个连续的自然数。

问输给第一名的队的总分是多少？

A. 1　　　　　　 B. 2　　　　　　 C. 3

D. 4　　　　　　 E. 5

答案

选D。

因为四个队的分数是四个连续的自然数，所以四个队的总分为偶数。由于四个队共赛6场，每场的分数和不是3＋0＝3（有胜负）就是1＋1＝2（平局），因此四个队的总分最高为6×3＝18（分），最低为6×2＝12（分），故总分有四种可能：12分，14分，16分，18分。

将上述四个数值分解成四个连续的自然数，只有2＋3＋4＋5＝14和3＋4＋5＋6＝18两种。

（1）若总分为18分，则此时每场比赛均有胜负，每场比赛各队不是3分就是0分，所以每队的总分都是3的倍数。但3，4，5，6不都是3的倍数，故不满足条件。

（2）若总分为14分，则6场比赛产生的分数为3，3，2，2，2，2。根据四个队分数分别为2，3，4，5，可列出下表：

	第一名	第二名	第三名	第四名	总分
第一名		3	1	1	5
第二名	0		1	3	4
第三名	1	1		1	3
第四名	1	0	1		2

所以第二名输给第一名，它的总分为4分。

住哪一层

A、B、C、D四个人分别住在18层高的公寓里，他们的名字分别叫甲、乙、丙、丁。现知道：

（1）A住的层数比C住的层数高，但比D住的层数低；

（2）B住的层数比丙住的层数低；

（3）D住的层数恰好是乙住的层数的5倍；

（4）如果甲住的层数增加2层，那么他与丙相隔的层数恰好和他与丁相隔的层数一样；

（5）甲住的层数是乙和丙住的层数之和。

根据上述情况，确定甲住哪一层？

A. 3层　　　　　　B. 5层　　　　　　C. 8层

D. 12层　　　　　E. 15层

答案

选C。

解题的突破口首先是要判定A、B、C、D的名字。

由条件（5）知，甲住的层数高于乙和丙住的层数。

由条件（4）知，甲住的层数介于丙和丁住的层数之间。

由条件（2）知，丙住的层数不是最低的。

所以从高到低依次住的是丁、甲、丙、乙。

再结合条件（1）、（2）可推出从高到低依次住的是D、A、C、B。

因此，A是甲，B是乙，C是丙，D是丁。

由条件（3）知，乙住的层数只能是1、2、3层，下面分别讨论。

① 若乙住1层，则丁住5层。设丙住x层，则甲住（1+x）层，由条件（4），有：

$5-(1+x+2)=(1+x+2)-x$

解出x＝－1，不符合条件。

② 若乙住2层，则丁住10层。设丙住x层，则甲住（2+x）层，由条件（4），有

$10-(2+x+2)=(2+x+2)-x$

解出x＝2，与乙住在同一层，不符合条件。

③ 只能乙住在3层，丁住在15层。设丙住在x层，则甲住（3+x）层。由条件（4），有

$15-(3+x+2)=(3+x+2)-x$

解出x＝5。

所以，乙住3层，丙住5层，甲住8层，丁住15层。

🧠 足球联赛

北京、上海、广东、四川和辽宁每队都参加了两次足球联赛。

（1）每次联赛只进行了四场比赛：北京对上海、北京对辽宁、广东对四川、广东对辽宁

（2）只有一场比赛在两次联赛中胜负情况保持不变。

（3）北京是第一次联赛的冠军。

（4）在每一次联赛中，输一场即被淘汰，只有冠军一场都没输。

（5）每场比赛都不会有平局的情况

请问谁是第二次比赛的冠军？

A．北京　　　　　　B．上海　　　　　　C．广东

D. 四川　　　　　　　　E. 辽宁

选D。

根据（1），北京、广东和辽宁各比赛了两场；因此，从（4）得知，他们每队在每一次联赛中至少胜了一场比赛。根据（3）和（4），北京在第一次联赛中胜了两场比赛；于是广东和辽宁第一次联赛中各胜了一场比赛。这样，在第一次联赛中各场比赛的胜负情况如下：

北京胜上海；广东胜四川；辽宁胜广东；北京胜辽宁。

根据（2）以及北京在第二次联赛中至少胜一场的事实，北京第二次联赛的第一场必定又打败了辽宁或者又打败了上海。如果北京又打败了辽宁，则辽宁必定又打败了广东，这与（2）矛盾。所以北京不是又打败了辽宁，而是又打败了上海。这样，在第二次联赛中各场比赛的胜负情况如下：

北京胜上海（第一场）　　　　　　辽宁胜北京（第二场）
广东胜辽宁（第三场）　　　　　　四川胜广东（第四场）

在第二次联赛中，只有四川一场也没有输。因此，根据（4），四川是第二场比赛的冠军。

🧠 队中的位置

有甲、乙、丙、丁、戊、己六个人排队买票。已知条件如下：

（1）队列中的第四个人戴帽子；

（2）丁要买四张票，直接排在戴帽子的男子之后；

（3）队列中有四个人不戴帽子；

（4）排在队首的甲戴帽子，并且要买两张票；

（5）队列中只有两位女士乙和己，其中要买三张票的女士戴帽子。

（6）乙要买两张票并且排在己之前。

（7）队列中要买一张票的人排在要买五张票的人之后。

如果戊要买的票数是两位女士之和，那么丙在队中的位置是：

A. 第二。　　　　　　B. 第三。　　　　　　C. 第四。
D. 第五。　　　　　　E. 第六。

选E。

根据（1）、（3）、（4）可知，第一、第四两个人戴帽子，其余皆不戴。且第一个人是甲，要买两张票。根据（2）、（5）可知，戴帽子的两个人恰为一男一女，且戴帽子的女士要买三张票。由此可知，戴帽子的女士是第四位，且只能是乙或己。根据（6）可知，第四位（戴帽子的女士）是要买三张票的己，而第三位是要买两张票的女士乙。由于前面四位要买的票数分别是2、4、2、3，都不是1或5，所以根据（7），可知第五位要买五张票，第六位要买一张票。根据假定，戊要买的票数是两位女士之和，而两位女士买的票数之为5，故戊是第五位。综上可知，丙是第六位，要买一张票。

奖学金

甲、乙、丙、丁四人分别获数学、英语、语文和逻辑学四个学科的奖学金，但他们都不知道自己获得的是哪一门获学金。他们相互猜测：

甲："丁得逻辑学奖"；

乙："丙得英语奖"；

丙："甲得不到数学奖"；

丁："乙得语文奖"。

最后发现，数学和逻辑学的获奖者所作的猜测是正确的，其他两人都猜错了。

那么他们各得哪门学科的奖学金？

答案

假设甲猜对，即丁得逻辑学奖。由已知条件"逻辑学获奖者所作的猜测是正确的"，则丁猜对，那么乙得语文奖，并且丙、乙均猜错。而由乙猜错，可知丙得不到英语奖，只能得数学奖。再由丙猜错，可知甲得数学奖。这与四人分别获四科奖学金的条件相矛盾。所以甲的猜测是错误的。

	数学	英语	语文	逻辑
甲	√			
乙			√	
丙	√	×		
丁				√

因此，甲猜错，可知，丁得不到逻辑学奖，甲不得数学奖且不得逻辑学奖。由此可知，丙的猜测是正确的。则丙得数学或逻辑学奖。于是推得，乙猜错，故丁猜对，即乙得语文奖，则甲得英语奖，所以丁得数学奖，丙得逻辑学奖。

	数学	英语	语文	逻辑
甲	×	√	×	×
乙	×	×	√	×
丙	×	×	×	√
丁	√	×	×	×

🧠 老实人

在一个俱乐部里，有老实人和骗子两类成员，老实人永远说真话，骗子永远说假话。一次我们和俱乐部的四个成员谈天，我们便问他们："你们是什么人，是老实人？还是骗子？"这四个人的回答如下：

第一个人说："我们四个人全都是骗子。"

第二个人说："我们当中只有一个人是骗子。"

第三个人说："我们四个人中有两个人是骗子。"

第四个人说："我是老实人。"

请判断一下，第四个人是老实人吗？

答案

① 四个人当中一定有老实人。因为如果四个人都是骗子，则谁也不会说"我们四个人全都是骗子"。所以第一个人为骗子。

② 第二个人为骗子。因为如果他是老实人，说实话，由于我们已经判断了第一个人是骗子，则第二、三、四个人都是老实人。但第三个人的回答与他矛盾，故第二个人说的是假话，他是骗子。

③ 再看第三个人的回答：如果第三个人是骗子，则由①可知，第四个人一定是老实人；若第三个人是老实人，那么由他的话知他和第四个人是老实人。因而无论第三个人是骗子还是老实人，都可以推出第四个人是老实人。

所以，第四个人是老实人。

审辩力

审辩力即审辩式思维能力或批判性思维能力，是一种通过理性达到合理结论的过程，在这个过程中，包含着基于原则、实践和常识之上的热情和创造。

审辩式思维或批判性思维的定义有广狭之分。广义定义将批判性思维等同于决策、问题解决或探究中所包含的认知加工和策略。狭义的定义集中于评估或评价。不过，无论广义或是狭义批判性思维，都蕴含着好奇心、怀疑态度、反省和合理性。批判性思维者具有探究信念、主张、证据、定义、结论和行动的倾向。

"批判的"（critical）源于拉丁文*criticus*，而*criticus*又源于希腊文*kritikos*（*krites*裁决者、法官的形容词用法）。*kritikos*意指"有辨别或裁决能力的"。批判性思维的渊源可追溯到古希腊苏格拉底所倡导的一种探究性质疑（probing questioning），即"苏格拉底方法"或"助产术"。苏格拉底方法的实质是，通过质疑通常的信念和解释，辨析它们中的哪些缺乏证据或理性基础，强调思维的清晰性和一致性。这典型体现了批判性思维的精神，因此苏格拉底被尊为批判性思维的化身。批判性思维的现代概念直接源于杜威的"反省性思维"：能动、持续和细致地思考任何信念或被假定的知识形式，洞悉支持它的理由及其进一步指向的结论。

20世纪40年代，批判性思维被用于标示美国教育改革的一个主题；70年代，在美国、英国、加拿大等国教育领域兴起一场轰轰烈烈的"批判性思维运动"；80年代，批判性思维成为教育改革的焦点；90年代开始，美国教育的各层次都将批判性思维作为教育和教学的基本目标。

一个广为接受的、较易理解的批判性思维定义是：批判性思维是"为决定相信什么或做什么而进行的合理的、反省的思维"。

美国哲学学会实施的"德尔菲"计划，将批判性思维界定为：批判性思维是有目的的、自我校准的判断。这种判断导致解释、分析、评估、推论以及对判断赖以存在的证据、概念、方法、标准或语境的说明。

训练批判性思维能力，可以从以下三个方面着手：

（1）论点构建

这一方面的问题主要让你去识别或找到：

· 论述的基本结构

· 正确得到的结论

· 基于的假设

· 被强有力支持的解释性假说

· 结构上相似的论点的平行结构

（2）论点评价

这一方面的问题主要让你在分析既定的论点基础之上去识别：

· 加强或削弱既定论点的因素

· 在进行论述时所犯的推理错误

· 进行论述所使用的方法

（3）形成并且评价行动方案

这方面的问题主要让你去识别：

· 不同行动方案的相对合适性、有效性或效率

· 加强或削弱拟议行动方案成功可能的因素

· 拟议行动计划所基于的假设

本章通过批判性思维的训练来练习假设、支持、反驳、评估、解释、对话和商议等，从而使我们初步熟悉恰当推理的逻辑标准和探究的正确方法。

中国的姓氏

中国的姓氏有一个非常大的特点，那就是同是一个汉族姓氏，却很可能有着非常大的血缘差异。总体而言，以武夷山——南岭为界，中国姓氏的血缘明显地分成南北两大分支。两地汉族血缘差异颇大，甚至比南北两地汉族与当地少数民族的差异还要大。这说明随着人口的扩张，汉族不断南下，并在2000多年前渡过长江进入湖广，最终跃过海峡到达海南岛。在这个过程中间，南迁的汉族人不断同当地说侗台、南亚和苗语的诸多少数民族融合，从而稀释了北方汉族的血缘特征。

以下哪项如果为真，最能反驳上述论证？

A. 南方的少数民族可能是更久远的时候南迁的北方民族。

B. 封建帝王曾经敕封少数民族的部分人以帝王姓氏。

C. 同姓的南北两支可能并非出自同一祖先。

D. 历史上也曾有少数民族北迁的情况。

E. 不同姓氏的南北两支可能出自同一祖先。

答案

选C。

题干陈述：同一个汉族姓氏很可能有着非常大的血缘差异。例如，南北两地汉族血缘差异颇大，原因是南迁的汉族人不断同当地的诸多少数民族融合，从而稀释了北方汉族的血缘特征。

可见，题干论证显然必须假设：同姓的南北两支出自同一祖先。C项否定了这一假设，有力反驳了上述论证。

其余选项不能削弱题干，或者削弱力度较弱。比如，B项，仅仅指某些敕封为帝王姓氏，数量较少，削弱力度弱。

 ## 波儿山羊

从国外引进的波儿山羊具有生长速度快、耐粗饲、肉质鲜嫩等特点，养羊效益高。我国北方某地计划鼓励当地农民把波儿山羊与当地的山羊进行杂交，以提高农民养羊的经济效益，满足发展高效优质羊肉的生产需要。

以下哪项如果为真，最能对上述计划的可行性提出质疑？

A. 波儿山羊耐高温不耐低温，杂交羊不能适应当地的气候条件

B. 并非所有的波儿山羊都可以与当地的山羊成功杂交

C. 当地许多年轻人认为饲养羊是低等的工作，因为养羊的利润比其他工作的利润低

D. 当地许多人不喜欢波儿山羊

E. 当地一些山羊也具有生长快、耐粗饲、屠宰率高、肉质鲜嫩的优点

答案

选A。

A项指出杂交羊不能适应当地的气候条件，这样就对"把波儿山羊与当地的山羊进行杂交以提高农民养羊的经济效益"的计划的可行性提出了强烈的质疑。

B项"并非所有"，说明有些甚至多数波儿山羊可以与当地的山羊成功杂交，这说明计划还是可行的。

E项当地一些山羊也具有这样的优点，虽然有些削弱作用，但最多质疑的是"波儿山羊与当地的山羊进行杂交"这个计划是否需要，并不能质疑这个计划本身的可行性。

滚轴溜冰

最近举行的一项调查表明，某师大附中的学生对滚轴溜冰的着迷程度远远超过其他任何游戏，同时调查发现经常玩滚轴溜冰的学生的平均学习成绩相对其他学生更好一些。看来，玩滚轴溜冰可以提高学生的学习成绩。

以下哪项如果为真，最能削弱上面的推论？

A．师大附中与学生家长订了协议，如果孩子的学习成绩的名次没有排在前二十名，双方共同禁止学生玩滚轴溜冰。

B．玩滚轴溜冰能够锻炼身体，保证学习效率的提高。

C．玩滚轴溜冰的同学受到了学校有效的指导，其中一部分同学才不至于因此荒废学业。

D．玩滚轴溜冰有助于智力开发，从而提高学习成绩。

E．玩滚轴溜冰很难，能够锻炼学生克服困难做好一件事情的毅力，这对学习是有帮助的。

答案

选A。

因果倒置型题目。选项A揭示了一个额外信息，说明经常玩滚轴溜冰的学生是被筛选过的，是因为成绩好才能玩，而不是因为玩才成绩好。

选项B、D、E都是支持题干推论的，排除；选项C虽然有一定削弱作用，但是程度太弱。

咨询公司

东进咨询公司的广告词如下："东进咨询团体的实力出众，可以使新创办的公司开业成功！请看我们的这六位客户：他们每个公司在开业的两年内都获得了可观的利润。不要再犹豫了，马上联系东进咨询公司，我们可以给你们提供金点子，保证开业成功！"

以下哪项如果为真，最能质疑上述广告词？

A．东进咨询公司的客户开业后也有失败的记录。

B．除了东进咨询公司，上述六个公司还向其他咨询公司进行了咨询。

C．东进咨询公司的工作人员并非都是博士或拥有MBA学位。

D．即使没有东进咨询公司的帮助，上述六个公司开业也会获得成功。

E．上述六个公司都是家具行业，东进咨询公司对其他行业的咨询效果一般。

答案

选D。

题干结论：东进咨询公司能保证新创办的公司开业成功！

理由：东进咨询公司的六位客户在开业的两年内都获得了可观的利润。

如果D项为真，上述六个公司的开业成功，与对东进公司的咨询没有实质性的因果联系。

A项对结论有所削弱，B项是个另有它因的或然性削弱，C项不能削弱，D项直接针对题干论证进行了削弱，E项削弱力度很小。综合比较，D项的削弱力度最大。

亚里洛

一个部落或种族在历史的发展中灭绝了，但它的文字会留传下来。"亚里洛"就是这样一种文字。考古学家是在内陆发现这种文字的。经研究，"亚里洛"中没有表示"海"的文字，但有表示"冬天"、"雪"和"狼"等的文字。因此，专家们推测，使用"亚里洛"文字的部落或种族在历史上生活在远离海洋的寒冷地带。

以下哪项如果为真，最能削弱上述专家的推测？

A. 蒙古语中有表示"海"的文字，尽管古代蒙古人从没见过海。

B. "亚里洛"中有表示"鱼"的文字。

C. "亚里洛"中有表示"热"的文字。

D. "亚里洛"中没有表示"山"的文字。

E. "亚里洛"中没有表示"云"的文字。

答案

选E。

根据题干，"亚里洛"文字中没有"海"，从而推测，使用该文字的部落远离海洋。

如果E项为真，则说明不能根据"亚里洛"中没有表示"海"的文字就推测，使用"亚里洛"文字的部落或种族在历史上生活在远离海洋的地带。因为"亚里洛"中没有表示"云"的文字，但使用"亚里洛"文字的部落或种族生活的地带不可能没有云。这就有力地削弱了专家的推测。

A项如果为真，也起一定的削弱作用，但是有可能表示"海"的文字，只出现于近现代蒙古语中，因此削弱力度不如E。鱼还可以生活在河、湖中，未必在海里，B排除；到处都可能有热或者山，C、D排除。

人牙化石

2003年8月13日，宜良县九乡张口洞古人类遗址内出土了一枚长度为3厘米的"11万年前的人牙化石"，此发掘一公布立即引起了媒体和专家的广泛关注。不少参与发掘的专家认为，这枚人牙化石的出现，说明张口洞早在11万年前就已有人类活动了，它将改写之前由呈贡县龙潭山古人类遗址所界定的昆明地区人类只有3万年活动历史的结论。

以下哪项如果为真，最能质疑上述专家的观点？

A. 学术本来就是有争议的，每个人都有发表自己看法的权利。

B. 有专家对该化石的牙体长轴、牙冠形态、冠唇面和舌面的突度及珐琅质等进行了分析，认为此化石并非人类门牙化石，而是一枚鹿牙化石。

C. 这枚牙齿化石是在距今11万年的钙板层之下20厘米处的红色砂土层发掘到的。

D. 有专家用铀系法对张口洞各个层的钙板进行年代测定，证明发现该牙齿化石的洞穴最早堆积物形成于30万年前。

E. 该化石的发掘者曾主持完成景洪妈咪囡遗址、大中甸遗址、宜良九乡张口洞遗址的发掘。

答案

选B。

专家得出"张口洞早在11万年前就已有人类活动了"这一观点的依据是，这枚牙齿化石的发现。

若B项为真，即此化石并非人类门牙化石，而是一枚鹿牙化石。这就推翻了专家论证的论据，从而严重质疑了专家的观点。

男孩危机

某教育专家认为："男孩危机"是指男孩调皮捣蛋、胆小怕事、学习成绩不如女孩好等现象。近些年，这种现象已经成为儿童教育专家关注的一个重要问题。这位专家在列出一系列统计数据后，提出了"今日男孩为什么从小学、中学到大学全面落后于同年龄段的女孩"的疑问，这无疑加剧了无数男生家长的焦虑。该专家通过分析指出，恰恰是家庭和学校不适当的教育方法导致了"男孩危机"现象。

以下哪项如果为真，最能对该专家的观点提出质疑？

A. 家庭对独生子女的过度呵护，在很大程度上限制了男孩发散思维的拓展和冒

险性格的养成。

B. 现在的男孩比以前的男孩在女孩面前更喜欢表现出"绅士"的一面。

C. 男孩在发展潜能方面要优于女孩，大学毕业后他们更容易在事业上有所成就。

D. 在家庭、学校教育中，女性充当了主要角色。

E. 现代社会游戏泛滥，男孩天性比女孩更喜欢游戏，这耗去了他们大量的精力。

选E。

专家的观点是：男孩全面落后于同年龄段的女孩这一"男孩危机"现象的根源在于，家庭和学校不适当的教育方法。

E项表明，现代社会游戏泛滥，男孩天性比女孩更喜欢游戏，这耗去了他们大量的精力。这从另有他因的角度，削弱了专家的观点。

关节尿酸炎

关节尿酸炎是一种罕见的严重关节疾病，一种传统的观点认为，这种疾病曾于2500年前在古埃及流行，其根据是在所发现的那个时代的古埃及木乃伊中，有相当高的比例可以发现患有这种疾病的痕迹。但是，最近对于上述木乃伊骨骼的化学分析使科学家们推测，木乃伊所显示的关节损害实际上是对尸体进行防腐处理时使用的化学物质引起的。

以下哪项如果为真，最能进一步加强对题干中所提及的传统观点的质疑？

A. 在我国西部所发现的木乃伊中，同样可以发现患有关节尿酸炎的痕迹。

B. 关节尿酸炎是一种遗传性疾病，但在古埃及人的后代中这种病的发病率并不比一般的要高。

C. 对尸体进行成功的防腐处理，是古埃及人一项密不宣人的技术，科学家至今很难确定他们所使用物质的化学性质。

D. 在古代中东文物艺术品的人物造型中，可以发现当时的人患有关节尿酸炎的参考证据。

E. 一些古埃及的木乃伊并没有显示患有关节尿酸炎的痕迹。

选B。

传统观点是：关节尿酸炎曾于2500年前在古埃及流行。

问题要求我们质疑这一观点。如果B项的断定为真，则由于这种疾病是遗传病，所以，如果题干中的传统观点成立，则这种病在古埃及人的后代中的发病率应该高于一般。但事实上在古埃及人的后代中这种病的发病率不比一般的要高，因此，传统观点不能成立。

其余各项不能加强此种质疑。其中A、D项支持传统观点。

工业污染

由于工业废水的污染，淮河中下游水质恶化，有害物质的含量大幅度提高，这引起了多种鱼类的死亡。但由于蟹有适应污染水质的生存能力，因此，上述沿岸的捕蟹业和蟹类加工业将不会像渔业同行那样受到严重影响。

以下哪项，如果是真的，将严重削弱上述论证？

A. 许多鱼类已向淮河上游及其他水域迁移。

B. 上述地区渔业的资金向蟹业转移，激化了蟹业的竞争。

C. 作为幼蟹主要食物来源的水生物蓝藻无法在污染水质中继续存活。

D. 蟹类适应污染水质的生理机制尚未得到科学的揭示。

E. 在鱼群分布稀少的水域中蟹类繁殖较快。

答案

选C。

由于"作为幼蟹主要食物来源的水生物蓝藻无法在污染水质中继续存活"，幼蟹的生存受到威胁，上述沿岸的捕蟹业和蟹类加工业就一定会像渔业同行那样受到严重影响。因此，选项C严重削弱了题干论证。

菠菜的食用

虽然菠菜中含有丰富的钙，但同时含有大量的浆草酸，浆草酸会有力地阻止人体对于钙的吸收。因此，一个人要想摄入足够的钙，就必须用其他含钙丰富的食物来取代菠菜，至少和菠菜一起食用。

以下哪项如果为真，最能削弱题干的论证？

A. 大米中不含有钙，但含有中和浆草酸并改变其性能的碱性物质。

B. 奶制品中的钙含量要远高于菠菜。许多经常食用菠菜的人也同时食用奶制品。

C. 在烹饪的过程中，菠菜中受到破坏的浆草酸要略多于钙。

D. 在人的日常饮食中，除了菠菜以外，事实上大量的蔬菜都含有钙。

E. 菠菜中除了钙以外，还含有其他丰富的营养素，另外，其中的浆草酸只阻止

人体对钙的吸收，并不阻止其他营养素的吸收。

答案

选A。

题干结论：必须吃其他含钙丰富的食物（取代菠菜或和菠菜一起食用）。

理由：虽然菠菜中含有丰富的钙，但含有大量能阻止人体吸收钙的浆草酸。

如果A项的断定为真，则说明在大米和菠菜一起食用时，既摄入了足够的钙，又没有用其他含钙丰富的食物来取代菠菜，或和菠菜一起食用。这就有力地削弱了题干的论证。

C项对题干有所削弱，但力度很小。因为即使菠菜在烹饪中受到破坏的浆草酸要略多于钙，如果原来浆草酸要远远多于钙，那么，菠菜里面剩下的钙还是不能被吸收。

其余各项均不能削弱题干。

西式快餐业

据统计，西式快餐业在我国主要大城市中的年利润，近年来稳定在2亿元左右。扣除物价浮动因素，估计这个数字在未来数年中不会因为新的西式快餐网点的增加而有大的改变。因此，随着美国快餐之父艾德熊的大踏步迈进中国市场，一向生意火爆的麦当劳的利润肯定会有所下降。

以下哪项如果为真，最能动摇上述论证？

A. 中国消费者对艾德熊的熟悉和接受要有一个过程。

B. 艾德熊的消费价格一般稍高于麦当劳。

C. 随着艾德熊进入中国市场，中国消费者用于肯德基的消费将有明显下降。

D. 艾德熊在中国的经营规模，在近年不会超过麦当劳的四分之一。

E. 麦当劳一直注意改进服务，开拓品牌，使之在保持传统的基础上更适合中国消费者的口味。

答案

选C。

题干论述：由于西式快餐在我国总的年利润已稳定不变。因此，随着艾德熊进入中国市场，麦当劳的利润肯定会下降。

如果C项为真，则完全可能中国消费者原来用于肯德基的消费，转而用于艾德熊，这样，麦当劳的利润就不会下降，这就有力地动摇了题干的论证。

其余各项如果为真，比如A项，消费者对艾德熊的接受有个过程；E项，麦当劳一直在改进以适应消费者，这些最多只能说明麦当劳利润下降幅度不至于太大，难以说明这种利润不会下降，因此，难以动摇题干的论证。

学生视力

学生家长：这学期学生的视力普遍下降，这是由于学生的书面作业的负担太重。

校长：学生视力下降和书面作业的负担没有关系。经我们调查，学生视力下降的原因，是由于他们做作业时的姿势不正确。

以下哪项如果为真，最能削弱校长的解释？

A. 学生书面作业的负担过重容易使学生感到疲劳，同时，感到疲劳，学生又不容易保持正确的书写姿势。

B. 该校学生的书面作业的负担和其他学校相比确实较重。

C. 校方在纠正学生姿势以保护视力方面做了一些工作，但力度不够。

D. 学生视力下降是个普遍的社会问题，不唯该校然。

E. 该校学生的书面作业负担比上学年有所减轻。

答案

选A。

家长认为：学生视力下降是由于作业负担太重。

校长认为：学生视力下降和作业负担没有关系，视力下降的原因是做作业的姿势不正确。

选项A，作业负担重易使学生疲劳，而疲劳会使书写姿势不正确。这使得学生家长所指出的原因成为校长所指出的原因的深层次的原因，说明了学生视力下降还是由于作业负担太重所导致，这对校长的解释而言是很大的一个质疑。

选项B是支持学生家长的，但还不能有力地削弱校长。C项是无关项。选项D、E是支持校长的。

鳕鱼数量

北大西洋海域的鳕鱼数量锐减，但几乎同时海豹的数量却明显增加。有人说是海豹导致了鳕鱼的减少。这种说法难以成立，因为海豹很少以鳕鱼为食。

以下哪项如果为真，最能削弱上述论证？

A. 海水污染对鳕鱼造成的伤害比对海豹造成的伤害严重。

B. 尽管鳕鱼数量锐减，海豹数量明显增加，但在北大西洋海域，海豹的数量仍少于鳕鱼。

C. 在海豹的数量增加以前，北大西洋海域的鳕鱼数量就已经减少了。

D. 海豹生活在鳕鱼无法生存的冰冷海域。

E. 鳕鱼只吃毛鳞鱼，而毛鳞鱼也是海豹的主要食物。

答案

选E。

题干论证：因为海豹很少以鳕鱼为食，所以，不可能是海豹数量的大量增加导致了鳕鱼数量的显著下降。

E项如果为真，鳕鱼和海豹的主要食物都是毛鳞鱼；这就说明了海豹数量的大量增加会导致毛鳞鱼量的显著下降，从而使鳕鱼的食物短缺，影响了鳕鱼的生存，这就有力地削弱上面的论证。

A、B为明显无关选项。C暗示鳕鱼减少不是海豹的影响，支持题干。D意味着海豹生活的地方没有鳕鱼，那么海豹的数量当然不影响鳕鱼，有支持题干论述的意思。

老钟戒烟

老钟在度过一个月的戒烟生活后，又开始抽烟。奇怪的是，这得到钟夫人的支持。钟夫人说："我们处长办公室有两位处长，年龄差不多，看起来身体状况也差不多，只是一位烟瘾很重，一位绝对不吸，可最近体检却查出这位绝不吸烟的处长得了肺癌。看来不吸烟未必就好。"

以下各项如果为真，除哪项外均能反驳钟夫人的这个推论？

A. 癌症和其他一些疑难病症的起因是许多医学科研工作者研究的课题，目前还没有一个确定的结论。

B. 来自世界妇女大会的报告表明，妇女由于经常在厨房劳作，因为油烟的原因，患肺癌的比例相对较高。

C. 癌症的病因大多跟患者的性格和心情有关，许多并不吸烟的人因为长期心情抑郁，也容易患癌症。

D. 烟瘾很重的处长检查身体的结果还未出来，可能他的体检表会暴露更多的问题。

E. 根据统计资料，肺癌患者中有长期吸烟史的比例高达75%，而在成人中有长期吸烟史的只占30%。

答案

选A。

钟夫人的结论是：不吸烟未必就好。

理由是：两位处长中不吸烟的那位却得了肺癌。

反驳钟夫人的推论的办法之一是说明她举的案例有偏差或有失误，其中另有原因。选项B隐含了可能其中绝对不吸烟的处长是女性；选项C隐含了可能其中绝对不抽烟的处长长期心情抑郁；选项D说明了烟瘾很重的处长的体检结果可能更糟糕，吸烟比不吸烟还是糟糕。

反驳钟夫人的推论的办法之二是说明不吸烟就是好，吸烟就是不好。选项E用数据表明了有长期吸烟史的得肺癌的可能性高就说明了这一点。

只有选项A，与题干并无太大并联，观点无定论，无法反驳钟夫人的推论，因此是正确答案。

违禁物品

一位海关检查员认为，他在特殊工作经历中培养了一种特殊的技能，即能够准确地判定一个人是否在欺骗他。他的根据是，在海关通道执行公务时，短短的几句对话就能使他确定对方是否可疑；而在他认为可疑的人身上，无一例地都查出了违禁物品。

以下哪项如果为真，能削弱上述海关检查员的论证？

Ⅰ．在他认为不可疑而未经检查的入关人员中，有人无意地携带了违禁物品。

Ⅱ．在他认为不可疑而未经检查的入关人员中，有人有意地携带了违禁物品。

Ⅲ．在他认为可疑并查出违禁物品的入关人员中，有人是无意地携带的违禁物品。

A．只有Ⅰ。

B．只有Ⅱ。

C．只有Ⅲ。

D．只有Ⅱ和Ⅲ。

E．Ⅰ、Ⅱ和Ⅲ。

答案

选D。

海关检查员认为，他能够准确地判定一个人是否在欺骗他。

根据是，在他认为可疑的人身上，无一例外地都查出了违禁物品。

选项Ⅰ不能削弱海关检查员的论证。因为判定一个无意地携带了违禁物品的入关人员为不可疑，不能说明检查员受了欺骗，同样不能说明检查员在判定一个人是否在欺骗他时不够准确。

选项Ⅱ能削弱海关检查员的论证。因为判定一个有意地携带了违禁物品的入关人员为不可疑，说明检查员受了欺骗，因而能说明检查员在判定一个人是否在欺骗他时不够准确。也就是检查员只考虑了他所怀疑的，而没有考虑他没有怀疑的。

选项Ⅲ能削弱海关检查员的论证。因为判定有人无意地携带了违禁物品的入关人员为可疑，虽然不能说明检查员受了欺骗，但是能说明检查员在判断一个人是否在欺骗他时不够准确。

古堡镇的居民

在北欧一个称为古堡的城镇的郊外，有一个不乏凶禽猛兽的天然猎场。每年秋季，吸引了来自世界各地富于冒险精神的狩猎者。一个秋季下来，古堡镇的居民发现，他们之中此期间在马路边散步时被汽车撞伤的人的数量，比在狩猎时受到野兽意外伤害的人数多出了两倍！因此，对于古堡镇的居民来说，在狩猎季节，待在猎场中比马路边散步更安全。

为了要评价上述结论的可信程度，最可能提出以下哪个问题？

A. 在这个秋季，古堡镇有多少数量的居民去猎场狩猎？

B. 在这个秋季，古堡镇有多少比例的居民去猎场狩猎？

C. 古堡镇的交通安全记录在周边几个城镇中是否是最差的？

D. 来自世界各地的狩猎者在这个季节中有多少比例的人在狩猎时意外受伤？

E. 古堡镇的居民中有多少好猎手？

答案

选B。

题干根据在马路边散步时被汽车撞伤的人数比在狩猎时受到野兽意外伤害的人数多出了两倍，得出结论：在猎场比马路边散步更安全。

为了评价上述论证的正确性，必须要知道马路边散步的人数和去猎场的人数量。因为在对猎场与马路边散步的安全性进行比较时，在受伤的绝对数量之间进行比较是没有意义的，正确的方法应是在受伤率之间进行比较。因此，只有在知道了古堡镇居民的人数（也就是在马路边散步的人数）和去猎场狩猎的人数比较，对这两个场合中的受到意外伤害的人数进行比较才有意义。B项提出的正是这个问题，它对评价题干的结论最为重要。

如果题干中给出了在两个场合下受到意外伤害的具体人数以及古堡镇的居民人数、去猎场狩猎的人数，那么就可以准确地对两个场合下的事故率并进行比较。但即使回答了A项提出的问题但是题干中并没有给出古堡镇的居民人数，因此，A项提出的问题无助于对题干的结论进行评价。

D项提供的是一个外部信息，无助于评价题干的结论。

保健品

随着年龄的增长，人体对卡路里的日需求量逐渐减少，而对维生素和微量元素的需求却日趋增多。因此，为了摄取足够的维生素和微量元素，老年人应当服用一些补充维生素和微量元素的保健品，或者应当注意比年轻时食用更多的含有维生素和微量元素的食物。

为了对上述断定做出评价，回答以下哪个问题最重要？

A. 对老年人来说，人体对卡路里需求量的减少幅度，是否小于对维生素和微量元素需求量的增加幅度？

B. 保健品中的维生素和微量元素，是否比日常食品中的维生素和微量元素更易被人体吸收？

C. 缺乏维生素和微量元素所造成的后果，对老年人是否比对年轻人更严重？

D. 一般地说，年轻人的日常食物中的维生素和微量元素含量，是否较多地超过人体的实际需要？

E. 保健品是否会产生危害健康的副作用。

答案

选D。

题干观点：由于老年人所需的维生素和微量元素较多，所以老年人应该食用保健品或者比年轻人更多的含有维生素和微量元素的食物。

题干的议论要成立，需要满足一个条件，即年轻人的日常食物中的维生素含量，并没有较多地超过人体的实际需要。D项正是针对这个假设，对于评判题干至关重要。对D进行肯定回答，即：如果年轻人的日常食物中的维生素含量，实际上较多地超过人体的实际需要，那么，老年人只要维持年轻时的日常食物就可以了，无需补充维生素了，这样题干的议论就不能成立。对D进行否定回答时，意味着老年人很可能的确需要摄入更多的食物来满足需要，支持题干论述，因此，D正确。

题干主要讨论维生素和微量元素的问题，A为明显无关比较，排除；

题干提供了保健品和食物两种选择，任选其一即可，B起不到评价作用，排除；

无论后果如何只要有不利后果就应该避免，C为明显无关选项，排除；

题干提供了保健品和食物两种选择，即使保健品有副作用，也可以通过选择食物来满足维生素的需要，E排除。

营销策略

英国有家小酒馆采取客人吃饭付费"随便给"的做法，即让顾客享用葡萄酒、蟹柳及三文鱼等美食后，自己决定付账金额。大多数顾客均以公平或慷慨的态度结账，实际金额比那些酒水菜肴本来的价格高出20%。该酒馆老板另有4家酒馆，而这4家酒馆每周的利润与付账"随便给"的酒馆相比少5%。这位老板因此认为，"随便给"的营销策略很成功。

以下哪项如果为真，最能解释老板营销策略的成功？

A. 部分顾客希望自己看上去有教养，愿意掏足够甚至更多的钱。

B. 如果客人支付低于成本价格，就会受到提醒而补足差价。

C. 另外4家酒馆位置不如这家"随便给"酒馆

D. 客人常常不知道酒水菜肴的实际价格，不知道该付多少钱。

E. 对于过分吝啬的顾客，酒馆老板常常也无可奈何。

 答案

选A。

要解释的是，因此，"随便给"酒馆的大多数顾客均以公平或慷慨的态度结账，利润反而高于其他类型的酒馆，选项A所述，部分顾客希望自己看上去有教养而愿意掏足够甚至更多的钱，这显然有力地解释老板营销策略的成功。

其余选项均不能有效解释，比如：B项解释不了为什么大多数顾客均以公平或慷慨的态度结账。D项解释不了为什么顾客会多给餐费，因为顾客不知道餐费的话，就有可能少给。

胡萝卜素

胡萝卜、西红柿和其他一些蔬菜含有较丰富的β-胡萝卜素，β-胡萝卜素具有防止细胞癌变的作用。近年来提炼出的β-胡萝卜素被制成片剂并建议吸烟者服用，以防止吸烟引起的癌症。然而，意大利博洛尼亚大学和美国德克萨斯大学的科学家发现，经常服用β-胡萝卜素片剂的吸烟者反而比不常服用β-胡萝卜素片剂的吸烟者更易于患癌症。

以下哪项如果为真，最能够解释上述矛盾？

A. 有些β-胡萝卜素片剂含有不洁物质，其中有致癌物质。

B. 意大利博洛尼亚大学和美国德克萨斯大学地区的居民吸烟者中癌症患者的比例都较其他地区高。

C. 经常服用β-胡萝卜素片剂的吸烟者有其它许多易于患癌症的不良习惯。

D. β-胡萝卜素片剂不稳定，易于分解变性，从而与身体发生不良反应，易于致癌。而自然β-胡萝卜素性质稳定，不会致癌。

E. 吸烟者吸入体内烟雾中的尼古丁与β-胡萝卜素发生作用，生成一种比尼古丁致癌作用更强的有害物质。

答案

选E。

题干的矛盾在于：一方面，β-胡萝卜素具有防止细胞癌变的作用；另一方面，经常服用β-胡萝卜素片剂的吸烟者反而比不常服用β-胡萝卜素片剂的吸烟者更易于患癌症。

矛盾的产生一定另有原因。选项E表明，吸烟者吸入体内烟雾中的尼古丁与β-胡萝卜素发生作用，生成一种比尼古丁致癌作用更强的有害物质，这就造成经常服用β-胡萝卜素片剂的吸烟者反而比不常服用β-胡萝卜素片剂的吸烟者更易于患癌症。因此很好地解释了题干的矛盾。

选项A，对题干矛盾能有所解释，但仅是"有些"，解释力度不足；

选项B，起不到解释作用，因为题干没讲实验组和对照组是哪个地区的；

选项C，能有效解释题干矛盾，但没有明确指出不常服用β-胡萝卜素片剂的吸烟者是否有易于患癌症的不良习惯；因此，解释力度不如E。

选项D，指出β-胡萝卜素片剂易于分解变性从而致癌，对题干中的表面矛盾能有效地解释。但如果在其片剂的稳定期内服用，还是能防癌。

综合比较，E项解释题干矛盾的程度要高，因此，为正确答案。

棕榈树

棕榈树在亚洲是一种外来树种，长期以来，它一直靠手工授粉，因此棕榈果的生产率极低。1994年，一种能有效地对棕榈花进行授粉的象鼻虫引进了亚洲，使得当年的棕榈果生产率显著提高，在有的地方甚至提高了50%以上。但是，到了1998年，棕榈果的生产率却大幅度降低。

以下哪项如果为真，最有助于解释上述现象？

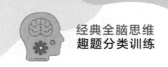
A. 在1994～1998年期间，随着棕榈果产量的增加，棕榈果的价格在不断下降。

B. 1998年秋季，亚洲的棕榈树林区开始出现象鼻虫的天敌赤蜂。

C. 在亚洲，象鼻虫的数量在1998年比1994年增加了一倍。

D. 果实产量连年不断上升会导致孕育果实的雌花无法从树木中汲取必要的营养。

E. 在1998年，同样是外来树种的椰果的产量在亚洲也大幅度低于往年的水平。

答案

选D。

读完题干，我们发现这个明显的矛盾是：在某一个地区，棕榈树的产量于1994年迅速增长（50%），而在1998年又迅速下降。题目并没有向你提供这种变化的任何线索。我们必须在选项中寻找能解释这个矛盾的理由或者事实。

选项D说，产量的快速增长夺去了树的营养，而这些营养正是生产果实的雌性花所需要的。换句话说就是，1994年左右产量的增加夺去了太多的营养，以至1998年生产果实所需养分不足，从而产量下降。这个选项很好地解释了为什么急剧下降的原因。这显然指出了棕榈果的生产率大幅度降低的一个重要原因，有助于解释题干的现象。这是个另有它因的解释。

B项断定亚洲的棕榈树林区开始出现象鼻虫的天敌赤蜂，这显然也能解释棕榈果的生产率为什么大幅度降低，但由于B项同时断定这种赤蜂出现在1998年秋季，因此无法对题干做出解释。

选项A说，在产量迅速上升之后，于1994年～1998年价格下降，但没有解释随后该树产量的下降。（有的读者认为价格下降了，种树的积极性就低了，产量就下降了，逻辑不能递进推理，即使有这种可能性，解释力度也不大。）

电视广告

事实1：电视广告已经变得不是那么有效：在电视上推广的品牌中，观看者能够回忆起来的比重在慢慢下降。

事实2：电视的收看者对由一系列连续播出的广告组成的广告段中第一个和最后一个商业广告的回忆效果，远远比对中间的广告的回忆效果好。

以下哪项如果为真，事实2最有可能解释事实1？

A. 由于因特网的迅速发展，人们每天用来看电视的平均时间减少了。

B. 为了吸引更多的观众，每个广告的总时间长度减少了。

C. 一般电视观众目前能够记住的电视广告的品牌名称，还不到他看过的一半。

D.　在每一小时的电视节目中，广告段的数目增加了。

E.　一个广告段中所包含的电视广告的平均数目增加了。

答案

选E。

题干的事实2断定，在一段连续插播的电视广告中，观众印象较深的是第一个和最后一个，其余的则印象较浅；如果E项断定，一个广告段中所包含的电视广告的平均数目增加了。那么，由此可推知，近年来，在观众所看到的电视广告中，印象较深的所占的比例逐渐减少，这就从一个角度合理地解释了，为什么在电视广告所推出的各种商品中，观众能够记住其品牌名称的商品的比重在下降。所以，E项为正确答案。

其余各项都不能起到上述作用。其中，A项可能有利于说明，随着因特网的迅速发展，人们所看的电视广告的数量减少，但不能说明，在人们所看过的电视广告中，为什么能记住的比重降低。

🧠 犯罪处罚

吴大成教授：各国的国情和传统不同，但是对于谋杀和其他严重刑事犯罪实施死刑，至少是大多数人可以接受的。公开宣判和执行死刑可以有效地阻止恶性刑事案件的发生，它所带来的正面影响比可能存在的负面影响肯定要大得多，这是社会自我保护的一种必要机制。

史密斯教授：我不能接受您的见解。因为在我看来，对于十恶不赦的罪犯来说，终身监禁是比死刑更严厉的惩罚，而一般的民众往往以为只有死刑才是最严厉的。

以下哪项是对上述对话的最恰当评价？

A.　两个对各国的国情和传统有不同的理解。

B.　两人对什么是最严厉的刑事惩罚有不同的理解。

C.　两人对执行死刑的目的有不同的理解。

D.　两人对产生恶性刑事案件的原因有不同的理解。

E.　两人对是否大多数人都接受死刑有不同的理解。

答案

选C。

由题干可知：吴大成教授认为执行死刑的目的是有效地阻止恶性刑事案件的发生，而史密斯认为执行死刑的目的是给十恶不赦的罪犯以最严厉的惩罚。两人对执行死刑的目的有不同的理解。因此，C项的评价最为恰当。

B项易误选，因为史密斯认为对罪犯最严厉的刑事惩罚和民众所认为的最严厉的刑事惩罚是不同的，而吴大成并没表露出对什么是最严厉的刑事惩罚的理解。

处理订单

总经理：快速而准确地处理订单是一项关键商务。为了增加利润，我们应当用电子方式而不是继续用人工方式处理客户订单，因为这样订单可以直接到达公司相关业务部门。

董事长：如果用电子方式处理订单，我们一定会赔钱。因为大多数客户喜欢通过与人打交道来处理订单。如果转用电子方式，我们的生意就会失去人情味，就难以吸引更多的客户。

以下哪项最为恰当地概括了上述争论的问题？

A. 转用电子方式处理订单是否不利于保持生意的人情味？

B. 转用电子方式处理订单是否有利于提高商业利润？

C. 用电子方式处理订单是否比人工方式更为快速和准确？

D. 快速而准确地运作方式是否一定能提高商业利润？

E. 客户喜欢用何种方式处理订单？

答案

选B。

总经理认为，电子方式可快速而精确地处理订单，从而增加利润。

董事长认为，电子方式会使生意失去人情味，这会使顾客减少导致利润减少。

可见，两人争论的问题在于：转用电子方式处理订单是否有利于提高商业利润？即B项正确。

细菌化石

英国科学家在2010年11月11日出版的《自然》杂志上撰文指出，他们在苏格兰的岩石中发现了一种可能生活在约12亿年前的细菌化石，这表明，地球上的氧气浓度增加到人类进化所需的程度这一重大事件发生在12亿年前，比科学家以前认为的要早4亿年。新研究有望让科学家重新理解地球大气以及依靠其为生的生命演化的时间表。

以下哪项是科学家上述发现所假设的？

A. 先前认为，人类进化发生在大约8亿年前。

B. 这种细菌在大约12亿年前就开始在化学反应中使用氧气，以便获取能量维持生存。

C. 氧气浓度的增加标志着统治地球的生物已经由简单有机物转变为复杂的多细胞有机物。

D. 只有大气中的氧气浓度增加到一个关键点，某些细菌才能生存。

E. 如果没有细胞，也就是不可能存在人类这样的高级生命。

答案

题干陈述：发现了一种生活在约12亿年前的细菌化石。

补充D项：只有大气中的氧气浓度增加到一个关键点，某些细菌才能生存。

得出结论：地球上的氧气发生在12亿年前。

行为痴呆症

有医学研究显示，行为痴呆症患者大脑组织中往往含有过量的铝。同时有化学研究表明，一种硅化合物可以吸收铝。陈医生据此认为，可以用这种硅化合物治疗行为痴呆症。

以下哪项是陈医生最可能依赖的假设？

A. 行为痴呆症患者大脑组织的含铝量通常过高，但具体数量不会变化。

B. 该硅化合物在吸收铝的过程中不会产生副作用。

C. 用来吸收铝的硅化合物的具体数量与行为痴呆症患者的年龄有关。

D. 过量的铝是导致行为痴呆症的原因，患者脑组织中的铝不是痴呆症引起的结果。

E. 行为痴呆症患者脑组织中的铝含量与病情的严重程度有关。

答案

选D。

为使题干的论证有说服力，D项是必须假设的，否则，如果这些过量的铝是行为痴呆症的结果，而不是病因，那么，即使吸收了铝元素也不能治疗病症，题干推理就不成立，因此，D为正确答案。其余选项不是题干推理成立所必须假设的。

微积分的发现

莱布尼兹是17世纪伟大的哲学家。他先于牛顿发表了他的微积分研究成果。但是当时牛顿公布了他的私人笔记，说明他至少在莱布尼兹发表其成果的10年前已经运用了微积分的原理。牛顿还说，在莱布尼兹发表其成果的不久前，他在给莱布尼兹的信中谈起过自己关于微积分的思想。但是事后的研究说明，牛顿的这封信中，有关微积

分的几行字几乎没有涉及这一理论的任何重要之处。因此，可以得出结论，莱布尼兹和牛顿各自独立地发现了微积分。

以下哪项是上述论证必须假设的？

A. 莱布尼兹在数学方面的才能不亚于牛顿。

B. 莱布尼兹是个诚实的人。

C. 没有第三个人不迟于莱布尼兹和牛顿独立地发现了微积分。

D. 莱布尼兹在发表微积分研究成果前从没有把其中的关键性内容告诉任何人。

E. 莱布尼兹和牛顿都没有从第三渠道获得关于微积分的关键性细节。

 答案

选E。

题干论证：因为莱布尼兹和牛顿事先都不知道对方的研究成果，所以，他们是各自独立地发现了微积分。

为使题干论证成立，E项是必须假设的，否则，如果莱布尼兹和牛顿中有人从第三渠道获得关于微积分的关键性细节，那么即使他们两人之间没有过实质性的沟通，也得不出"他们是各自独立地发现了微积分"这一结论。

A、B、C均为无关项。即使莱布尼兹在发表微积分研究成果前"曾经"把其中的关键性内容告诉过别人，但是并不意味着牛顿能够获得莱布尼兹的成果，因此D项也不是题干论证的假设。

🧠 恐龙腿骨化石

最新研究发现，恐龙腿骨化石都有一定的弯曲度，这意味着恐龙其实并没有人们想象的那么重，以前根据其腿骨为圆柱形的假定计算动物体重时，会使得计算结果比实际体重高出1.42倍。科学家由此认为，过去那种计算方式高估了恐龙腿部所能承受的最大身体重量。

以下哪项如果为真最能支持上述科学家的观点？

A. 恐龙腿骨所能承受的重量比之前人们所认为的要大。

B. 恐龙身体越重，其腿部骨骼也越粗壮。

C. 圆柱形腿骨能承受的重量比弯曲的腿骨大。

D. 恐龙腿部的肌肉对于支撑其体重作用不大。

E. 与陆地上的恐龙相比，翼龙的腿骨更接近圆柱形。

答案

选C。

题干前提一：最新研究发现，恐龙腿骨化石都有一定的弯曲度。

题干前提二：以前根据其腿骨为圆柱形的假定计算动物体重，计算结果比实际体重高。

选项C：圆柱形腿骨能承受的重量比弯曲的腿骨大。

得出结论：过去那种计算方式高估了恐龙腿部所能承受的最大身体重量。

社交能力

美国俄亥俄州立大学的研究人员对超过1.3万名7至12年级的中学生进行调查。在调查中，研究人员要求这些学生各列举5名男性朋友和女性朋友，然后统计这些被提名的朋友总得票数，选取获得5票的人进行调查统计。研究发现，在获得5票的人当中，独生子女出现的比例与他们在这一年龄段人口中的比例是一致的，这说明他们与非独生子女社交能力没有明显差别，并且这一结果不受父母年龄，种族社会经济地位的影响。

以下哪项如果为真，最能支持上述研究发现？

A．在没有获得选票的人当中，独生子女的出现的比例高于他们这一调查对象中的比例。

B．获得选票的独生子女人数所占比例和他们在这一调查对象中的比例基本相当。

C．在获得1票的人当中，独生子女出现的比例远高于他们在这一调查对象中的比例。

D．在得票前500名当中，独生子女出现的比例和他们在这一调查对象中的比例相当。

E．没能列举出5名男性朋友和5名女性朋友的学生当中，独生子女出现的比例较高。

答案

选D。

题干结论是：独生子女与非独生子女社交能力没有明显差别。

D项作为一个新的证据，有力地支持了这一结论。

B项对题干也有所支持，但力度较弱，因为获得选票的人数有票数高低的差异。

古城蒙科云

在塞普西路斯的一个古城蒙科云，发掘了城市的残骸，这一残骸呈现出被地震损坏的典型特征。考古学家猜想，该城的破坏是这个地区公元365年的一次地震所致。

以下哪项，如果为真，最有力地支持了考古学家的猜想？

A．经常在公元365年前后的墓穴里发现的青铜制纪念花瓶，在蒙科云城里也发现了。

B. 在蒙科云城废墟里没有发现在公元365年以后的铸币，但是却有365年前的铸币。

C. 多数现代塞普西路斯历史学家曾经提及，在公元365年前后在附近发生过地震。

D. 在蒙科云城废墟中发现了公元300～400年风格的雕塑。

E. 在蒙科云发现了塞普西路斯365年以后才使用的希腊字母的石刻。

答案

选B。

如果B项为真，则由于在蒙科云城废墟里没有发现在公元365年以后的铸币，但是却有365年前的铸币，这就有力地支持了题干的猜想：该城的破坏是这个地区公元365年的一次地震所致。

C项对题干也有所支持，该项只能支持发生过地震，但不能说明该城是被地震破坏掉的，所以，作为证据对考古学家猜想的支持力度不如B项。

抚仙湖虫

抚仙湖虫是泥盆纪澄江动物群中特有的一种，属于真节肢动物中比较原始的类型，成虫体长10厘米，有31个体节，外骨骼分为头、胸、腹三部分，它的背、腹分节不一致。泥盆纪直虾是现代昆虫的祖先，抚仙湖虫化石与直虾类化石类似，这间接表明了抚仙湖虫是昆虫的远祖。研究者还发现，抚仙湖虫的消化道充满泥沙，这表明它是食泥动物。

以下除哪项外，均能支持上述论证？

A. 昆虫的远祖也有不食泥的生物。

B. 泥盆纪直虾的外骨骼分为头、胸、腹三部分。

C. 凡是与泥盆纪直虾类似的生物都是昆虫的远祖。

D. 昆虫是由真节肢动物中比较原始的生物进化而来的。

E. 抚仙湖虫消化道中的泥沙不是在化石形成过程中由外界渗透进去的。

答案

选A。

A项与题干论述无关，不能支持题干，为正确答案。

由于题干断定，抚仙湖虫是外骨骼分为头、胸、腹三部分，抚仙湖虫化石与直虾类化石类似，因此，B项支持题干。

根据题干断定，泥盆纪直虾是现代昆虫的祖先，抚仙湖虫化石与直虾类化石类似，这间接表明了抚仙湖虫是昆虫的远祖。显然C项是此论述必须假设的，能支持题干论证。

根据题干论述，抚仙湖虫是真节肢动物中比较原始的类型，抚仙湖虫是昆虫的远祖。显然D项支持了这一论述。

根据题干论述，抚仙湖虫的消化道充满泥沙，这表明它是食泥动物。E项是其假设，支持了这一论述。

蜘蛛结网

不仅人上了年纪会难以集中注意力，就连蜘蛛也有类似的情况。年轻蜘蛛结的网整齐均匀，角度完美；年老蜘蛛结的网可能出现缺口，形状怪异。蜘蛛越老，结的网就越没有章法。科学家由此认为，随着时间的流逝，这种动物的大脑也会像人脑一样退化。

以下哪项如果为真，最能质疑科学家的上述论证？

A. 优美的蛛网更容易受到异性蜘蛛的青睐。

B. 年老蜘蛛的大脑较之年轻蜘蛛，其脑容量明显偏小。

C. 运动器官的老化会导致年老蜘蛛结网能力下降。

D. 蜘蛛结网只是一种本能的行为，并不受大脑控制。

E. 形状怪异的蛛网较之整齐均匀的蛛网，其功能没有大的差别。

【答案】

选D。

题干根据老蜘蛛结网没有年轻蜘蛛结的好，得出结论：老蜘蛛大脑退化，

该论证必须假设：蜘蛛结网受大脑控制。

选项D否定了这一假设，有力地质疑了科学家的上述论证。

C项与D项比较起来力度较弱，因为运动器官的老化和大脑退化之间可能有关系。

计算机知识

魏先生：计算机对于当代人类的重要性，就如同火对于史前人类，因此，普及计算机知识当从小孩子抓起，从小学甚至幼儿园开始就应当介绍计算机知识；一进中学就应当学习计算机语言。

贾女士：你忽视了计算机技术的一个重要特点：这是一门知识更新和技术更新最为迅速的学科。童年时代所了解的计算机知识，中学时代所学的计算机语言，到需要运用的成年时代早已陈旧过时了。

以下哪项作为魏先生对贾女士的反驳最为有力？

A. 快速发展和更新并不仅是计算机技术的特点

B. 孩子具备接受不断发展的新知识的能力

C. 在中国算盘已被计算机取代但是并不说明有关算盘的知识毫无价值

D. 学习计算机知识和熟悉某种计算机语言有利于提高理解和运用计算机的能力

E. 计算机课程并不是中小学教育中的主课

 答案

选D。

魏先生的观点：普及计算机知识当从小孩子抓起。

而贾女士不同意他的看法，理由是：计算机技术更新迅速，童年时代所了解的计算机知识到需要运用的成年时代早已陈旧过时了。

选项D所述学习计算机知识和语言有利于提高理解和运用计算机的能力，说明虽然知识可能会过时，但所学到的能力在以后也是有用的。这样就有力地支持了魏先生对贾女士的反驳。

C项也能作为魏先生对贾女士的反驳。C项举出中国算盘这个反例，来说明尽管知识已经过时了，但是仍然还是有价值的。举例论证的力度相对要弱。（个例的力度要小）

综合比较，D项为正确答案。其余选项均为无关项。

考古发现的独木舟

3年来，在河南信阳息县淮河河滩上，连续发掘出3艘独木舟。其中，2010年息县城郊乡徐庄村张庄组的淮河河滩下发现第一艘独木舟，被证实为目前我国考古发现最早、最大的独木舟之一。该艘独木舟长9.3米，最宽处0.8米，高0.6米。根据碳-14测定，这些独木舟的选材竟和云南热带地区所产的木头一样。这说明，3000多年前的古代，河南的气候和现在热带的气候很相似。淮河中下游两岸气候温暖湿润，林木高大茂密，动植物种类繁多。

以下哪项如果为真，最能支持以上论证？

A. 这些独木舟的原料不可能从遥远的云南原始森林运来，只能就地取材。

B. 这些独木舟在水中浸泡了上千年，十分沉重。

C. 刻舟求剑故事的发生地，就是包括当今河南许昌以南在内的楚地。

D. 独木舟舟体两头呈尖状，由一根完整的原木凿成，保存较为完整。

E. 在淮河流域的原始森林中，今天仍然生长着一些热带植物。

答案

选A。

题干前提：考古发现，在河南发掘出的独木舟的选材和云南热带地区所产的木头一样。

补充A项：这些独木舟的原料不可能从遥远的云南原始森林运来，只能就地取材。

得出结论：3000多年前的古代，河南的气候和现在热带的气候很相似。

B、C、D均为无关项，E项对题干有所支持，但力度不足。

自然界的基因

自然界的基因有千万种，哪些基因是最为常见和最为丰富？某研究机构在对大量基因组进行成功解码后找到了答案，那就是有自私DNA之称的转座子，转座子基因的丰富和广度表明，它们在进化和生物多样性的保持中发挥了至关重要的作用，生物学教科书一般认为在光合作用中能固定二氧化碳的酶是地球上最为丰富的酶，有学者曾据此推测能对这种酶进行编码的基因也是最丰富的。不过研究却发现，被称为垃圾DNA的转座子反倒统治着已知基因世界。

以下哪项如果为真，最能支持该学者的推测？

A. 转座子的基本功能就是到处传播自己。

B. 同样一种酶有时是用不同的基因进行编码的。

C. 不同的酶可能由同样的基因进行编码。

D. 基因的丰富性是由生物的多样性决定的。

E. 不同的酶需要不同的基因进行编码。

答案

选E。

题干陈述：在光合作用中能固定二氧化碳的酶是地球上最为丰富的酶

补充E项：不同的酶都需要各自独特的基因进行编码

得出结论：能对这种酶进行编码的基因也是最丰富的。

磁共振造影

磁共振造影（MRI）是一种非侵犯性诊断程序，能被用来确认冠状动脉堵塞。与一种经常应用的侵犯性诊断程序血管造影相比，MRI不会对病人造成危害。所以，为了在尝试诊断动脉堵塞时确保病人的安全，MRI应在所有尝试诊断冠状动脉堵塞时取代血管造影。

以下哪项如果为真，最能强化上述建议？

A. 血管造影能被用来诊断动脉堵塞以外的情况。

B. MRI主要是被设计用来诊断冠状动脉堵塞的。

C. 血管造影比MRI能揭示更多的关于堵塞物性质的信息。

D. MRI与血管造影确认动脉堵塞的效果相同。

E. 一些使用血管造影而没有风险的病人不愿意使用MRI。

答案

选D。

题干建议：因为MRI不会对病人产生危害，因此在诊断动脉堵塞时应用MRI代替血管造影。

要使题干建议成立，必须假设D项，否则，如果MRI没有血管造影确认动脉堵塞的效果好，那么即使MRI无害，也不能说明一定要用MRI代替血管造影。可见，D项指出MRI能起到与血管造影相同的效果，意味着更有理由使用不会造成伤害的MRI，这就有力地强化了上述建议。

其余选项均不妥。其中，A项讨论血管造影的其他用途与题干推理无关。B项易误选，但仅仅说明MRI的设计动机，并没有说明MRI效果怎么样。C项说血管造影比MRI在某些方面有优势，有削弱题干的意思。E项也起削弱题干的作用。

牛肉汤的起源

《淮南子·齐俗训》中有曰："今屠牛而烹其肉，或以为酸，或以为甘，煎熬燎炙，齐味万方，其本一牛之体。"其中的"熬"便是熬牛制汤的意思。这是考证牛肉汤做法的最早文献资料，某民俗专家由此推测，牛肉汤的起源不会晚于春秋战国时期。

以下哪项如果为真，最能支持上述推测？

A. 《淮南子》的作者中有来自齐国故地的人。

B. 早在春秋战国时期，我国已经开始使用耕牛。

C. 《淮南子·齐俗训》记述的是春秋张国时期齐国的风俗习惯。

D. 《淮南子·齐俗训》完成于西汉时期。

E. 春秋战国时期我国已经有熬汤的鼎器。

答案

选C。

民俗专家推测牛肉汤的起源不会晚于春秋战国时期，其依据是《淮南子·齐俗训》中熬牛制汤的记载。

C项表明，《淮南子·齐俗训》记述的是春秋战国时期齐国的风俗习惯。这显然有力地支持了专家推测。

其余选项起不到支持作用或支持力度不足，比如E项，春秋战国时期我国已经有熬汤的鼎器，这不见得当时就用鼎器来熬牛制汤。

🧠 写作业

如今，孩子写作业不仅仅是他们自己的事，大多数中小学生的家长都要面临陪孩子写作业的任务，包括给孩子听写、检查作业、签字等。据一项针对3000余名家长进行的调查显示，84%的家长每天都会陪孩子写作业，而67%的受访家长会因陪孩子写作业而烦恼。有专家对此指出，家长陪孩子写作业，相对于充当学校老师的助理，让家庭成为课堂的延伸，会对孩子的成长产生不利影响。

以下哪项如果为真，最能支持上述专家的论断？

A. 家长是最好的老师，家长辅导孩子获得各种知识本来就是家庭教育的应有之义，对于中低年级的孩子，学习过程中的父母陪伴尤为重要。

B. 家长通常有自己的本职工作，有的晚上要加班，有的即使晚上回家也需要研究工作、操持家务，一般难有精力认真完成学校老师布置的"家长作业"。

C. 家长陪孩子写作业，会使得孩子在学习中缺乏独立性和主动性，整天处于老师和家长的双重压力下，既难生出学习兴趣，更难养成独立人格。

D. 大多数家长在孩子教育上并不是行家，他们或者早已遗忘了自己曾学习过的知识，或者根本不知道如何将自己拥有的知识传授给孩子。

E. 家长辅导孩子，不应围绕老师布置的作业，而应着重激发孩子的学习兴趣，培养孩子良好的学习习惯，让孩子在成长中感到新奇、快乐。

答案

选C。

专家的论断是，家长陪孩子写作业，会对孩子的成长产生不利影响。

C项表明，家长陪孩子写作业，会不利于孩子的学习兴趣和独立人格的形成，这就以新的理由，有力地支持了专家的论断。

其余选项都起不到支持作用，比如，A项表明，家长陪孩子写作业对孩子成长的好处；B、D项表明，家长陪孩子写作业缺乏可行性；E项表明，家长不应该陪孩子写作业。

唱童谣

研究人员使用脑电图技术研究了母亲给婴儿唱童谣时两人的大脑活动，发现当母亲与婴儿对视时，双方的脑电波趋于同步，此时婴儿也会发出更多的声音尝试与母亲沟通。他们据此认为，母亲与婴儿对视有助于婴儿的学习与交流。

以下哪项为真，最能支持上述研究人员的观点？

A. 在两个成年人交流时，如果他们的脑电波同步，交流就会更顺畅。

B. 当父母与孩子互动时，双方的情绪和心率也会互动。

C. 当部分学生对某学科感兴趣时，他们的脑电波会渐趋同步，学习效果也会随之提升。

D. 当母亲和婴儿对视时，他们都在发出信号，表明自己可以且愿意与对方交流。

E. 脑电波趋于同步可优化双方对话状态，使交流更加默契，增进彼此了解。

答案

选E。

研究人员的观点是，母亲与婴儿对视有助于婴儿的学习与交流。

其理由是，当母亲与婴儿对视时，双方的脑电波趋于同步。

E项表明，脑电波同步有利于交流。这就与题干理由一起，有力地支持了研究人员的观点。

其余选项不妥，比如，A项只讲了成年人的交流；B项未涉及脑电波；C项没有涉及母亲与婴儿；D项也未涉及脑电波。

维生素

实验发现，孕妇适当补充维生素D可降低新生儿感染呼吸道合胞病毒的风险。科研人员检测了156名新生儿脐带血中维生素D的含量，其中54%的新生儿被诊断为维生素D缺乏，这当中有12%的孩子在出生后一年内感染了呼吸道合胞病毒，这一比例远高于维生素D正常的孩子。

以下哪项如果为真，最能对科研人员的上述发现提供支持？

A. 维生素D具有多种防病健体功能，其中包括提高免疫系统功能、促进新生儿呼吸系统发育、预防新生儿呼吸道病毒感染等。

B. 科研人员实验时所选的新生儿在其他方面跟一般新生儿的相似性没有得到明确验证。

C. 孕妇适当补充维生素D可降低新生儿感染流感病毒的风险，特别是在妊娠后期补充维生素D，预防效果会更好。

D. 上述实验中，46%补充维生素D的孕妇所生的新生儿有一些在出生一年内感染呼吸道合胞病毒。

E. 上述实验中，54%的新生儿维生素D缺乏是由于他们的母亲在妊娠期间没有补充足够的维生素D造成的。

答案

选E。

题干认为，孕妇适当补充维生素D可降低新生儿感染呼吸道合胞病毒的风险。

理由是，维生素D缺乏的新生儿中，在出生后一年内感染了呼吸道合胞病毒比例远高于维生素D正常的孩子。

E项所述：这些维生素D缺乏的新生儿是由于他们的母亲在妊娠期间没有补充足够的维生素D造成的，这就显然直接支持了科研人的发现。

A、C项支持力度不足，不如E项。B、D项起到削弱作用。

英语辅导班

近几年来，研究生入学考试持续升温。与之相应，各种各样的考研辅导班应运而生，尤其是英语类和政治类辅导班几乎是考研一族的必须之选。刚参加工作不久的小庄也打算参加研究生入学考试，所以，小庄一定得参加英语辅导班。

以下哪项，最能加强上述论证？

A. 如果参加英语辅导班，就可以通过研究生入学考试。

B. 只有打算参加研究生入学考试的人才参加英语辅导班。

C. 即使参加英语辅导班，也未必能通过研究生入学考试。

D. 即使不参加英语辅导班，也未必不能通过研究生入学考试。

E. 如果不参加英语辅导班，就不能通过研究生入学考试。

答案

选E。

题干结论：为通过研究生入学考试，小庄必须参加英语辅导班。

E项表明，参加英语辅导班是通过研究生入学考试的必要条件，这与题干结论是等价的，显然最能加强题干论证。

A项表明，参加英语辅导班是通过研究生入学考试的充分条件，能加强题干论证

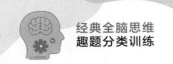
但力度不如E项。因为A项如果为真，不能排除：有人即使不参加辅导班也能通过研究生入学考试。

🧠 白藜芦醇

葡萄酒中含有白藜芦醇和类黄酮等对心脏有益的抗氧化剂。一项新研究表明白藜芦醇能防止骨质疏松和肌肉萎缩。由此，有关研究人员推断，那些长时间在国际空间站或宇宙飞船上的宇航员或许可以补充一下白藜芦醇。

以下哪项如果为真，最能支持上述研究的推断？

A. 研究人员发现由于残疾或者其他因素而很少活动的人会比经常活动的人更容易出现骨质疏松和肌肉萎缩等症状，如果能喝点葡萄酒，则可以获益。

B. 研究人员模拟失重状态，对老鼠进行试验，一个对照组未接受任何特殊处理，另一组则每天服用白藜芦醇。结果对照的老鼠骨头和肌肉的密度都降低了，而服用白藜芦醇的一组则没有出现这些症状。

C. 研究人员发现由于残疾或者其他因素而很少活动的人，如果每天服用一定量的白藜芦醇，则可以改善骨质疏松和肌肉萎缩等症状。

D. 研究人员发现，葡萄酒能对抗失重所造成的负面影响。

E. 某医学博士认为，白藜芦醇或许不能代替锻炼，但它能减缓人体某些机能的退化。

答案

选B。

题干根据一项研究表明白藜芦醇能防止骨质疏松和肌肉萎缩，推断：长时间在国际空间站或宇宙飞船上的宇航员或许可以补充一下白藜芦醇。

长时间在国际空间站或宇宙飞船上的宇航员的独特性是处于失重状态，B项的实验对象处于模拟失重状态，并进行了对照试验，这一实验得出的结论显然有力地支持题干结论。所以，为正确答案。

C项只能支持题干的前提，即"一项新研究表明白藜芦醇能防止骨质疏松和肌肉萎缩"，但没有提供新的信息来支持题干中有关研究人员推断的结论，因此，支持程度不足。

🧠 微波炉加热

人们经常使用微波炉给食品加热。有人认为，微波炉加热时食物的分子结构发生了改变，产生了人体不能识别的分子。这些奇怪的新分子是人体不能接受的，有些还具有毒性，甚至可能致癌。因此，经常吃微波食品的人或动物，体内会发生严重的生理变化，从而造成严重的健康问题。

以下哪项最能质疑上述观点？

A. 微波加热不会比其他烹调方式导致更多的营养流失。

B. 我国微波炉生产标准与国际标准、欧盟标准一致。

C. 发达国家使用微波炉也很普遍。

D. 微波只是加热食物中的水分子，食品并未发生化学变化。

E. 自1947年发明微波炉以来，还没有因微波炉食品导致癌变的报告。

答案

选D。

题干得出吃微波食品会造成严重的健康问题的依据是，微波炉加热时食物产生了人体不能接受的新分子。

若D项为真，即微波只是加热食物中的水分子，食品并未发生化学变化。这就有力地削弱了题干论证的依据，从而严重质疑了题干的观点。

移动支付

移动支付如今正在北京、上海等大中城市迅速普及。但是，并非所有中国人都熟悉这种新的支付方式，很多老年人仍然习惯传统的现金交易，有专家因此断言，移动支付的迅速普及会将老年人阻挡在消费经济之外，从而影响他们晚年的生活质量。

以下哪项如果为真，最能质疑上述专家的论断？

A. 到2030年，中国60岁以上人口将增至3.2亿，老年人的生活质量将进一步引起社会关注。

B. 有许多老年人因年事已高，基本不直接进行购物消费，所需物品一般由儿女或社会提供，他们的晚年生活很幸福。

C. 国家有关部门近年来出台多项政策指出，消费者在使用现金支付被拒时可以投诉，但仍有不少商家我行我素。

D. 许多老年人已在家中或社区活动中心学会移动支付的方法以及防范网络诈骗的技巧。

E. 有些老年人视力不好，看不清手机屏幕；有些老年人记忆力不好，记不住手机支付密码。

答案

选B。

题干中专家根据很多老年人仍然习惯传统的现金交易，因此断言，移动支付的迅速普及会将老年人阻挡在消费经济之外，从而影响他们晚年的生活质量。

B项表明，有许多老年人所需物品一般由儿女或社会提供，他们的晚年生活很幸福。这就从另一个角度严重地质疑了专家的论断。

其余选项不妥，比如，D项，许多老年人已学会移动支付的方法，并不能否定其他很多老年人不熟悉移动支付而影响晚年生活，因此，削弱力度不足。

矿泉水

与矿泉水相比，纯净水缺乏矿物质，而其中有些矿物质是人体必需的。所以营养专家老张建议那些经常喝纯净水的人改变习惯，多饮用矿泉水。

以下哪项最能削弱老张的建议？

A. 人们需要的营养大多数不是来源于饮用水。

B. 人体所需的不仅仅是矿物质。

C. 可以饮用纯净水和矿泉水以外的其他水。

D. 有些矿泉水也缺少人体必需的矿物质。

E. 人们可以从其他食物中得到人体必需的矿物质。

答案

选E。

营养专家老张的建议是：经常喝纯净水的人应改变习惯，多饮用矿泉水。其目的是为了补充矿物质。

E项表明，人们可以从其他食物中得到人体必需的矿物质。这意味着无需从饮用水中补充矿物质，这就严重地削弱了老张的建议。

预防心脏病

科学研究证明，非饱和脂肪酸含量高和饱和脂肪酸含量低的食物有利于预防心脏病。鱼通过食用浮游生物中的绿色植物使得体内含有丰富的非饱和脂肪酸"奥米加-3"。而牛和其他反刍动物通过食用青草同样获得丰富的非饱和脂肪酸"奥米加-3"。因此，多食用牛肉和多食用鱼肉对于预防心脏病都是有效的。

以下哪项如果为真，最能削弱题干的论证？

A. 在单位数量的牛肉和鱼肉中，前者非饱和脂肪酸"奥米加-3"的含量要少于后者。

B. 欧洲疯牛病的风波在全球范围内大大减少了牛肉的消费者，增加了鱼肉的消费者。

C. 牛和其他反刍动物在反刍消化的过程中，把大量的非饱和脂肪酸转化为饱和脂肪酸。

D. 实验证明，鱼肉中含有的非饱和脂肪酸"奥米加-3"比牛肉中含有的非饱和脂肪酸更易被人吸收。

E. 统计表明，在欧洲内陆大量食用牛肉和奶制品的居民中患心脏病的比例，要高于在欧洲沿海大量食用鱼类的居民中的比例。

答案

选C。

题干的结论是多食用牛肉有利于预防心脏病，根据是：牛和其他反刍动物通过食用青草获得丰富的非饱和脂肪酸，而非饱和脂肪酸含量高的食物有利于预防心脏病。其隐含的假设是食用青草同样获得丰富的非饱和脂肪酸能保留在牛肉中。

如果C项为真，则题干的上述假设就不成立了，这就有力地削弱了题干的论证。

健康状态

某研究机构以约2万名65岁以上的老人为对象，调查了笑的频率与健康状态的关系。结果显示，在不苟言笑的老人中，认为自身现在的健康状态"不怎么好"和"不好"的比例分别是几乎每天都笑的老人的1.5倍和1.8倍。爱笑的老人对自我健康状态的评价往往较高。他们由此认为，爱笑的老人更健康。

以下哪项如果为真，最能质疑上述调查者的观点？

A. 乐观的老年人比悲观的老年人更长寿。

B. 病痛的折磨使得部分老人对自我健康状态的评价不高。

C. 身体健康的老年人中，女性爱笑的比例比男性高10个百分点。

D. 良好的家庭氛围使得老年人生活更乐观，身体更健康。

E. 老年人的自我健康评价往往和他们实际的健康状况之间存在一定的差距。

答案

选E。

调查者的观点是，爱笑的老人更健康。其理由是，爱笑的老人对自我健康状态的

评价往往较高。

E项表明，老年人的自我健康评价往往不客观，这就有力地质疑了调查者的观点。

🧠 利兹鱼

利兹鱼生活在距今约1.65亿年前的侏罗纪中期，是恐龙时代一种体型巨大的鱼类。利兹鱼在出生后20年内可长到9米长，平均寿命40年左右的利兹鱼，最大的体长甚至可达到16.5米。这个体型与现代最大的鱼类鲸鲨相当，而鲸鲨的平均寿命约为70年，因此利兹鱼的生长速度很可能超过鲸鲨。

以下哪项如果为真，最能反驳上述论证？

A. 利兹鱼和鲸鲨都以海洋中的浮游生物、小型动物为食，生长速度不可能有大的差异。

B. 利兹鱼和鲸鲨尽管寿命相差很大，但是它们均在20岁左右达到成年，体型基本定型。

C. 鱼类尽管寿命长短不同，但其生长阶段基本上与其幼年、成年、中老年相应。

D. 侏罗纪时期的鱼类和现代鱼类其生长周期没有明显变化。

E. 远古时期的海洋环境和今天的海洋环境存在很大的差异。

答案

选B。

题干结论是：利兹鱼的生长速度很可能超过鲸鲨。理由是：最大的利兹鱼体型与鲸鲨相当，但其平均寿命要比鲸鲨要短很多。

B项陈述，利兹鱼和鲸鲨均在20岁左右达到成年，体型基本定型。这就有力地削弱了题干的论证，也意味着9米长的利兹鱼是正常情况，16.5米这一与鲸鲨体长相当的利兹鱼是个别情况。

A项是干扰项，生长速度不可能有大的差异并不意味着没有差异，削弱力度不足。其余选项为无关项。

🧠 定期检查

现在越来越多的人拥有了自己的轿车，但他们明显地缺乏汽车保养的基本知识。这些人会按照维修保养手册或4S店售后服务人员的提示做定期保养。可是，某位有经验的司机会告诉你，每行驶5000公里做一次定期检查，只能检查出汽车可能存在问题的一小部分，这样的检查是没有意义的，是浪费时间和金钱。

以下哪项不能削弱该司机的结论？

A. 每行驶5000公里做一次定期检查是保障车主安全所需要的。

B. 每行驶5000公里做一次定期检查能发现引擎的某些主要故障。

C. 在定期检查中所做的常规维护是保证汽车正常运行所必需的。

D. 赵先生的新车未作定期检查行驶到5100公里时出了问题。

E. 某公司新购的一批汽车未作定期检查，均安全行驶了7000公里以上。

答案

选E。

司机结论是，每行驶5000公里做一次定期检查是没有意义的；理由是，检查只能查出汽车可能存在问题的一小部分。

E项的事实是，一批汽车未作定期检查均安全行驶了7000公里以上，支持了每行驶5000公里做一次定期检查是没有意义的这一结论。

其余选项都削弱了题干论证A项，定期检查是保障车主安全所需要的；B项，定期检查能发现引擎的某些主要故障；C项，在定期检查中所做的常规维护是必须的；D项，举例说明了不检查就会出问题。这些都说明了定期检查是有意义的。

🧠 数学知识

越来越多的计算机软件被开发应用于机械工程，这使得该领域操作流程中原来需要通过复杂数学计算得到的结果，现在只要通过简单操作电脑就能得到。因此，对于操作型的机械工程师来说，理解和掌握数学知识变得越来越没有必要；在培养机械工程师的院校中，应大大缩减数学课程，以腾出时间，加强其他课程的教学。

以下各项如果为真，哪项最不能削弱上述论证？

A. 用于机械工程的计算机软件，其功能不仅是数学计算。

B. 机械工程学院的培养目标，不仅是纯操作型人才，而且是具有操作能力的理论型人才。

C. 数学知识是学习和掌握机械工程一系列基础课程的重要工具。

D. 数学教学的目的，不仅是传授数学知识，而且是训练锐利、敏捷、清晰和准确的思维能力，这对于提高操作型人员的素质，同样具有重要的作用。

E. 用于机械工程的计算机软件的开发研究，不仅需要机械工程专业知识；而且

需要数学专业知识。

选A。

题干的结论是：对于操作型的机械工程师来说，数学知识变得没有必要；在培养机械工程师的院校中，应大大缩减数学课程。论据是：电脑操作代替了数学计算。

B、C、D、E如果为真，都有利于说明，除了计算之外，数学知识和数学课程还有别的功能。因此，都能削弱题干的论证。

A项断定的是除了数学计算之外，计算机软件还有其他功能，这不能削弱题干的论证。

人工合成农药

绝大部分植物在长期进化过程中产生出了抵御寄生生物的化学物质。人类常用的植物含有大约40种自然药物，即抗细菌、真菌和其他寄生生物的复合的化学毒素。人每天都摄取这些毒素却没有中毒，因此，喷洒在作物上的人工合成农药所导致的新增危害是非常小的。

如果以下陈述为真，除哪项外，都能削弱上述论证？

A. 植物所含自然药物的浓度远远低于喷洒在作物上的人工合成农药的浓度。

B. 人类在几千年里都在摄取这些植物所含的自然药物，有适应它们的时间。

C. 人工合成农药的化学结构通常比植物所含自然药物的化学结构更简单。

D. 植物所含自然药物通常只适合抵御特定的生物，而人工合成的农药通常对多种生物有害。

选C。

题干结论是，喷洒在作物上的人工合成农药所导致的危害非常小。理由是，植物在长期进化过程中产生出了抵御寄生生物的自然药物等化学毒素，人每天都摄取这些毒素却没有中毒。

C项提供的是一个与题干结论无关的信息，不能削弱题干论证，为正确答案。

其余选项都增加了新的信息从而削弱了题干论证。

北极的开发

北极地区蕴藏着丰富的石油、天然气、矿物和渔业资源，其油气储量占世界未开发油气资源的1/4。全球变暖使北极地区冰面以每10年9%的速度融化，穿过北冰洋沿俄罗斯北部海岸线连通大西洋和太平洋的航线可以使从亚洲到欧洲比走巴拿马运河近上万公里。因此，北极的开发和利用将为人类带来巨大的好处。

如果以下陈述为真，除哪一项外，都能削弱上述论证？

A. 穿越北极的航船会带来入侵生物，破坏北极的生态系统。

B. 国际社会因北极开发问题发生过许多严重冲突，但当事国做了冷静搁置或低调处理。

C. 开发北极会使永久冻土融化，释放温室气体甲烷，导致极端天气增多。

D. 开发北极会加速冰雪融化，使海平面上升，淹没沿海低地。

答案

选B。

题干结论是，北极的开发和利用将为人类带来巨大的好处。理由是，第一，北极资源丰富；第二，全球变暖使北极地区冰面融化，穿过北冰洋的航线可使从亚洲到欧洲距离大大缩短。

B项不能质疑开发北极的可行性，因此为正确答案。

其余选项均说明了开发北极会带来不同的负面作用，都削弱了题干论证。

疲劳驾驶

缺少睡眠已经成为影响公共安全的一大隐患。交通部的调查显示，有37%的人说他们曾在方向盘后面打盹或睡着了，因疲劳驾驶而导致的交通事故大约是酒后驾车所导致的交通事故的1.5倍。因此，我们今天需要做的不是加重对酒后驾车的惩罚力度，而是制定与驾驶者睡眠相关的法律。

如果以下陈述为真，哪一项对上述论证的削弱程度最小？

A. 目前，世界上没有任何一个国家制定了与驾驶者睡眠相关的法律。

B. 目前，人们还没有找到能够判定疲劳驾驶的科学标准和法定标准。

C. 酒后驾车导致的死亡人数与疲劳驾驶导致的死亡人数几乎持平。

D. 加重对酒后驾车的惩罚与制定关于驾驶者睡眠的法律同等重要。

答案

选A。

题干根据因疲劳驾驶而导致的交通事故是酒后驾车1.5倍，得出结论：今天需要做的不是加重对酒后驾车的惩罚力度，而是制定与驾驶者睡眠相关的法律。

A项所述，目前世界上没有任何一个国家制定了与驾驶者睡眠相关的法律，这并

不能有力地削弱题干所提出的"**现在需要制定与驾驶者睡眠相关的法律**"的观点，因为别人没做的事不等于我们不能做，事情总得有人开头。因此，该项削弱程度最小，为正确答案。

B项所述，人们还没有找到能够判定疲劳驾驶的科学标准和法定标准。说明"要制定与驾驶者睡眠相关的法律"还做不到，削弱了题干。C项和D项都有利于说明同样需要加重对酒后驾车的惩罚力度，均削弱了题干。

🧠 天文观测

根据现有的物理学定律。任何物质的运动速度都不能超过光速，但是最近一次天文观测结果向这条定律发起了挑战。距离地球遥远的IC310星系拥有一个活跃的黑洞，掉入黑洞的物质产生了伽马射线冲击波。有些天文学家发现，这束伽马射线的速度超过了光速，因为它只用了4.8分钟就穿越了黑洞边界，而且光要25分钟才能走完这段距离。由此，这些天文学家提出，光速不变定律需要修改了。

以下哪项如果为真，最能质疑天文学家所作的结论？

A. 或者光速不变定律已经过时，或者天文学家的观测有误。

B. 如果天文学家的观测没有问题，光速不变定律就需要修改。

C. 要么天文学家的观测有误，要么有人篡改了天文观测数据。

D. 天文观测数据可能存在偏差，毕竟IC310星系离地球很远。

E. 光速不变定律已经历经多次实践检验，没有出现反例。

答案

选C。

题干论述：天文学家观测到这束伽马射线的速度超过了光速，由此提出，光速不变定律需要修改了。

C项表明，观测结果不可信，有力地质疑了天文学家的结论，因此为正确答案。

其余选项不妥，其中A、B项起不到明确的质疑作用。D项有质疑作用，但"可能"的质疑力度较弱。E项"没有出现反例"不代表反例不存在，质疑力度较弱。

🧠 山茱萸

我国科研人员经过对动物和临床的多次试验，发现重要山茱萸具有抗移植免疫排斥反应和治疗自身免疫疾病的作用，是新的高效低毒免疫抑制剂。某医学杂志首次发表了关于这一成果的论文。多少有些遗憾的是，从杂志收到该论文到它的发表，间隔了6周。如果这一论文能尽早发表的话，这6周内许多这类患者可以避免患病。

以下哪项如果为真，最能削弱上述论证？

A. 上述医学杂志在发表此论文前，未送有关专家审查。

B. 只有口服山茱萸超过两个月，药物才具有免疫抑制作用。

C. 山茱萸具有抗移植免疫排斥反应和治疗自身免疫性疾病的作用仍有待进一步证实。

D. 上述杂志不是国内最权威的医学杂志。

E. 口服山茱萸可能会引起消化系统不适。

答案

选B。

如果B项断定为真，则由于山茱萸的疗效在服用2个月后才能见效，因此，即使揭示山茱萸疗效的论文如果能提前6周发表，即使这类患者读到论文后立即服药，在这6周内也难以避免患病。这就严重地削弱了题干的论证。

C和D项对题干有所削弱，但力度不如B项。"有待进一步证实"是个或然性的说法。

A、E都是明显无关选项。

🧠 硕鼠患血癌

硕鼠通常不患血癌。在一项实验中发现，给300只硕鼠同等量的辐射后，将它们平均分为两组，第一组可以不受限制地吃食物，第二组限量吃食物。结果第一组75只硕鼠患血癌，第二组5只硕鼠患血癌。因此，通过限制硕鼠的进食量，可以控制由实验辐射导致的硕鼠血癌的发生。

以下哪项如果为真，最能削弱上述实验结论？

A. 硕鼠与其他动物一样，有时原因不明就患有血癌。

B. 第一组硕鼠的食物易于使其患血癌，而第二组的食物不易使其患血癌。

C. 第一组硕鼠体质较弱，第二组硕鼠体质较强。

D. 对其他种类的实验动物，实验辐射很少导致患血癌。

E. 不管是否控制进食量，暴露于实验辐射的硕鼠都可能患有血癌。

答案

选B。

题干的实验运用的是差异法。在运用差异求因果联系时，必须保持背景条件的

相同。在上述实验中，考察的是进食量的差异，除此以外，其他实验条件应当相同。而B、C项都表明了背景因素不同，都能削弱题干。

如果B项为真，能有力地说明硕鼠患血癌的原因，极可能与进食量无关，而与进食的食物有关，这就有力削弱了题干的实验结论。由于B项直接点明了食物与血癌的关系，因此，削弱力度要大于C项所指的体质差异。

冥器

在出土文物中，把专供死者用的陪葬品叫做冥器。在出土的北宋瓷器中，有许多瓷枕头。我们都有使用枕头的经验，瓷枕头非常硬，活人不好枕，所以北宋的瓷枕一定是专门给死者枕的冥器；再说，瓷枕埋葬在坟墓里不会腐烂。

如果以下陈述为真，哪一项最严重地削弱了上述论证？

A. 在陪葬品中，既有专供死者用的冥器，也有死者生前喜爱用的器具。

B. 司马光在写《资治通鉴》期间，使用由圆木做成的硬枕。

C. 金代的瓷枕造型多为虎形，虎画得非常勇猛威风，大将军耶律羽之在大战前睡觉时曾经用过这种枕头。

D. 冥器上从来不写教导性文字，有些出土的北宋瓷枕却刻有"未晚先投宿""无事早归"等教导性话语。

答案

选D。

题干断定：出土的北宋瓷枕一定是专门给死者枕的冥器。

D项论述，有些出土的北宋瓷枕有教导性话语，而冥器上从来不写教导性文字。这至少说明，有些出土的北宋瓷枕不是冥器，这就提出了一个反对题干结论的新的论据，严重削弱了题干论证，为正确答案。

A项是个干扰项，但不能直接削弱题干论证。该项表明，在陪葬品中也有死者生前喜爱用的器具，这不见得就包括瓷枕。该项若要削弱题干，还需补充一个条件：瓷枕是死者生前喜爱用的器具。

B项作为一个个例，只能削弱题干的一个理由：瓷枕非常硬，活人不好枕。而D项针对的是结论，因此B项的削弱程度不如D项。C项为无关项。

沿袭或引用

《乐记》和《系辞》中都有"天尊地卑""方以类聚，物以群分"等文句，由于《系辞》的文段写得比较自然，一气呵成，而《乐记》则显得勉强生硬，分散拖沓，所以，一定是《乐记》沿袭或引用了《系辞》的文句。

以下哪项陈述如果为真，能最有力地削弱上述论证的结论？

A. 经典著作的形成通常都经历了一个由不成熟到成熟的漫长过程。

B. 《乐记》和《系辞》都是儒家的经典著作，成书年代尚未确定。

C. "天尊地卑"在比《系辞》更古老的《尚书》中被当作习语使用过。

D. 《系辞》以礼为重来讲天地之别，《乐记》以乐为重来讲天地之和。

答案

选C。

题干结论是，《乐记》沿袭或引用了《系辞》的文句。

理由是，《乐记》和《系辞》中有同样的文句，而《系辞》写得自然，《乐记》显得生硬。

C项，同样的文句在比《系辞》更古老的《尚书》中被当作习语使用过，这说明《乐记》很可能是沿袭或引用了《尚书》的文句，而不是《系辞》，这就有力地削弱了题干的结论。

B项是干扰项，该项所述《乐记》和《系辞》成书年代尚未确定，这是一种或然性削弱；如果《乐记》比《系辞》还早的话，那么题干结论就不成立了；如果《乐记》比《系辞》要晚的话，就不能削弱题干结论；综合来看，B项削弱力度不如C项。

A、D项是明显的无关项。

停车场的观察

心理学家对一家商场停车场的长期观察发现，当有一辆车在一旁安静地等待进入车位时，驾驶员平均花39秒驶出车位；当等待进入的车主不耐烦地鸣笛时，驾驶员平均花51秒驶出车位；当没有车等待进入车位时，驾驶员平均花32秒就能驶出车位。这表明驾驶员对即将驶出的车位仍具有占有欲，而且占有欲随着其他驾驶员对这个车位期望的增强而增强。

如果以下哪项陈述为真，最有力地削弱了上文中的推测？

A. 在商场停车场驶出或驶入的驾驶员，大多数都是业余的驾驶员，其中有许多是驾驶里程不足5000公里的新手。

B. 当有人在一旁不耐烦地鸣笛时，几乎所有正在驶出车位的驾驶员都会感到不快，这种不快影响他们驶出车位的时间。

C. 当有人在一旁期待驾驶员娴熟地将车子驶出时，大多数驾驶员会产生心理压力，这种压力越大，驾驶员驶出车位的速度就越慢。

D. 就有车辆等待进入车位而言，与邻近的其他停车场相比，在商场停车场驶出和驶入车位的事例未必有代表性。

答案

选C。

观察发现，驾驶员在以下三种情况下驶出车位的时间逐步递增：没有车等待进入车位时、有一辆车在一旁安静地等待进入车位时、等待进入的车主不耐烦地鸣笛时。

题干对这一现象的推测是驾驶员的占有欲，而C项认为是心理压力，这以另有他因的方式削弱了上文中的推测，因此为正确答案。

其余选项不妥，其中，B项也起削弱作用，但只涉及其中的一种情况，削弱力度不足；D项，从样本不具代表性的角度来解释，也有削弱作用，但削弱力度不足。